全国计算机技术与软件专业技术资格（水平）考试指定用书

网络管理员

2017至2021年试题分析与解答

计算机技术与软件专业技术资格考试研究部　主编

清华大学出版社

北京

内 容 简 介

网络管理员考试是全国计算机技术与软件专业技术资格（水平）考试的初级职称考试，是历年各级考试报名中的热点之一。本书汇集了从2017年到2021年的所有试题和权威解析，欲参加考试的考生，读懂本书的内容后，将会更加深入理解考试的出题思路，发现自己的知识薄弱点，使学习更加有的放矢，对提升通过考试的信心会有极大的帮助。

本书适合参加网络管理员考试的考生备考使用。

图书在版编目（CIP）数据

网络管理员 2017 至 2021 年试题分析与解答 / 计算机技术与软件专业技术资格考试研究部主编. —北京：清华大学出版社，2023.3
全国计算机技术与软件专业技术资格（水平）考试指定用书
ISBN 978-7-302-62871-2

Ⅰ.①网…　Ⅱ.①计…　Ⅲ.①计算机网络管理－资格考试－题解　Ⅳ.①TP393.07-44

中国国家版本馆 CIP 数据核字(2023)第 037753 号

责任编辑：杨如林
封面设计：杨玉兰
责任校对：徐俊伟
责任印制：沈　露

出版发行：清华大学出版社
　　　　网　　　址：http://www.tup.com.cn, http://www.wqbook.com
　　　　地　　　址：北京清华大学学研大厦 A 座　　　邮　　编：100084
　　　　社 总 机：010-83470000　　　　　　　　　邮　　购：010-62786544
　　　　投稿与读者服务：010-62776969，c-service@tup.tsinghua.edu.cn
　　　　质量反馈：010-62772015，zhiliang@tup.tsinghua.edu.cn
印 装 者：三河市人民印务有限公司
经　　销：全国新华书店
开　　本：185mm×230mm　　印　张：21.25　　防伪页：1　　字　数：507 千字
版　　次：2023 年 3 月第 1 版　　　　　　　　　印　次：2023 年 3 月第 1 次印刷
定　　价：79.00 元

产品编号：098382-01

前　言

　　根据国家有关的政策性文件，全国计算机技术与软件专业技术资格（水平）考试（以下简称"计算机软件考试"）已经成为计算机软件、计算机网络、计算机应用、信息系统、信息服务领域高级工程师、工程师、助理工程师、技术员国家职称资格考试。而且，根据信息技术人才年轻化的特点和要求，报考这种资格考试不限学历与资历条件，以不拘一格选拔人才。现在，软件设计师、程序员、网络工程师、数据库系统工程师、系统分析师、系统架构设计师和信息系统项目管理师等资格的考试标准已经实现了中国与日本互认，程序员和软件设计师等资格的考试标准已经实现了中国和韩国互认。

　　计算机软件考试规模发展很快，年报考规模已超过 100 万人，三十多年来，累计报考人数 700 多万。

　　计算机软件考试已经成为我国著名的 IT 考试品牌，其证书的含金量之高已得到社会的公认。计算机软件考试的有关信息见网站 www.ruankao.org.cn 中的资格考试栏目。

　　对考生来说，学习历年试题分析与解答是理解考试大纲的最有效、最具体的途径之一。

　　为帮助考生复习备考，计算机技术与软件专业技术资格考试研究部汇集了网络管理员2017 至 2021 年的试题分析与解答，以便于考生测试自己的水平，发现自己的弱点，更有针对性、更系统地学习。

　　计算机软件考试的试题质量高，包括了职业岗位所需的各个方面的知识和技术，不但包括技术知识，还包括法律法规、标准、专业英语、管理等方面的知识；不但注重广度，而且还有一定的深度；不但要求考生具有扎实的基础知识，还要具有丰富的实践经验。

　　这些试题中，包含了一些富有创意的试题，一些与实践结合得很好的佳题，一些富有启发性的试题，具有较高的社会引用率，对学校教师、培训指导者、研究工作者都是很有帮助的。

　　由于作者水平有限，时间仓促，书中难免有错误和疏漏之处，诚恳地期望各位专家和读者批评指正，对此，我们将深表感激。

编　者

目　　录

第1章 2017上半年网络管理员上午试题分析与解答

试题（1）

在 Windows 资源管理器中，如果选中某个文件，再按 Delete 键可以将该文件删除，但需要时还能将该文件恢复。若用户同时按下 Delete 和＿＿(1)＿＿组合键时，则可删除此文件且无法从"回收站"恢复。

（1）A．Ctrl   B．Shift   C．Alt   D．Alt 和 Ctrl

试题（1）分析

在 Windows 资源管理器中，若用户同时按下 Delete 和 Shift 组合键时，系统会弹出如下所示的对话框，此时，若选择按下" 是(Y) "按钮，则可以彻底删除此文件。

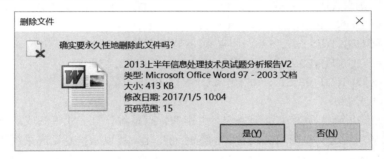

参考答案

（1）B

试题（2）

计算机软件有系统软件和应用软件，下列＿＿(2)＿＿属于应用软件。

（2）A．Linux   B．UNIX   C．Windows 7 D．Internet Explorer

试题（2）分析

选项 A、选项 B 和选项 C 都为操作系统，操作系统属于系统软件。用排除法可知正确的选项是 D。

参考答案

（2）D

试题（3）、（4）

某公司 2016 年 10 月员工工资表如下所示。若要计算员工的实发工资，可先在 J3 单元格中输入＿＿(3)＿＿，再向垂直方向拖动填充柄至 J12 单元格，则可自动算出这些员工的实发工资。若要将缺勤和全勤的人数统计分别显示在 B13 和 D13 单元格中，则可在 B13 和 D13 中分别填写＿＿(4)＿＿。

	A	B	C	D	E	F	G	H	I	J
1	2016年10月份员工工资表									
2	编号	姓名	部门	基本工资	全勤奖	岗位	应发工资	扣款1	扣款2	实发工资
3	1	赵莉娜	企划部	1650.00	300.00	1500.00	3450.00	100.00	0.00	
4	2	李学君	设计部	1800.00	0.00	3000.00	4800.00	150.00	50.00	
5	3	黎民星	销售部	2000.00	300.00	2000.00	4300.00	100.00	0.00	
6	4	胡慧敏	企划部	1950.00	0.00	2000.00	3950.00	100.00	0.00	
7	5	赵小勇	市场部	1900.00	300.00	1800.00	4000.00	150.00	50.00	
8	6	许小龙	办公室	1650.00	300.00	1800.00	3750.00	100.00	0.00	
9	7	王成军	销售部	1850.00	300.00	2600.00	4750.00	200.00	100.00	
10	8	吴春红	办公室	2000.00	0.00	2000.00	4000.00	150.00	50.00	
11	9	杨晓凡	市场部	1650.00	300.00	3000.00	4950.00	0.00	0.00	
12	10	黎志军	设计部	1950.00	300.00	2800.00	5050.00	100.00	0.00	
13										

（3）A．＝SUM（D$3:F$3）−（H$3:I$3）　　　　B．＝SUM（D$3:F$3）+（H$3:I$3）

　　　C．＝SUM（D3:F3）−SUM（H3:I3）　　　　D．＝SUM（D3:F3）+SUM（H3:I3）

（4）A．=COUNT(E3:E12,> =0)和=COUNT(E3:E12,= 300)

　　　B．=COUNT(E3:E12,"> =0")和=COUNT(E3:E12,"= 300")

　　　C．=COUNTIF(E3:E12,> =0)和=COUNTIF(E3:E12,= 300)

　　　D．=COUNTIF(E3:E12,"=0")和=COUNTIF(E3:E12,"=300")

试题（3）、（4）分析

　　试题（3）的正确选项为 C。因为相对引用的特点是将计算公式复制或填充到其他单元格时，单元格的引用会自动随着移动位置的变化而变化，所以根据题意应采用相对引用。选项 C 采用相对引用，故在 J3 单元格中输入选项 C，并向垂直方向拖动填充柄至 J12 单元格，则可自动算出这些员工的实发工资。

　　试题（4）的正确选项为 D。由于"COUNT"是无条件统计函数，故选项 A 和 B 都不正确。又由于"COUNTIF"是条件统计函数，其格式为：COUNTIF(统计范围,"统计条件")。选项 C 中统计条件未加引号，格式不正确，正确的答案为选项 D。

参考答案

　　（3）C　　（4）D

试题（5）

　　以下关于 CPU 的叙述中，正确的是　　(5)　　。

　　（5）A．CPU 中的运算单元、控制单元和寄存器组通过系统总线连接起来

　　　B．在 CPU 中，获取指令并进行分析是控制单元的任务

　　　C．执行并行计算任务的 CPU 必须是多核的

　　　D．单核 CPU 不支持多任务操作系统而多核 CPU 支持

试题（5）分析

本题考查计算机系统的基础知识。

CPU 中的主要部件有运算单元、控制单元和寄存器组，连接这些部件的是片内总线。系

统总线是用来连接微机各功能部件而构成一个完整微机系统的，如 PC 总线、AT 总线（ISA 总线）、PCI 总线等。

单核 CPU 可以通过分时实现并行计算。

参考答案

（5）B

试题（6）

计算机系统中采用＿＿（6）＿＿技术执行程序指令时，多条指令执行过程的不同阶段可以同时进行处理。

（6）A．流水线　　　　　B．云计算　　　　　C．大数据　　　　　D．面向对象

试题（6）分析

本题考查计算机系统的基础知识。

为提高 CPU 利用率，加快执行速度，将指令分为若干个阶段，可并行执行不同指令的不同阶段，从而使多个指令可以同时执行。在有效地控制了流水线阻塞的情况下，流水线可大大提高指令执行速度。经典的五级流水线为取指、译码/读寄存器、执行/计算有效地址、访问内存（读或写）、结果写回寄存器。

参考答案

（6）A

试题（7）

知识产权权利人是指＿＿（7）＿＿。

（7）A．著作权人　　　　　　　　　B．专利权人
　　　C．商标权人　　　　　　　　　D．各类知识产权所有人

试题（7）分析

本题考查知识产权的基础知识。

知识产权指权利人对其智力劳动所创作的成果享有的财产权利。一般只在有限时间内有效。

知识产权所有人指合法占有某项知识产权的自然人或法人，即知识产权权利人，包括专利权人、商标注册人、版权所有人等。这里所指的"所有人"包括知识产权权利的原始获得人和合法继受人。

知识产权持有人与知识产权所有人不是同一个概念，两者是有所区别的。知识产权持有人包括两种人：一是知识产权的合法所有人；二是知识产权的合法被许可人，即经知识产权权利人的许可，合法取得某项知识产权使用权的使用人。这两种人都合法地享有该项知识产权的使用权。但是只有知识产权权利人才可以向海关总署办理知识产权海关保护备案或者向进出境地海关申请采取知识产权保护措施。

参考答案

（7）D

试题（8）

以下计算机软件著作权权利中，＿＿（8）＿＿是不可以转让的。

（8）A．发行权　　　　　B．复制权　　　　　C．署名权　　　　　D．信息网络传播权

试题（8）分析

本题考查知识产权的基础知识。

《中华人民共和国著作权法》规定，软件作品享有两类权利：一类是软件著作权的人身权（精神权利）；另一类是软件著作权的财产权（经济权利）。《计算机软件保护条例》规定，软件著作权人享有发表权和开发者身份权（也称为署名权），这两项权利与软件著作权人的人身权是不可分离的。

财产权通常是指由软件著作权人控制和支配，并能够为权利人带来一定经济效益的权利。《计算机软件保护条例》规定，软件著作权人享有的软件财产权有使用权、复制权、修改权、发行权、翻译权、注释权、信息网络传播权、出租权、使用许可权和获得报酬权、转让权。

软件著作权人可以全部或者部分转让软件著作权中的财产权。

参考答案

（8）C

试题（9）

____（9）____ 图像通过使用色彩查找表来获得图像颜色。

（9）A．真彩色　　　　　　B．伪彩色　　　　　　C．黑白　　　　　　D．矢量

试题（9）分析

本题考查多媒体的基础知识。

真彩色是指组成一幅彩色图像的每个像素值中，有 R、G、B 三个基色分量，每个基色分量直接决定显示设备的基色强度，这样产生的彩色称为真彩色。例如，R、G、B 分量都用 8 位来表示，可生成的颜色数就是 2^{24} 种，每个像素的颜色就是由其中的数值直接决定的。这样得到的色彩可以反映原图像的真实色彩，称之为真彩色。

为了减少彩色图像的存储空间，在生成图像时，对图像中不同色彩进行采样，产生包含各种颜色的颜色表，即色彩查找表。图像中每个像素的颜色不是由三个基色分量的数值直接表达，而是把像素值作为地址索引在色彩查找表中查找这个像素实际的 R、G、B 分量，这种颜色表达方式称为伪彩色。需要说明的是，对于这种伪彩色图像的数据，除了保存代表像素颜色的索引数据外，还要保存一个色彩查找表（调色板）。

参考答案

（9）B

试题（10）、（11）

在 Windows 系统中，系统对用户组默认权限由高到低的顺序是 ____（10）____。如果希望某用户对系统具有完全控制权限，则应该将该用户添加到用户组 ____（11）____ 中。

（10）A．everyone→administrators→power users→users

　　　　B．administrators→power users→users→everyone

　　　　C．power users→users→everyone→administrators

　　　　D．users→everyone→administrators→power users

（11）A．everyone　　　　B．users　　　　C．power users　　　　D．administrators

试题（10）、（11）分析

本题考查 Windows 用户权限方面的知识。

在 Windows 系统中，everyone、users、power users 和 administrators 中，只有 administrators 拥有完全控制权限。系统对用户组默认权限由高到低的顺序是：administrators→power users→users→everyone。

参考答案

（10）B　　（11）D

试题（12）

用某高级程序设计语言编写的源程序通常被保存为　（12）　。

（12）A．位图文件　　　　　　　　B．文本文件

　　　C．二进制文件　　　　　　　D．动态链接库文件

试题（12）分析

本题考查程序语言的基础知识。

高级程序设计语言编写的源程序是以文本文件方式保存的。

参考答案

（12）B

试题（13）

如果要使得用 C 语言编写的程序在计算机上运行，则对其源程序需要依次进行　（13）　等阶段的处理。

（13）A．预处理、汇编和编译　　　B．编译、链接和汇编

　　　C．预处理、编译和链接　　　D．编译、预处理和链接

试题（13）分析

本题考查程序语言的基础知识。

C 语言是编译型编程语言，需要对其源程序进行预处理、编译和链接处理，产生可执行文件，将可执行文件加载至内存后再执行。

参考答案

（13）C

试题（14）、（15）

在面向对象的系统中，对象是运行时的基本实体，对象之间通过传递　（14）　进行通信。　（15）　是对对象的抽象，对象是其具体实例。

（14）A．对象　　B．封装　　　　C．类　　　　　D．消息

（15）A．对象　　B．封装　　　　C．类　　　　　D．消息

试题（14）、（15）分析

本题考查面向对象分析与设计方面的基础知识。

面向对象方法以客观世界中的对象为中心，采用符合人们思维方式的分析和设计思想，分析和设计的结果与客观世界的实际情况比较接近。在面向对象的系统中，对象是基本的运行时实体，它既包括数据（属性），也包括作用于数据的操作（行为）。对象之间进行通信的

一种构造叫作消息。封装是一种信息隐蔽技术，其目的是使对象的使用者和生产者分离，使对象的定义和实现分开。一个类定义了一组大体上相似的对象，类所包含的方法和数据描述了这组对象的共同行为和属性。类是对象之上的抽象，对象是类的具体化，是类的实例。

参考答案

（14）D　　（15）C

试题（16）、（17）

在 UML 中有 4 种事物：结构事物、行为事物、分组事物和注释事物。其中，__(16)__ 事物表示 UML 模型中的名词，它们通常是模型的静态部分，描述概念或物理元素。以下 __(17)__ 属于此类事物。

（16）A. 结构　　　　　　B. 行为　　　　　　C. 分组　　　　　　D. 注释

（17）A. 包　　　　　　　B. 状态机　　　　　C. 活动　　　　　　D. 构件

试题（16）、（17）分析

本题考查统一建模语言（UML）的基本知识。

UML 是一种能够表达软件设计中动态和静态信息的可视化统一建模语言，由三个要素构成：UML 的基本构造块、支配这些构造块如何放置在一起的规则、用于整个语言的公共机制。UML 的词汇表包含三种构造块：事物、关系和图。

事物是对模型中最具有代表性的成分的抽象，分为结构事物、行为事物、分组事物和注释事物。结构事物通常是模型的静态部分，是 UML 模型中的名词，描述概念或物理元素，包括类、接口、协作、用例、主动类、构件和节点。行为事物是模型中的动态部分，描述了跨越时间和空间的行为，包括交互和状态机。分组事物是一些由模型分解成为组织的部分，最主要的是包。注释事物是用来描述、说明和标注模型的任何元素，主要是注解。

参考答案

（16）A　　（17）D

试题（18）

应用系统的数据库设计中，概念设计阶段是在 __(18)__ 的基础上，依照用户需求对信息进行分类、聚集和概括，建立信息模型。

（18）A. 逻辑设计　　　B. 需求分析　　　C. 物理设计　　　D. 运行维护

试题（18）分析

本题考查考生对数据库系统基本概念的掌握程度。

数据库概念结构设计阶段是在需求分析的基础上，依照需求分析中的信息要求，对用户信息加以分类、聚集和概括，建立信息模型，并依照选定的数据库管理系统软件，转换成为数据的逻辑结构，再依照软硬件环境，最终实现数据的合理存储。

参考答案

（18）B

试题（19）

OSI 参考模型中数据链路层的 PDU 称为 __(19)__。

（19）A. 比特　　　　　B. 帧　　　　　　C. 分组　　　　　　D. 段

试题（19）分析

本题考查 OSI 参考模型的基础知识。

OSI 参考模型中数据链路层的 PDU 称为帧。

参考答案

（19）B

试题（20）

以太网 10Base-T 中物理层采用的编码方式为　(20)　。

（20）A．非归零反转　　　　　　　　　　　B．4B5B

　　　C．曼彻斯特编码　　　　　　　　　　D．差分曼彻斯特编码

试题（20）分析

本题考查数据编码技术的相关基础知识。

以太网 10Base-T 即为传统以太网，其物理层采用的编码技术为曼彻斯特编码。

参考答案

（20）C

试题（21）

采用幅度-相位复合调制技术，由 4 种幅度和 8 种相位组成 16 种码元，若信道的数据速率为 9600 b/s，则信号的波特率为　(21)　Baud。

（21）A．600　　　　　B．1200　　　　　C．2400　　　　　D．4800

试题（21）分析

本题考查数据编码技术的相关基础知识。

采用幅度-相位复合调制技术调制成 16 种码元，每个码元能携带 4 比特，即码元速率是数据速率的 1/4，故信号的波特率为 2400Baud。

参考答案

（21）C

试题（22）

T1 载波的帧长度为　(22)　比特。

（22）A．64　　　　　B．128　　　　　C．168　　　　　D．193

试题（22）分析

本题考查时分多路复用 T1 帧的相关基础知识。

T1 载波的帧长度为 193 比特，帧时 125μs，每秒采样 8000 次，信道总速率为 1.544Mb/s。

参考答案

（22）D

试题（23）、（24）

下图所示 Router 为路由器，Switch 为二层交换机，Hub 为集线器，则该拓扑结构中共有　(23)　个广播域，　(24)　个冲突域。

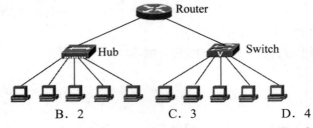

（23）A．1　　　　　　　B．2　　　　　　C．3　　　　　　D．4
（24）A．3　　　　　　　B．5　　　　　　C．7　　　　　　D．9

试题（23）、（24）分析

本题考查冲突域与广播域，交换机、集线器与路由器的相关基础知识。

路由器隔离广播域，即每一个接口是一个广播域；交换机每个接口为一个冲突域；集线器采用广播方式，整个构成一个冲突域。

参考答案

（23）B　（24）C

试题（25）、（26）

PING 发出的是___（25）___类型的报文，封装在___（26）___协议数据单元中传送。

（25）A．TCP 请求　　　　　　　　　　B．TCP 响应
　　　C．ICMP 请求与响应　　　　　　D．ICMP 源点抑制

（26）A．IP　　　　　　B．TCP　　　　　　C．UDP　　　　　D．PPP

试题（25）、（26）分析

本题考查 ICMP 协议的相关基础知识。

PING 命令是 ICMP 协议的一个应用，采用 ICMP 请求与响应类型，提供链路连通性测试。ICMP 封装在 IP 数据报报文中传送。

参考答案

（25）C　（26）A

试题（27）

以下关于 TCP/IP 协议栈中协议和层次对应关系的叙述中，正确的是___（27）___。

（27）A.

TFTP	Telnet
UDP	TCP
ARP	

B.

RIP	Telnet
UDP	TCP
ARP	

C.

HTTP	SNMP
TCP	UDP
IP	

D.

SMTP	FTP
UDP	TCP
IP	

试题（27）分析

本题考查 TCP/IP 协议栈中协议与层次对应关系。

选项 A、B 错误，第 3 层应为 IP 协议；选项 D 错误，SMTP 采用的传输层协议为 TCP。

参考答案

（27）C

试题（28）

配置交换机时，以太网交换机的 Console 端口连接　　（28）　　。

（28）A．广域网　　　　　　　　　　　B．以太网卡

　　　　C．计算机串口　　　　　　　　D．路由器 S0 口

试题（28）分析

本题考查交换机的简单连接与管理。

配置交换机时，以太网交换机的 Console 端口连接计算机串口。

参考答案

（28）C

试题（29）

当　　（29）　　时，TCP 启动快重传。

（29）A．重传计时器超时　　　　　　B．连续收到同一段的三次应答

　　　　C．出现拥塞　　　　　　　　　D．持续计时器超时

试题（29）分析

本题考查 TCP 协议中的差错控制技术。

为避免超时重传花费时间过长，TCP 中采用了快重传技术。当连续收到同一段的三次应答时，表明有段出现差错，需要重传。

参考答案

（29）B

试题（30）

SMTP 使用的传输层协议是　　（30）　　。

（30）A．TCP　　　　　B．IP　　　　　C．UDP　　　　　D．ARP

试题（30）分析

本题考查 SMTP 协议的基础知识。

SMTP 是简单邮件传输协议，下层采用 TCP 传输。

参考答案

（30）A

试题（31）

在异步通信中，每个字符包含 1 位起始位、7 位数据位和 2 位终止位，若每秒钟传送 500 个字符，则有效数据速率为　　（31）　　。

（31）A．500b/s　　　B．700b/s　　　C．3500b/s　　　D．5000b/s

试题（31）分析

本题考查异步传输协议的基础知识。

每秒传送 500 个字符，每个字符 7 比特，故有效速率为 3500b/s。

参考答案

（31）C

试题（32）

以下路由策略中，依据网络信息经常更新路由的是___（32）___。

（32）A．静态路由　　　　　　　　　　　　B．洪泛式

　　　　C．随机路由　　　　　　　　　　　　D．自适应路由

试题（32）分析

本题考查路由策略的基础知识。

静态路由是固定路由，从不更新，除非拓扑结构发生变化；洪泛式将路由信息发送到连接的所有路由器，不利用网络信息；随机路由是洪泛式的简化；自适应路由依据网络信息进行代价计算，依据最小代价实时更新路由。

参考答案

（32）D

试题（33）、（34）

下面的地址中可以作为源地址但不能作为目的地址的是___（33）___；可以作为目的地址但不能作为源地址的是___（34）___。

（33）A．0.0.0.0　　　　　　　　　　　　B．127.0.0.1

　　　　C．202.225.21.1/24　　　　　　　　D．202.225.21.255/24

（34）A．0.0.0.0　　　　　　　　　　　　B．127.0.0.1

　　　　C．202.225.21.1/24　　　　　　　　D．202.225.21.255/24

试题（33）、（34）分析

本题考查 IP 地址的相关基础知识。

0.0.0.0 在 DHCP 客户端申请 IP 地址时作为主机源地址，不能用作目的地址；127.0.0.1 是本地回送地址，既可作为源地址又可作为目的地址；202.225.21.1/24 是主机单播地址，既可作为源地址又可作为目的地址；202.225.21.255/24 是网段广播地址，只能作为目的地址，不能作为源地址。

参考答案

（33）A　　（34）D

试题（35）

以下 IP 地址中，属于网络 10.110.12.29 / 255.255.255.224 的主机 IP 是___（35）___。

（35）A．10.110.12.0　　　　　　　　　　B．10.110.12.30

　　　　C．10.110.12.31　　　　　　　　　D．10.110.12.32

试题（35）分析

本题考查 IP 地址的相关基础知识。

10.110.12.29 / 255.255.255.224 的地址展开为：**0000 1010.0110 1110.0000 1100.000**1 1101，可分配主机地址范围为 10.110.12.1～10.110.12.30。

参考答案

（35）B

试题（36）

以下 IP 地址中属于私网地址的是　__（36）__。

（36）A．172.15.22.1　　　　　　　　　　B．128.168.22.1

　　　C．172.16.22.1　　　　　　　　　　D．192.158.22.1

试题（36）分析

本题考查 IP 地址的相关基础知识。

以上地址中，属于私网地址的是 172.16.22.1。

参考答案

（36）C

试题（37）

在网络 61.113.10.0/29 中，可用主机地址数是　__（37）__ 个。

（37）A．1　　　　　　B．3　　　　　　C．5　　　　　　D．6

试题（37）分析

本题考查 IP 地址的相关基础知识。

在网络 61.113.10.0/29 中，可用主机地址数是 $2^3-2=6$ 个。

参考答案

（37）D

试题（38）

默认情况下，Telnet 的端口号是　__（38）__。

（38）A．21　　　　　B．23　　　　　C．25　　　　　D．80

试题（38）分析

本题考查 Telnet 的相关基础知识。

默认情况下，Telnet 采用的 TCP 端口号是 23。

参考答案

（38）B

试题（39）、（40）

某网络拓扑结构及各接口的地址信息分别如下图和下表所示，S1 和 S2 均为二层交换机。当主机 1 向主机 4 发送消息时，主机 4 收到的数据帧中，其封装的源 IP 地址为　__（39）__，源 MAC 地址为　__（40）__。

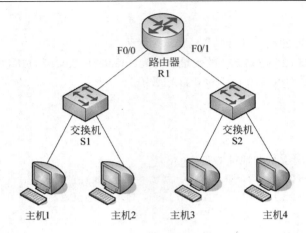

接口	IP 地址	MAC 地址
主机 1 以太接口	202.113.12.111	01-23-45-67-89-AB
主机 4 以太接口	202.113.15.12	94-39-E5-DA-81-57
路由器 F0/0	202.113.12.1	42-47-B0-22-81-5B
路由器 F0/1	202.113.15.1	1B-64-E1-33-81-3C

（39）A．202.113.12.111　　　　　　　　B．202.113.12.1

　　　　 C．202.113.15.12　　　　　　　　　D．202.113.15.1

（40）A．01-23-45-67-89-AB　　　　　　B．94-39-E5-DA-81-57

　　　　 C．42-47-B0-22-81-5B　　　　　　D．1B-64-E1-33-81-3C

试题（39）、（40）分析

　　本题考查网络协议中数据帧封装的基础知识。

　　当主机 1 向主机 4 发送消息时，主机 4 收到的数据帧中，其封装的源 IP 地址为主机 1 的，即 202.113.12.111；源 MAC 地址为路由器 F0/1 口的，即 1B-64-E1-33-81-3C。

参考答案

　　（39）A　　（40）D

试题（41）、（42）

　　在 HTML 文件中，可以使用　（41）　标签将外部样式表 global.css 文件引入，该标签应放置在　（42）　标签对中。

（41）A．<link>　　　　　B．<css>　　　　　C．<style>　　　　　D．<import>

（42）A．<body></body>　　　　　　　　B．<head></head>

　　　　 C．<title></title>　　　　　　　　 D．<p></p>

试题（41）、（42）分析

　　本题考查 HTML 语言的基础知识。

　　HTML 语言中的样式表有以下几种使用方式。

　　内联样式表：将 HTML 中的样式，直接使用标签的形式写在 HTML 文档中。

　　内部样式表：样式文件在 HTML 文档的<head></head>标签中定义,在文档中使用<style>

标签，将样式写在 HTML 文档内部。

外部样式表：样式文件独立于 HTML 文档，一般以.css 后缀命名，在 HTML 文档中引用时，使用<link>标签将外部样式表引入 HTML 文档，该标签一般写在<head></head>标签对中。

参考答案

（41）A　　（42）B

试题（43）

下面是在 HTML 中使用 "<li></li>" 标签编写的列表在浏览器中的显示效果，列表内容应放置在___（43）___标记内。

> 下面是编程的基本步骤
>
> 1. 分析需求
> 2. 设计算法
> 3. 编写程序
> 4. 输入与编辑程序
> 5. 编译
> 6. 生成执行程序
> 7. 运行

（43）A. <ul></ul>　　　　B. <ol></ol>　　　　C. <dl></dl>　　　　D. <dt></dt>

试题（43）分析

本题考查 HTML 语言的基础知识。

HTML 语言中的<li></li>标签对用于在 HTML 文档中编写列表。列表分为无序列表<ul></ul>标签和有序列表<ol></ol>标签两种。无序列表中每个列表项使用黑点等段落标记标识，有序列表项前使用数字标识。

本题中的列表项前使用数字标识，为有序列表，当使用<ol></ol>标签。

参考答案

（43）B

试题（44）

HTML 语言中，可使用表单<input>的___（44）___属性限制用户输入的字符数量。

（44）A. text　　　　　　B. size　　　　　　C. value　　　　　　D. maxlength

试题（44）分析

本题考查 HTML 语言的基础知识。

HTML 语言中的<input>表单用于接收用户的输入，其中 text 属性用于规定表单中可以输入的文本类型；size 属性用于规定在表单中输入字符的宽度；value 属性为 input 元素设定值；maxlength 属性用于确定用户可输入的最大字符数量。

参考答案

（44）D

试题（45）

为保证安全性，HTTPS 采用___（45）___协议对报文进行封装。

（45）A. SSH　　　　　　B. SSL　　　　　　C. SHA-1　　　　　　D. SET

试题（45）分析

本题考查 HTTPS 方面的基础知识。

HTTPS（Hyper Text Transfer Protocol over Secure Socket Layer）是以安全为目标的 HTTP 通道，即使用 SSL 加密算法的 HTTP。

参考答案

（45）B

试题（46）

统一资源定位符 http://home.netscape.com/main/index.html 的各部分名称中，按从左至右顺序排列的是 ___(46)___ 。

(46) A．主机域名，协议，目录名，文件名

　　　B．协议，目录名，主机域名，文件名

　　　C．协议，主机域名，目录名，文件名

　　　D．目录名，主机域名，协议，文件名

试题（46）分析

统一资源定位符（Uniform Resource Locator，URL）是对可以从互联网上得到的资源的位置和访问方法的一种简洁表示，基本 URL 包含模式（或称协议）、域名（或 IP 地址）、路径和文件名。模式/协议告诉浏览器如何处理将要打开的文件，最常用的模式是超文本传输协议（Hyper Text Transfer Protocol，HTTP）。域名是由一串用点分隔的名字组成的 Internet 上某一台计算机或计算机组的名称，用于在数据传输时标识计算机的电子方位（有时也指地理位置）。有时候，URL 以斜杠 "/" 结尾，而没有给出文件名，在这种情况下，URL 引用路径中最后一个目录中的默认文件（通常对应于主页），这个文件常常被称为 index.html 或 default.htm。

参考答案

（46）C

试题（47）

可以采用静态或动态方式划分 VLAN，下列属于静态方式的是 ___(47)___ 。

(47) A．按端口划分　　　　　　　　　B．按 MAC 地址划分

　　　C．按 IP 地址划分　　　　　　　D．按协议划分

试题（47）分析

本题考查有关 VLAN 划分的知识。

基于端口划分 VLAN 是最常见的一种方式，因为连接的终端设备移动性差，所以此种方式又称为静态 VLAN。采用基于设备的 MAC 地址来划分 VLAN 时，终端设备可以连接在任意位置，只要 MAC 地址不变，加入的 VLAN 就不变，设备移动性强，所以此种方式又称为动态 VLAN。除此之外，还有基于协议的 VLAN、基于组播的 VLAN、基于 IP 地址的 VLAN 等不同方式，前两种是最常见的应用。

参考答案

（47）A

试题（48）、（49）

某电子邮箱收件箱的内容如下图所示，其中未读邮件个数为　(48)　，本页面中带附件的邮件个数为　(49)　。

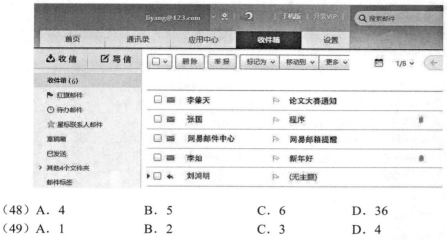

（48）A．4　　　　　　　B．5　　　　　　　C．6　　　　　　　D．36
（49）A．1　　　　　　　B．2　　　　　　　C．3　　　　　　　D．4

试题（48）、（49）分析

本题考查电子邮件的应用。

未读邮件的个数会在收件箱后面的括号里显示，本图中显示未读邮件个数为 6。但是从图中只能看到 4 封未读邮件，还有 2 封未读邮件没有在本页显示。

电子邮件的标题后方带有符号"◎"的，即表示此邮件带有附件。

参考答案

（48）C　　（49）B

试题（50）

以下命令片段实现的功能是　(50)　。

```
[Server] telnet server enable
[Server] user-interface vty 0 4
[Server-ui-vty0-4] protocol inbound telnet
[Server-ui-vty0-4] authentication-mode aaa
[Server-ui-vty0-4] user privilege level 15
[Server-ui-vty0-4] quit
```

（50）A．配置 telent 访问认证方式
　　　　B．配置 telnet 访问用户的级别和认证方式
　　　　C．配置 telnet 访问接口
　　　　D．配置 telnet 访问接口和认证方式

试题（50）分析

本题考查交换机的配置。

telnet server enable 表示开启 telnet 服务，user-interface vty 0 4 表示开启 vty 0、1、2、3、4 等 5 个用户虚拟终端。命令 protocol inbound { all | ssh | telnet }用来配置允许登录接入用户类型的协议，protocol inbound telnet 为默认配置，配置为 protocol inbound ssh 时 telnet 将无法登录，配置为 protocol inbound all 则都可以登录。authentication-mode aaa 表示创建本地用户并启用 AAA 验证。user privilege level 15 表示权限级别，拥有最高权限。

参考答案

（50）B

试题（51）

以下关于 SNMP 协议的说法中，不正确的是　(51)　。

（51）A．SNMP 收集数据的方法有轮询和令牌两种方法

　　　　B．SNMP 管理体系结构由管理者、网管代理和管理信息库组成

　　　　C．SNMP 不适合管理大型网络，在大型网络中效率很低

　　　　D．SNMP v3 对 SNMP v1 在安全性上有了较大的增强

试题（51）分析

本题考查网络管理方面的基础知识。

网络管理功能分为网络监视和网络控制两大部分，统称为网络监控。网络监视是指收集系统和子网的状态信息，分析被管理设备的行为，以便发现网络运行中存在的问题。网络控制是指修改设备参数或重新配置网络资源，以便改善网络的运行状态。

对网络监视器有用的信息是由代理收集和存储的，一般使用轮询和事件报告两种方式。轮询是一种请求—响应式的交互，由监视器向被监视设备发出请求，代理响应监视器的请求，发送管理信息库中的信息给监视器，轮询方式一般需要周期性地查询；而事件报告是由代理主动发送给管理站的消息，代理可以根据管理站的要求，定时发送事件状态报告，也可能是在检测到某些特定事件（如状态改变等）或者非正常事件时生成事件报告，发送给管理站。事件报告对于及时发现网络中的问题是非常有用的，特别是对于监控状态信息不经常改变的管理对象更为有效。

参考答案

（51）A

试题（52）

下列描述中，属于 DoS 攻击的是　(52)　。

（52）A．为 Wi-Fi 设置连接口令，拒绝用户访问

　　　　B．设置访问列表以拒绝指定用户访问

　　　　C．攻击者发送大量非法请求，造成服务器拒绝正常用户的访问

　　　　D．为用户设定相应访问权限

试题（52）分析

本题考查网络安全方面的基础知识。

DoS（Denial of Service），即拒绝服务，造成 DoS 的攻击行为被称为 DoS 攻击，其目的是使计算机或网络无法提供正常的服务。最常见的 DoS 攻击有计算机网络带宽攻击和连通性

攻击。

DoS 攻击是指利用网络协议实现的缺陷进行攻击，或直接通过野蛮手段耗尽被攻击对象的资源，目的是让目标计算机或网络无法提供正常的服务或资源访问，使目标系统或服务系统停止响应甚至崩溃，而在此攻击中并不包括侵入目标服务器或目标网络设备。这些服务资源包括网络带宽、文件系统空间容量、开放的进程或者允许的连接。这种攻击会导致资源的匮乏，无论被攻击对象的性能如何，只要攻击时间足够长、范围足够大，被攻击对象都无法避免这种攻击带来的后果。

参考答案

（52）C

试题（53）、（54）

网络上两个终端设备通信，需确定目标主机的二层地址和三层地址。目标主机的二层地址通过　（53）　查询报文获取，该报文使用　（54）　封装。

（53）A．ARP　　　　　　B．RARP　　　　　　C．DNS　　　　　　D．DHCP

（54）A．UDP　　　　　　B．TCP　　　　　　C．IP　　　　　　D．以太帧

试题（53）、（54）分析

本题考查网络的基础知识。

网络上两个终端通信时，需确定一系列地址，包括目标设备的二层地址、三层地址、应用层地址等。其中二层地址可通过 ARP 广播获取。ARP 协议是封装在以太帧中的报文。

参考答案

（53）A　（54）D

试题（55）

下列算法中　（55）　是非对称加密算法。

（55）A．DES　　　　　　B．RSA　　　　　　C．IDEA　　　　　　D．MD5

试题（55）分析

本题考查加密算法的基础知识。

数据加密算法分为对称加密算法和非对称加密算法两种。其中对称加密算法是指加密密钥和解密密钥相同或者从一个密钥经过推导可以得到另一个密钥；非对称加密算法所使用的加密密钥和解密密钥不同，而且不能从一个密钥经过推导得到另一个密钥。DES、三重 DES、IDEA、MD5 等都是对称加密算法，非对称加密算法是 RSA 算法。

参考答案

（55）B

试题（56）

A 发给 B 一个经过签名的文件，B 可以通过　（56）　来验证该文件来源的真实性。

（56）A．A 的公钥　　　B．A 的私钥　　　C．B 的公钥　　　D．B 的私钥

试题（56）分析

本题考查公钥认证的基础知识。

数字签名是非对称加密算法的一种应用，非对称加密算法的两个密钥分别为加密密钥

（公钥）和解密密钥（私钥）。公钥对公众开放，私钥用于加密需要保密的明文。在数字签名过程中，一般须使用私钥对需要签名的文件进行加密（签名），这样，接收者可以使用公钥来对文件来源的合法性进行验证。

参考答案

（56）A

试题（57）

跨交换机的同一 VLAN 内数据通信，交换机的端口模式应采用　（57）　模式。

（57）A．混合　　　　　　B．路由　　　　　　C．access　　　　　D．trunk

试题（57）分析

以太网交换机的端口工作模式一般有 access、trunk、hybird 三种。access 模式端口一般用于连接终端设备；trunk 模式端口可以允许多个 VLAN 通过，可以接收和发送多个 VLAN 的报文，一般用于交换机之间连接的端口。

参考答案

（57）D

试题（58）

下面的网络管理功能中，不属于性能管理的是　（58）　。

（58）A．收集统计信息

　　　B．维护并检查系统状态日志

　　　C．跟踪、辨认错误

　　　D．确定自然和人工状况下系统的性能

试题（58）分析

性能管理的目的是维护网络服务质量（QoS）和网络运营效率，包括收集统计信息、维护并检查系统状态日志、确定自然和人工状况下系统的性能、改变系统操作模式以进行系统性能管理的操作等功能。而跟踪、辨认错误属于故障管理的功能。

参考答案

（58）C

试题（59）

使用 Ping 命令对地址 10.10.10.59 发送 20 次请求，以下命令正确的是　（59）　。

（59）A．ping　-t 20 10.10.10.59　　　　　B．ping　-n 20 10.10.10.59

　　　C．ping　-l 20 10.10.10.59　　　　　D．ping　-c 20 10.10.10.59

试题（59）分析

Ping 命令的格式为 ping　[参数]　destination-list。其中参数-n count 表示发送 count 指定的 ECHO 数据包数，默认值为 4；destination-list 表示要 ping 的设备地址。

ping -n 20 10.10.10.59 表示对 IP 地址为 10.10.10.59 的设备发送 20 次数据包。

参考答案

（59）B

试题（60）

配置某网络交换机时，由用户视图切换至系统视图，使用的命令是___（60）___。

（60）A．system-view　　　　B．vlanif　　　　　C．acl　　　　　　D．display

试题（60）分析

system-view：切换至系统视图命令关键字；vlanif：配置 vlan 三层接口命令关键字；acl：访问控制列表命令关键字；display：网络交换机的信息显示命令关键字。

参考答案

（60）A

试题（61）

在 Windows 的命令行窗口输入___（61）___8.8.8.8，得到下图所示的运行结果。

1	4 ms	14 ms	5 ms	192.168.31.1
2	41 ms	8 ms	6 ms	100.64.0.1
3	23 ms	6 ms	19 ms	10.224.64.5
4	8 ms	28 ms	*	117.36.240.61
5	28 ms	32 ms	43 ms	202.97.65.41
6	278 ms	289 ms	306 ms	8.8.8.8

（61）A．ipconfig　　　　　B．ping　　　　　　C．nslookup　　　D．tracert

试题（61）分析

ipconfig 命令可以显示所有网卡的 TCP/IP 配置参数，可以刷新动态主机配置协议（DHCP）和域名系统（DNS）的设置。

ping 命令通过发送 ICMP 回声请求报文来检验与另外一个计算机的连接，是一个用于排除连接故障的测试命令。

nslookup 命令用于显示 DNS 查询信息，诊断和排除 DNS 故障。

tracert 命令的功能是确定到达目标的路径，并显示通路上每一个中间路由器的 IP 地址。通过多次向目标发送 ICMP 回声（echo）请求报文，每次增加 IP 头中 TTL 字段的值，就可以确定到达各个路由器的时间。

上图所示运行结果包含通路上每一个中间路由器的 IP 地址和到达的时间，故为 tracert 命令的运行结果。

参考答案

（61）D

试题（62）

要刷新 Windows 2008 系统的 DNS 解析器缓存，以下命令正确的是___（62）___。

（62）A．ipconfig/cleardns　　　　　　　　B．ifconfig/cleardns

　　　　C．ipconfig/flushdns　　　　　　　　D．ifconfig/flushdns

试题（62）分析

ipconfig 命令可以显示所有网卡的 TCP/IP 配置参数，可以刷新动态主机配置协议（DHCP）和域名系统（DNS）的设置。其中参数 /flushdns 刷新客户端 DNS 缓存的内容。

参考答案

（62）C

试题（63）

在 Linux 中，系统配置文件存放在　(63)　目录内。

（63）A．/etc 　　　　　　B．/sbin 　　　　　　C．/root 　　　　　　D．/dev

试题（63）分析

本题考查 Linux 系统的基础知识。

Linux 使用标准的目录结构，在系统安装时，就为用户创建了文件系统和完整而固定的目录组成形式。Linux 文件系统采用了多级目录的树型层次结构管理文件。树型结构的最上层是根目录，用"/"表示，其他的所有目录都是从根目录出发生成的。Linux 在安装时会创建一些默认的目录，这些目录都有其特殊的功能，用户不能随意删除或修改，如/bin、/etc、/dev、/root、/usr、/tmp、/var 等。

其中，bin 目录（bin 是 Binary 的缩写）存放 Linux 系统命令；

/etc 目录存放系统的配置文件；

/dev 目录存放系统的外部设备文件；

/root 目录存放超级管理员的用户主目录。

参考答案

（63）A

试题（64）

Linux 不支持　(64)　文件系统。

（64）A．NTFS 　　　　　B．SWAP 　　　　　C．EXT2 　　　　　D．EXT3

试题（64）分析

本题考查 Linux 系统的基础知识。

每一种操作系统都有自己独特的文件系统，包括文件的组织结构、处理文件的数据结构和文件的操作方法等。Linux 操作系统自行设计和开发的文件系统叫作 EXT2，除此之外，还支持如 EXT3、SYSV 等文件系统。

由于 Linux 内核的出现早于 NTFS 文件系统，因此在默认情况下，Linux 内核不包含 NTFS 文件系统的驱动，不支持 NTFS 文件系统。

参考答案

（64）A

试题（65）

　(65)　不是 netstat 命令的功能。

（65）A．显示活动的 TCP 连接 　　　　　　B．显示侦听的端口

　　　 C．显示路由信息 　　　　　　　　　 D．显示网卡物理地址

试题（65）分析

本题考查 Windows 网络命令的使用。

netstat 显示活动的 TCP 连接、计算机侦听的端口、以太网统计信息、IP 路由表、IPv4

统计信息（对于 IP、ICMP、TCP 和 UDP 协议）以及 IPv6 统计信息（对于 IPv6、ICMPv6、通过 IPv6 的 TCP 以及通过 IPv6 的 UDP 协议）等。

参考答案

（65）D

试题（66）

在 Windows 的命令窗口输入命令

```
C:\>route print 10.*
```

这个命令的作用是 ___(66)___ 。

（66）A．打印以 10. 开始的 IP 地址

　　　B．将路由表中以 10. 开始的路由输出给打印机

　　　C．显示路由表中以 10. 开始的路由

　　　D．添加以 10. 开始的路由

试题（66）分析

本题考查 Windows 网络命令的使用。

route 命令是在本地 IP 路由表中显示和修改条目的网络命令。route print 是显示路由。

参考答案

（66）C

试题（67）

在 Windows 的命令窗口输入命令

```
C:\>arp –s 192.168.10.35  00 -50 -ff -16 -fc -58
```

这个命令的作用是 ___(67)___ 。

（67）A．将 IP 地址和 MAC 地址绑定

　　　B．取消 IP 地址和 MAC 地址的绑定

　　　C．查看 IP 地址和 MAC 地址是否关联

　　　D．将 IPv4 地址改为 IPv6 地址

试题（67）分析

本题考查 Windows 网络命令的使用。

arp 命令用于显示和修改地址解析协议缓存中的项目。arp 缓存中包含一个或多个表，它们用于存储IP 地址及其经过解析的以太网或令牌环物理地址。arp -s 就是添加一个 IP 和 MAC 的静态绑定。

参考答案

（67）A

试题（68）、（69）

如果客户机收到网络上多台 DHCP 服务器的响应，它将 ___(68)___ DHCP 服务器发送 IP 地址租用请求。在没有得到 DHCP 服务器最后确认之前，客户机使用 ___(69)___ 作为源 IP 地址。

（68）A．随机选择　　　　　　　　　　B．向响应最先到达的

　　　　C．向网络号最小的　　　　　　　D．向网络号最大的

（69）A．255.255.255.255　　　　　　　B．0.0.0.0

　　　　C．127.0.0.1　　　　　　　　　　D．随机生成地址

试题（68）、（69）分析

本题考查 DHCP 的工作原理。

当客户机设置使用 DHCP 协议获取 IP 时，客户机将使用 255.255.255.255 作为目标地址来请求 IP 地址的信息。DHCP 服务器收到请求后，首先会针对该次请求的信息所携带的 MAC 地址与 DHCP 主机本身的设置值进行对比。如果 DHCP 主机的设置中有针对该 MAC 提供的静态 IP，则提供给客户机相关的固定 IP 与相关的网络参数；如果该信息的 MAC 并不在 DHCP 主机的设置中，则 DHCP 主机会选取当前网段内没有使用的 IP 给客户机使用。如果同一网段内有多台 DHCP 服务器，那么客户机是看谁先响应，谁先响应就选择谁。

当客户机设置使用 DHCP 协议获取 IP 时，客户机将使用 0.0.0.0 作为源地址，使用 255.255.255.255 作为目标地址来广播请求 IP 地址的信息。

参考答案

（68）B　　（69）B

试题（70）

DNS 区域传输是＿＿（70）＿＿。

（70）A．将一个区域文件复制到多个 DNS 服务器

　　　　B．区域文件在多个 DNS 服务器之间的传输

　　　　C．将一个区域文件保存到主服务器

　　　　D．将一个区域文件保存到辅助服务器

试题（70）分析

本题考查 DNS 的工作原理。

将一个区域文件复制到多个 DNS 服务器的过程被称为区域传输。它是通过从主服务器上将区域文件的信息复制到辅助服务器来实现的，当主服务器的区域有变化时，该变化会通过区域传输机制复制到该区域的辅助服务器上。

参考答案

（70）A

试题（71）～（75）

CSMA, although more efficient than ALOHA or slotted ALOHA, still has one glaring inefficiency. If the medium is busy, the station will wait for a random amount of time. When two frames collide, the medium remains （71） for the duration of transmission of both damaged frames. The use of random delays reduces the probability of （72）. For （73） frames, compared to propagation time, the amount of wasted capacity can be considerable. This waste can be reduced if a station continues to listen to the medium while （74）. The maximum utilization depends on the length of the frame and on the （75）time; the longer the frames or the shorter the propagation time, the higher the utilization.

（71）A. convenient　　　　　　B. inconvenient

　　　　C. usable　　　　　　　　D. unusable

（72）A. transmission　　　　　B. collisions

　　　　C. transportation　　　　D. reception

（73）A. long　　　　　　　　　B. short

　　　　C. big　　　　　　　　　D. small

（74）A. colliding　　　　　　　B. forwarding

　　　　C. transmitting　　　　　D. receiving

（75）A. propagation　　　　　　B. transmission

　　　　C. colliding　　　　　　　D. listening

参考译文

尽管 CSMA 的效率远远大于 ALOHA 或时隙 ALOHA，但它依然存在一个显著低效的情况。当信道忙的时候，站点需要等待一段随机时间。当两个帧发生冲突时，在两个被破坏帧的传输持续时间内，信道仍然无法使用。使用随机时延会降低冲突的可能性，但是如果帧的长度相对于传播时间来说很长，那么容量的浪费也是很可观的。如果站点在传输时还继续监听信道，就能减少这种浪费。最大利用率与帧长和传播时间有关，帧越长或者传播时间越短，利用率就越高。

参考答案

（71）D　　（72）B　　（73）A　　（74）C　　（75）A

第2章 2017上半年网络管理员下午试题分析与解答

试题一（共20分）

阅读以下说明，回答问题1至问题3，将解答填入答题纸对应的解答栏内。

【说明】

某企业网络拓扑结构如图1-1所示，租用ADSL宽带实现办公上网，配备一台小型路由器，实现ADSL自动拨号和DHCP服务功能，所有内部主机（包括台式机和笔记本）通过路由器实现Internet资源的访问。该网络的IP地址段为192.168.1.0/24，网关为192.168.1.254，防病毒服务器的IP地址为192.168.1.1，网络打印机的IP地址为192.168.1.2，其他IP地址均通过DHCP分配。

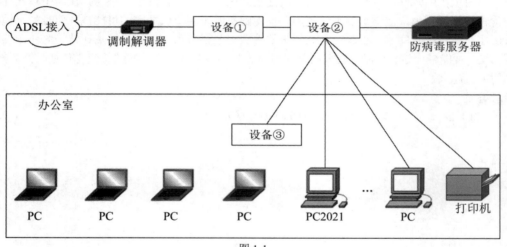

图 1-1

【问题1】（6分）

图1-1中，设备①处应部署 __(1)__ ，设备②处应部署 __(2)__ ，设备③处应部署 __(3)__ 。

（1）～（3）备选答案：

    A．交换机   B．无线AP   C．路由器

【问题2】（8分）

图1-2为路由器的ADSL配置页面，WAN口连接类型应选择 __(4)__ ；图1-3为路由器的DHCP服务页面，地址池开始地址为 __(5)__ ，结束地址为 __(6)__ ；图1-4为路由器的LAN口配置页面，此处的IP地址为 __(7)__ 。

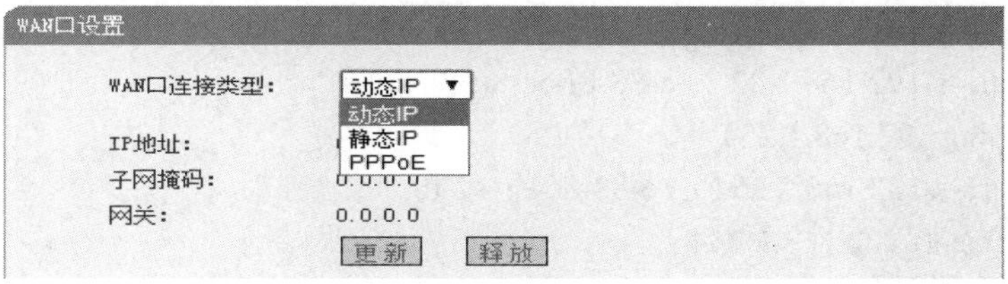

WAN口设置

WAN口连接类型：　动态IP ▼
　　　　　　　　动态IP
IP地址：　　　　静态IP
子网掩码：　　　PPPoE
网关：　　　　0.0.0.0
　　　　　0.0.0.0
　　　[更 新]　[释 放]

图 1-2

DHCP服务

本路由器内建的DHCP服务器能自动配置局域网中各计算机的TCP/IP协议。

DHCP服务器：　　○ 不启用　● 启用
地址池开始地址：　[　　　　　]
地址池结束地址：　[　　　　　]

图 1-3

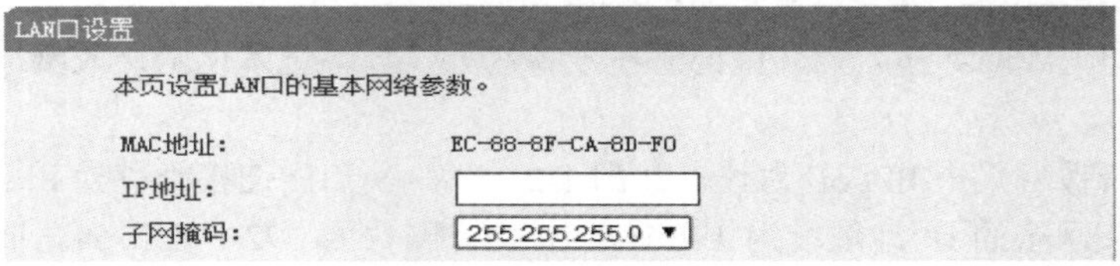

LAN口设置

本页设置LAN口的基本网络参数。

MAC地址：　　　　EC-68-8F-CA-8D-F0
IP地址：　　　　　[　　　　　]
子网掩码：　　　　[255.255.255.0 ▼]

图 1-4

【问题 3】（6 分）

图 1-1 中，PC201 主机发生网络故障，无法访问互联网，网络管理员在该主机 Windows 的命令行窗口输入　(8)　命令，结果如图 1-5 所示，可判断该主机故障为　(9)　。在命令行窗口输入　(10)　命令后该主机恢复正常。

```
接口: 192.168.1.10 --- 0xb
Internet 地址          物理地址            类型
192.168.1.10          00-1b-a9-c4-7d-0c    动态
192.168.1.22          78-02-f8-f0-fc-c4    动态
192.168.1.254         78-02-f8-f0-fc-c4    动态
224.0.0.22            01-00-5e-00-00-16    静态
224.0.0.251           01-00-5e-00-00-fb    静态
224.0.0.252           01-00-5e-00-00-fc    静态
239.255.255.250       01-00-5e-7f-ff-fa    静态
```

图 1-5

（8）备选答案：

A．ping　　　　　　　B．arp　　　　　　　C．nslookup　　　　　　D．tracert

（10）备选答案：

    A．arp-s 192.168.1.22   ec-88-8f-ca-8d-f0

    B．ping 192.168.1.254

    C．arp-s 192.168.1.254   ec-88-8f-ca-8d-f0

    D．tracert 192.168.1.254

试题一分析

本题考查小型办公环境网络组网和管理的基本知识。

此类题目要求考生熟悉常用小型路由器、交换机、无线 AP 的功能作用和调试安装，具有网络管理、故障诊断和解决问题的能力和实践经验。

【问题 1】

小型路由器一般具有 ADSL 拨号、NAT、DHCP 服务等功能，应部署在图 1-1 中的设备①处，用于实现 Internet 共享接入和局域网内 DHCP 服务。

交换机在网络中常用于连接各类设备，实现数据包的封装转发，应部署在设备②处，实现各终端电脑、打印机、服务器等设备的网络连通。

无线 AP 即无线网络接入点，应部署在设备③处，使笔记本电脑接入网络。

【问题 2】

ADSL 宽带拨号采用 PPPoE 协议，故图 1-2 中 WAN 口的连接类型为 PPPoE；题干中已经明确说明，该网络的 IP 地址段为 192.168.1.0/24，网关为 192.168.1.254，防病毒服务器的 IP 地址为 192.168.1.1，网络打印机的 IP 地址为 192.168.1.2，其他 IP 地址均通过 DHCP 分配，所以可用作 DHCP 服务的 IP 地址池为 192.168.1.3～192.168.1.253；图 1-1 中小型路由器的 LAN 口与交换机连接，实现与内部网络的连通，内部终端向外部网络发送数据包的时候，首先会发送一个请求到网关，根据题干，该网络网关地址为 192.168.1.254，故 LAN 口地址应设置为 192.168.1.254。

【问题 3】

图 1-5 所示为 PC201 主机的地址解析协议（ARP）缓存项，通过在 Windows 的命令行窗口输入 ARP 命令可显示或修改。图 1-5 所示内容中，网关地址 192.168.1.254 所对应的 MAC 地址为局域网内一台终端 PC 的 MAC 地址，而非 LAN 口的 MAC 地址 ec-88-8f-ca-8d-f0，会造成该主机所有与网关的数据传输都指向 192.168.1.22 这台 PC，而非真正的网关（路由器 LAN 口），会造成该主机无法上网，要解决该问题，只需向 ARP 缓存项添加将 192.168.1.254 解析为 ec-88-8f-ca-8d-f0 的静态项。

参考答案

【问题 1】

（1）C

（2）A

（3）B

【问题 2】

（4）PPPoE

（5）192.168.1.3

（6）192.168.1.253

（7）192.168.1.254

【问题 3】

（8）B

（9）arp 攻击

（10）C

试题二（共 20 分）

阅读以下说明，回答问题 1 至问题 3，将解答填入答题纸对应的解答栏内。

【说明】

某单位采用 Windows 操作系统配置 Web 服务器，根据配置回答下列问题。

【问题 1】（6 分）

图 2-1 是安装服务器角色界面截图，通过勾选角色安装需要的网络服务。建立 FTP 需要勾选__(1)__，创建和管理虚拟计算环境需要勾选__(2)__，部署 VPN 服务需要勾选__(3)__。

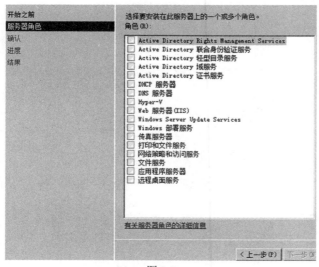

图 2-1

【问题 2】（10 分）

图 2-2 是 Web 服务安装后的网站管理界面，图中"MIME 类型"的作用是__(4)__，"SSL设置"的作用是__(5)__，"错误页"的作用是__(6)__。

（5）备选答案：

A．配置网站 SSL 加密的 CA 证书路径

B．配置网站或应用程序内容与 SSL 的关系

（6）备选答案：

A．配置 HTTP 的错误响应　　　B．配置动态网页的错误响应

图 2-2

图 2-3 是配置添加网站的界面，图中"测试设置"的内容包括 ___(7)___ 和授权。采用图中配置，单击"确定"按钮后，系统弹出的提示是 ___(8)___ 。

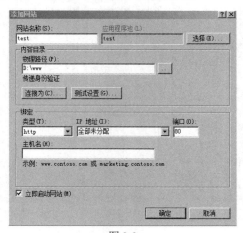

图 2-3

（8）备选答案：

A．未配置主机名，确定以后再添加主机名

B．端口已经分配，确定是否重复绑定端口

【问题 3】（4 分）

若该单位的防火墙做了服务器地址映射，则图 2-3 中"IP 地址"应填写为___(9)___。若服务器的域名是www.test.com，"端口"更改为 8000，则外网用户访问该网站的 URL 是___(10)___。

（9）备选答案：

  A．给服务器分配的内网地址

  B．经过 DNS 解析的外网地址

试题二分析

  本题考查 Windows 2008 的基本配置，重点在 Web 服务的安装配置和相关概念。

【问题 1】

  在默认情况下，安装好的 Windows 2008 操作系统不包含相关的网络服务程序，也就是说用户在应用到相关网络服务时需要从 Windows 2008 安装盘中安装所需的网络服务程序，这些应用程序被称为服务器角色。FTP 是 Windows 操作系统提供的最基本的网络服务之一，需要通过安装 IIS 来实现。IIS 是由微软公司提供的基于运行 Microsoft Windows 的互联网基本服务，包括 Web 服务器、FTP 服务器、NNTP 服务器和 SMTP 服务器，分别用于网页浏览、文件传输、新闻服务和邮件发送等方面。Hyper-V 是微软的一款虚拟化产品，是微软第一个采用类似 VMware 和 Citrix 开源 Xen 一样的基于 hypervisor 的技术。VPN 属于远程访问技术，利用公用网络架设专用网络。Windows 2008 操作系统中需要使用网络策略和访问服务。所以，建立 FTP 需要勾选 Web 服务器（IIS），创建和管理虚拟计算环境需要勾选 Hyper-V，部署 VPN 服务需要勾选网络策略和访问服务。

【问题 2】

  通过配置 MIME 支持多种类型的数据；"SSL 设置"的作用是配置网站或应用程序内容与 SSL 的关系；"错误页"的作用是配置 HTTP 的错误响应。

  配置添加网站的界面中，"测试设置"的内容包括身份验证和授权。采用图中配置，单击"确定"按钮后，系统弹出的提示是端口已经分配，确定是否重复绑定端口。

【问题 3】

  在配置 Web 的默认网站时，可以通过相应的控件模块对网站的参数进行设置，需要考生了解网站配置过程中基本的地址、端口的含义和使用规则。若防火墙做了服务器地址映射，图 2-3 的界面中，"IP 地址"应填写为给服务器分配的内网地址。若服务器的域名是 www.test.com，"端口"更改为 8000，则外网用户访问该网站的 URL 是 http://www.test.com:8000。

参考答案

【问题 1】

  （1）Web 服务器（IIS）

  （2）Hyper-V

  （3）网络策略和访问服务

【问题 2】

  （4）在 HTTP 中，通过配置 MIME 支持多种类型的数据

  （5）B

  （6）A

  （7）身份验证

　　（8）B

【问题 3】

　　（9）A

　　（10）http://www.test.com:8000

试题三（共 20 分）

　　阅读以下说明，回答问题 1 至问题 3，将解答填入答题纸对应的解答栏内。

【说明】

　　某局域网的拓扑结构如图 3-1 所示。

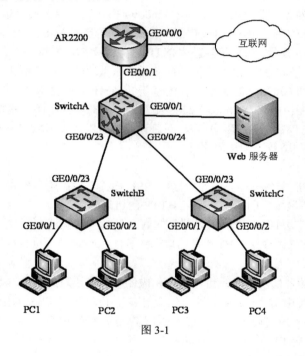

图 3-1

【问题 1】（8 分）

　　网络的主要配置如下，请解释配置命令。

```
//  (1)
[SwitchB] vlan batch 10 20
[SwitchB] interface GigabitEthernet 0/0/1
[SwitchB-GigabitEthernet0/0/1] port link-type access
[SwitchB-GigabitEthernet0/0/1] port default vlan 10
[SwitchB] interface GigabitEthernet 0/0/2
[SwitchB-GigabitEthernet0/0/2] port link-type access
[SwitchB-GigabitEthernet0/0/2] port default vlan 20
[SwitchB] interface GigabitEthernet 0/0/23
[SwitchB-GigabitEthernet0/0/23] port link-type trunk
```

```
[SwitchB-GigabitEthernet0/0/23] port trunk allow-pass vlan 10 20
```

//（2）
```
[SwitchA] vlan batch 10 20 30 100
[SwitchA] interface GigabitEthernet 0/0/23
[SwitchA-GigabitEthernet0/0/23] port link-type trunk
[SwitchA-GigabitEthernet0/0/23] port trunk allow-pass vlan 10 20
```

//（3）
```
[SwitchA] interface GigabitEthernet 0/0/24
[SwitchA-GigabitEthernet0/0/24] port link-type access
[SwitchA-GigabitEthernet0/0/24] port default vlan 30
```

//配置连接路由器的接口模式，该接口属于 VLAN100
```
[SwitchA] interface GigabitEthernet 0/0/1
[SwitchA-GigabitEthernet0/0/1] port link-type access
[SwitchA-GigabitEthernet0/0/1] port default vlan 100
```

//配置内网网关和连接路由器的地址
```
[SwitchA] interface Vlanif 10
[SwitchA-Vlanif10] ip address 192.168.10.1 24
[SwitchA] interface Vlanif 20
[SwitchA-Vlanif20] ip address 192.168.20.1 24
[SwitchA] interface Vlanif 30
[SwitchA-Vlanif30] ip address 192.168.30.1 24
[SwitchA] interface Vlanif 100
[SwitchA-Vlanif100] ip address 172.16.1.1 24
```
//（4）
```
[SwitchA] ip route-static 0.0.0.0 0.0.0.0 172.16.1.2
```

//（5）
```
[AR2200] interface GigabitEthernet 0/0/0
[AR2200-GigabitEthernet0/0/0] ip address 59.74.130.2 30
[AR2200] interface GigabitEthernet 0/0/1
[AR2200-GigabitEthernet0/0/1] ip address 172.16.1.2 24
```

//（6）
```
[AR2200] acl 2000
[AR2200-acl-basic-2000] rule permit source 192.168.10.0 0.0.0.255
[AR2200-acl-basic-2000] rule permit source 192.168.20.0 0.0.0.255
[AR2200-acl-basic-2000] rule permit source 192.168.30.0 0.0.0.255
[AR2200-acl-basic-2000] rule permit source 172.16.1.0 0.0.0.255
```

//（7）
```
[AR2200] interface GigabitEthernet 0/0/0
[AR2200-GigabitEthernet0/0/0] nat outbound 2000
```

```
//___(8)___
[AR2200] ip route-static 192.168.10.0 255.255.255.0 172.16.1.1
[AR2200] ip route-static 192.168.20.0 255.255.255.0 172.16.1.1
[AR2200] ip route-static 192.168.30.0 255.255.255.0 172.16.1.1
[AR2200] ip route-static 0.0.0.0 0.0.0.0 59.74.130.1
```

（1）～（8）备选答案：

    A. 在 SwitchA 上配置接口模式，该接口属于 VLAN 30

    B. 配置指向路由器的静态路由

    C. 在 SwitchA 上创建 VLAN，配置接口模式并放行 VLAN 10 和 VLAN 20

    D. 配置到内网的静态路由和到外网的静态路由

    E. 配置路由器内部和外部接口的 IP 地址

    F. 配置 ACL 策略

    G. 外网接口配置 NAT 转换

    H. 在 SwitchB 上创建 VLAN，配置接口模式

【问题 2】（6 分）

图 3-2 是 PC4 的网络属性配置界面，根据以上配置填空。

IP 地址：___(9)___

子网掩码：___(10)___

默认网关：___(11)___

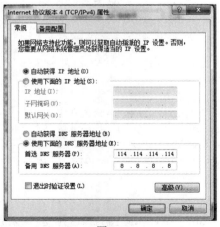

图 3-2

【问题 3】（6 分）

```
//为了限制 VLAN 10 中的用户的访问，在网络中增加了如下配置
[SwitchA] time-range t 8:00 to 18:00 daily
[SwitchA] acl number 3002
```

```
[SwitchA-acl-adv-3002] rule 5 deny ip source 192.168.10.0 0.0.0.255
destination 192.168.30.0 0 time-range t
[SwitchA] traffic classifier tc1
[SwitchA-classifier-tc1] if-match acl 3002
[SwitchA] traffic behavior tb1
[SwitchA-behavior-tb1] deny
[SwitchA] traffic policy tp1
[SwitchA-trafficpolicy-tp1] classifier tc1 behavior tb1
[SwitchA] interface GigabitEthernet0/0/23
[SwitchA-GigabitEthernet0/0/23] traffic-policy tp1 inbound
```

1. 以上配置实现了 VLAN 10 中的用户在 __(12)__ 时间段可以访问 VLAN__(13)__ 中的主机。

2. ACL 3002 中的编号表示该 ACL 的类型是 __(14)__ 。

试题三分析

本题考查常用网络设备、交换机以及路由器的基本配置，要求考生建立设备配置和网络功能之间的对应关系。

题目中的网络拓扑是非常典型的二层网络架构，包括接入层和汇聚层（核心层），网络边界采用路由器实现基本的网络安全策略和网络接入功能。该题目中采用网络拓扑结构以及主流的网络设备的基本配置，在中小企业有广泛的应用。题目对网络用户的网络地址配置一并进行了考查，要求考生根据网络用户接入的位置进行相关的用户端 IP 配置。

本题的难点在于 ACL 访问控制列表的定义和配置在不同的网络设备中略有不同，要求考生具有主流网络设备的实际配置经验。ACL（Access Control List，访问控制列表）通过配置对报文的匹配规则和处理操作来实现包过滤的功能。

在华为系列网络设备中，高级 ACL 采用的序号是 3000～3999，而基本的 ACL 采用的序号是 2000～2999。两者之间的不同在于，高级的 ACL 可以根据报文的源 IP 地址信息、目的 IP 地址信息、IP 承载的协议类型、协议的特性等三、四层信息制定匹配规则。

用 ACL 进行分流，即 traffic classifier 时，需要制定策略动作，即 traffic behavior，并且绑定策略，即 traffic policy ，说明了这个策略是用于什么样的数据流，对这些数据流采用什么样的动作，将策略应用于端口并设置正确的策略方向。

参考答案

【问题 1】

（1）H

（2）C

（3）A

（4）B

（5）E

（6）F

　　（7）G

　　（8）D

【问题 2】

　　（9）192.168.30.2～192.168.30.254 中任意一个地址

　　（10）255.255.255.0

　　（11）192.168.30.1

【问题 3】

　　（12）8:00～18:00

　　（13）30

　　（14）高级 ACL

试题四（共 15 分）

　　阅读以下说明，回答问题 1 至问题 2，将解答填入答题纸对应的解答栏内。

【说明】

　　某网站设计了一个留言系统，能够记录留言者的姓名、IP 地址及留言时间。撰写留言页面如图 4-1 所示，表 4-1 为利用 Microsoft Access 创建的数据库 lyb。

撰写留言

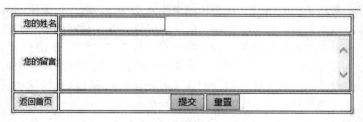

图 4-1

表 4-1　创建的字段

字段名称	数据类型	字段作用
name	文本	留言人姓名
ly	备注	留言内容
ipadd	文本	留言人 IP 地址
hf	备注	回复内容
lytime	日期/时间	留言时间

【问题 1】（10 分）

　　以下是图 4-1 所示 write.asp 页面的部分代码，请仔细阅读该段代码，将（1）～（10）的空缺代码补齐。

```
Set MM_editCmd = Server.CreateObject("ADODB.Command")
```

```
    MM_editCmd.ActiveConnection = MM_Connbook_STRING
    MM_editCmd.CommandText = "INSERT INTO lyb (name,  (1) , ipadd, lytime)
VALUES(?, ?, ?, ?)"
    MM_editCmd.Prepared = true
    MM_editCmd.Parameters.AppendMM_editCmd.CreateParameter("param1", 202, 1,
255, Request.Form("name"))' adVarWChar
    MM_editCmd.Parameters.AppendMM_editCmd.CreateParameter("param2", 203, 1,
536870910, Request.Form("ly"))' adLongVarWChar
    MM_editCmd.Parameters.AppendMM_editCmd.CreateParameter("param3", 202, 1,
255,  (2) .Form("ipadd"))' adVarWChar
    MM_editCmd.Parameters.AppendMM_editCmd.CreateParameter("param4", 135, 1,
-1,MM_IIF(Request.Form("lytime"),Request.Form("lytime"),null)) ' adDBTimeStamp
    MM_editCmd.Execute
    MM_editCmd.ActiveConnection.Close


    <body>
    <%IP=Request("REMOTE_ADDR")%>
    <p><strong>撰写留言
    </strong></p>
    <hr />
    <form ACTION="<%=MM_editAction%>" METHOD=" (3) " id="form1" name="form1">
    <table width="500" border="1" align="center">
    <tr>
    <td width="94" align="right">您的姓名</td>
    <td width="390" align="left"><label for="name"></label>
    <input type="text" name="name" id="name"/></td>
    </tr>
    <tr>
    <td align="right">您的留言</td>
    <td align="left"><label for="ly"></label>
    < (4) name="ly" cols="50" rows="5" id="ly"></textarea></td>
    </tr>
    <tr>
    <td align="center"><a href=" (5) .asp">返回首页</a></td>
    <td align="center"><input name=" (6) " type="hidden" id="ipadd"
value="<%=ip%>"/>
    <input name="lytime" type=" (7) " id="lytime" value="<%= (8) ()%>"/>
    <input type=" (9) " name="button" id="button" value=" 提交 "/><label
```

```
for="radio">
    <input type="_(10)_" name="button2" id="button2" value="重置"/>
    </label></td>
    </tr>
    </table>
```

（1）～（10）备选答案：

  A. submit B. ipadd C. ly   D. reset   E. index

  F. post   G. now   H. textarea I. Request J. hidden

【问题 2】（5 分）

  图 4-2 是留言信息显示页面，系统按照 ID 值从大到小的顺序依次显示留言信息，单击图 4-1 "返回首页" 将返回到此页面。以下是图 4-2 所示页面文件 index.asp 的部分代码，请仔细阅读该段代码，将（11）～（15）的空缺代码补齐。

留言：2	姓名：刘怡	IP：202.118.0.12
留言内容	有事咨询，请提供联系方式。	
	留言时间：2017/1/24 21:54:18	
回复内容		

留言：1	姓名：张宏	IP：202.106.196.115
留言内容	希望网站提供资料下载功能。	
	留言时间：2017/1/20 10:54:12	
回复内容		

图 4-2

```
Set Recordset1_cmd = Server.CreateObject("ADODB.Command")
Recordset1_cmd.ActiveConnection = MM_Connbook_STRING
Recordset1_cmd.CommandText = "SELECT * FROM lyb ORDER BY _(11)_ DESC"
Recordset1_cmd.Prepared = true

<body>
<%
While((Repeat1__numRows <> 0)AND(NOT Recordset1.EOF))
%>
<p> </p>
```

```
<table width="500" border="1">
<tr>
<td width="108">留言: <%=(Recordset1.Fields.Item("ID").Value)%></td>
<tdwidth="196">姓名: <%=(Recordset1.Fields.Item(" (12) ").Value)%></td>
<td width="174">IP: <%=(Recordset1.Fields.Item(" (13) ").Value)%></td>
</tr>
<tr>
<td rowspan="2">留言内容</td>
<td colspan="2"><label for="textfield"></label>
<textarea  name="textfield"  cols="45"  rows="5"  id="textfield"><%=
(Recordset1.Fields.Item("ly").Value)%></textarea></td>
</tr>
<tr>
<tdcolspan="2">留言时间: <%=(Recordset1.Fields.Item(" (14) ").Value)%></td>
</tr>
<tr>
<td>回复内容</td>
<td colspan="2"><label for="textfield2"></label>
<textarea  name="textfield2"  cols="45"  rows="3"  id="textfield2"><%=
(Recordset1.Fields.Item(" (15) ").Value)%></textarea></td>
</tr>
</table>
```

（11）～（15）备选答案:

　　A. hf　　　　B. ipadd　　　C. ID　　　D. name　　　E. lytime

试题四分析

本题考查利用 ASP 和数据库来创建留言板的过程。

此类题目要求考生认真阅读题目对实际问题的描述，仔细阅读程序，了解上下文之间的关系，给出空格内所缺的代码。

【问题 1】

本问题考查留言页面的设计，各空缺处的说明如下。

（1）插入数据库 lyb 的有关信息，从表 4-1 可以看出，有留言人姓名 name，留言人 IP 地址 ipadd，留言时间 lytime，还缺少留言内容 ly。

（2）Request. Form 用来接收表单递交来的数据。

（3）Form 提供了两种数据传输的方式——get 和 post， get 是用来从服务器上获得数据，而 post 是向服务器上传递数据。METHOD="post" 表示表单中的数据以"post"方式传递。

（4）textarea name= "ly"表示将留言内容字段 ly 写入带有 name 属性的文本区域。

（5）href="index.asp"是一个 HTML 的超链接语句，href 表示链接到的目的网页，单击"返回首页"就会转到 href 中链接的 index.asp。

（6）在图 4-1 中没有出现 IP 地址显示框，说明 IP 地址被放在隐藏域中了。 type="hidden"

和 id= "ipadd" 都表示这里应该填写 IP 地址的字段名 ipadd。

（7）与（6）相同，表示留言时间的 lytime 也处于隐藏域中，因此 type="hidden"。

（8）lytime 的值是当前时间，所以 value="<%=now()%>"。

（9）表示输入类型是"提交"。

（10）表示输入类型是"重置"。

【问题 2】

本问题考查留言信息显示页面的设计，各空缺处的说明如下。

（11）根据题意，系统按照 ID 值从大到小的顺序依次显示留言信息，因此这里应该选择 ID。

（12）这一行程序显示"姓名"信息，由表 4-1 知字段名称为 name。

（13）这一行程序显示"IP"信息，由表 4-1 知字段名称为 ipadd。

（14）这一行程序显示"留言时间"信息，由表 4-1 知字段名称为 lytime。

（15）这一行程序显示"回复内容"信息，由表 4-1 知字段名称为 hf。

参考答案

【问题 1】

（1）C

（2）I

（3）F

（4）H

（5）E

（6）B

（7）J

（8）G

（9）A

（10）D

【问题 2】

（11）C

（12）D

（13）B

（14）E

（15）A

第 3 章　2017 下半年网络管理员上午试题分析与解答

试题（1）

当一个企业的信息系统建成并正式投入运行后，该企业信息系统管理工作的主要任务是 __(1)__ 。

（1）A．对该系统进行运行管理和维护

　　 B．修改完善该系统的功能

　　 C．继续研制还没有完成的功能

　　 D．对该系统提出新的业务需求和功能需求

试题（1）分析

信息系统经过开发商测试、用户验证测试后，即可正式投入运行，此刻也标志着系统的研制工作已经结束。系统进入使用阶段后，主要任务就是对信息系统进行管理和维护，其任务包括日常运行的管理、运行情况的记录、对系统进行修改和扩充、对系统的运行情况进行检查与评价等。只有这些工作做好了，才能使信息系统如预期目标那样，为管理工作提供所需信息，才能真正符合管理决策的需要。

参考答案

（1）A

试题（2）

通常企业在信息化建设时需要投入大量的资金，成本支出项目多且数额大。在企业信息化建设的成本支出项目中，系统切换费用属于 __(2)__ 。

（2）A．设施费用　　　　　　　　　B．设备购置费用

　　 C．开发费用　　　　　　　　　D．系统运行维护费用

试题（2）分析

信息化建设过程中，原有的信息系统不断被功能更强大的新系统所取代，所以需要系统转换。系统转换也就是系统切换与运行，是指以新系统替换旧系统的过程。系统成本分为固定成本和运行成本。其中设备购置费用、设施费用、软件开发费用属于固定成本，是为购置长期使用的资产而发生的成本。而系统切换费用属于系统运行维护费用。

参考答案

（2）D

试题（3）

在 Excel 中，设单元格 F1 的值为 38，若在单元格 F2 中输入公式"=IF(AND(38<F1, F1<100),"输入正确","输入错误")"，则单元格 F2 显示的内容为 __(3)__ 。

（3）A．输入正确　　　 B．输入错误　　　 C．TRUE　　　　　 D．FALSE

试题（3）分析

本题考查 Excel 的基础知识。

函数 IF(条件,值 1,值 2)的功能是，当满足条件时，则结果返回"值 1"；否则，返回"值 2"。本题不满足条件，故应当返回"输入错误"。

参考答案

（3）B

试题（4）

在 Excel 中，设单元格 F1 的值为 56.323，若在单元格 F2 中输入公式"=TEXT(F1,"￥0.00")"，则单元格 F2 的值为　(4)　。

（4）A．￥56　　　　　B．￥56.323　　　　C．￥56.32　　　　D．￥56.00

试题（4）分析

本题考查 Excel 的基础知识。

函数 TEXT 的功能是根据指定格式将数值转换为文本，所以，公式"=TEXT(F1,"￥0.00")"转换的结果为￥56.32。

参考答案

（4）C

试题（5）

以下存储器中，需要周期性刷新的是　(5)　。

（5）A．DRAM　　　　B．SRAM　　　　C．FLASH　　　　D．EEPROM

试题（5）分析

本题考查计算机系统的基础知识。

DRAM 是动态随机存储器，是构成内存储器的主要存储器，需要周期性地进行刷新才能保持所存储的数据。

SRAM 是静态随机存储器，只要保持通电，里面储存的数据就可以恒常保持，是构成高速缓存的主要存储器。

FLASH 是闪存，属于内存器件的一种，在没有电流供应的条件下也能够长久地保持数据，其存储特性相当于硬盘，该特性正是闪存得以成为各类便携型数字设备的存储介质的基础。

EEPROM 是电可擦除可编程只读存储器。

参考答案

（5）A

试题（6）

CPU 是一块超大规模的集成电路，其主要部件有　(6)　。

（6）A．运算器、控制器和系统总线

　　　B．运算器、寄存器组和内存储器

　　　C．控制器、存储器和寄存器组

　　　D．运算器、控制器和寄存器组

试题（6）分析

本题考查计算机系统的基础知识。

CPU 中的主要部件有运算单元、控制单元和寄存器组。

参考答案

（6）D

试题（7）

在字长为 16 位、32 位、64 位或 128 位的计算机中，字长为　（7）　位的计算机数据运算精度最高。

（7）A. 16　　　　　　　B. 32　　　　　　　C. 64　　　　　　　D. 128

试题（7）分析

本题考查计算机性能方面的基础知识。

字长是计算机运算部件一次能同时处理的二进制数据的位数，字长越长，数据的运算精度也就越高，计算机的处理能力就越强。

参考答案

（7）D

试题（8）

以下文件格式中，　（8）　属于声音文件格式。

（8）A. XLS　　　　　　B. AVI　　　　　　C. WAV　　　　　　D. GIF

试题（8）分析

本题考查多媒体的基础知识。

XLS 是电子表格（即 Microsoft Excel 工作表）文件的扩展名。

AVI（Audio Video Interleaved，音频视频交错格式）是微软公司作为其 Windows 视频软件一部分的一种多媒体容器格式。

WAV 为微软公司开发的一种声音文件格式，它符合 RIFF（Resource Interchange File Format）文件规范，用于保存 Windows 平台的音频信息资源。

GIF（Graphics Interchange Format，图像互换格式）是 CompuServe 公司开发的图像文件格式。

参考答案

（8）C

试题（9）

将二进制序列 1011011 表示为十六进制数是　（9）　。

（9）A. B3　　　　B. 5B　　　　C. BB　　　　D. 3B

试题（9）分析

本题考查计算机系统的数据表示。

将二进制序列从右往左 4 位一组进行划分，得到的二进制序列按下表翻译即可得到对应的十六进制数。

二进制	0000	0001	0010	0011	0100	0101	0110	0111
十六进制	0	1	2	3	4	5	6	7
二进制	1000	1001	1010	1011	1100	1101	1110	1111
十六进制	8	9	A	B	C	D	E	F

因此，与 1011011 对应的十六进制数为 5B。

参考答案

（9）B

试题（10）

若机器字长为 8 位，则可表示出十进制整数-128 的编码是　（10）　。

（10）A．原码　　　　　B．反码　　　　　C．补码　　　　　D．ASCII 码

试题（10）分析

本题考查计算机系统的数据表示。

原码表示是用最左边的位（即最高位）表示符号，0 正 1 负，其余的 7 位来表示数的绝对值，-128 的绝对值为 128，用二进制表示时需要 8 位，所以机器字长为 8 位时，采用原码不能表示-128。

对于负数，反码表示是用最左边的位（即最高位）表示符号，0 正 1 负，其余的 7 位是将数的绝对值的各位取反。-128 的绝对值为 128，用二进制表示时需要 8 位，所以机器字长为 8 位时，采用反码也不能表示-128。

补码表示与原码和反码的相同之处是用最高位表示符号，0 正 1 负。不同的是，补码 10000000 的最高位 1 既表示其为负数，也表示数字 1，从而使得它可以表示出-128 这个数。

参考答案

（10）C

试题（11）

依据我国著作权法的规定，　（11）　不可转让，不可被替代，不受时效的约束。

（11）A．翻译权　　　　　B．署名权　　　　　C．修改权　　　　　D．复制权

试题（11）分析

本题考查知识产权的基础知识。

《中华人民共和国著作权法》规定："著作权人可以全部或者部分转让本条第一款第（五）项至第（十七）项规定的权利，并依照约定或者本法有关规定获得报酬。"其中不包括署名权。

参考答案

（11）B

试题（12）

以下关于海明码的叙述中，正确的是　（12）　。

（12）A．校验位随机分布在数据位中

　　　　B．所有数据位之后紧跟所有校验位

　　　　C．所有校验位之后紧跟所有数据位

　　　　D．每个数据位由确定位置关系的校验位来校验

试题（12）分析

本题考查计算机系统的数据表示。

海明码的编码方式如下：设数据有 n 位，校验码有 x 位。则校验码一共有 2^x 种取值方式。其中需要一种取值方式表示数据正确，剩下 2^x-1 种取值方式表示有一位数据出错。因为编码后的二进制串有 $n+x$ 位，因此 x 应该满足 $2^x-1 \geqslant n+x$。

校验码在二进制串中的位置为 2 的整数幂，剩下的位置为数据。

参考答案

（12）D

试题（13）

计算机加电自检后，引导程序首先装入的是　（13）　，否则，计算机不能做任何事情。

（13）A．Office 系列软件　　　　　　　B．应用软件

　　　 C．操作系统　　　　　　　　　　D．编译程序

试题（13）分析

本题考查操作系统的基本知识。

操作系统位于硬件之上且在所有其他软件之下，是其他软件的共同环境与平台。操作系统的主要部分是频繁用到的，因此是常驻内存的（Reside）。计算机加电以后，首先引导操作系统。不引导操作系统，计算机不能做任何事情。

参考答案

（13）C

试题（14）

在 Windows 系统中，扩展名　（14）　表示该文件是批处理文件。

（14）A．com　　　　 B．sys　　　　　 C．html　　　　　 D．bat

试题（14）分析

在 Windows 操作系统中，文件名通常由主文件名和扩展名组成，中间以 "." 连接，如 myfile.doc，扩展名常用来表示文件的数据类型和性质。下表给出常见的扩展名所代表的文件类型。

扩展名	说明	扩展名	说明
exe	可执行文件	sys	系统文件
com	命令文件	zip	压缩文件
bat	批处理文件	doc 或 docx	Word 文件
txt	文本文件	c	C 语言源程序
bmp	图像文件	pdf	Adobe Acrobat 文档
swf	Flash 文件	wav	声音文件
html	网页文件	java	Java 语言源程序

参考答案

（14）D

试题（15）

对于一个基于网络的应用系统，在客户端持续地向服务端提交作业请求的过程中，若作业响应时间越短，则服务端___(15)___。

(15) A．占用内存越大　　　　　　　　　B．越可靠
　　　 C．吞吐量越大　　　　　　　　　　D．抗病毒能力越强

试题（15）分析

本题考查系统效率及性能相关的基础知识。

衡量系统效率的常用指标包括响应时间、吞吐量、周转时间等，其中作业的响应时间会直接影响系统吞吐量。在一段时间内，作业处理系统（本题中的服务端）持续地处理作业的过程中，若作业响应时间越短，则该段时间内可处理的作业数越多，即系统的吞吐量越大。

参考答案

(15) C

试题（16）、（17）

采用 UML 进行软件设计时，可用___(16)___关系表示两类事物之间存在的特殊/一般关系，用___(17)___关系表示事物之间存在的整体/部分关系。

(16) A．依赖　　　　B．聚集　　　　C．泛化　　　　D．实现
(17) A．依赖　　　　B．聚集　　　　C．泛化　　　　D．实现

试题（16）、（17）分析

本题考查标准化建模的基础知识。

UML（统一建模语言）是一个支持模型化和软件系统开发的图形化语言，为软件开发的所有阶段提供模型化和可视化支持。

关联关系是一种结构化的关系，表示给定关联的一个类的对象访问另一个类的相关对象。

聚集关系是整体与部分的关系，且部分可以离开整体而单独存在。如车和轮胎是整体和部分的关系，轮胎离开车仍然可以存在。

对于两个对象，如果一个对象发生变化，另外的对象根据前者的变化而变化，则两者之间具有依赖关系。

泛化关系定义子类和父类之间的继承关系。如一个对象为机动车，一个对象为小汽车，这两个对象之间具有泛化关系，小汽车具有机动车的一些属性和方法。

实现关系是一种类与接口的关系，表示类是接口所有特征和行为的实现。

参考答案

(16) C　　(17) B

试题（18）

要使 Word 能自动提醒英文单词的拼写是否正确，应设置 Word 的___(18)___选项功能。

(18) A．拼写检查　　　B．同义词库　　　C．语法检查　　　D．自动更正

试题（18）分析

在字处理软件 Word 中可设置拼写检查选项功能，以自动提醒英文单词的拼写是否正确。

参考答案

（18）A

试题（19）

在 TCP/IP 协议体系结构中，网际层的主要协议为　（19）　。

（19）A．IP　　　　　　　B．TCP　　　　　　C．HTTP　　　　　D．SMTP

试题（19）分析

本题考查 TCP/IP 协议体系结构的基本原理。

在 TCP/IP 协议体系结构中，网际层的主要协议为 IP。

参考答案

（19）A

试题（20）

FDDI 采用的编码方式是　（20）　。

（20）A．8B6T　　　　　　　　　　　B．4B5B 编码

　　　C．曼彻斯特编码　　　　　　　D．差分曼彻斯特编码

试题（20）分析

本题考查 FDDI 采用的编码方式。

FDDI 采用的编码方式是 4B5B+NRZI。

参考答案

（20）B

试题（21）

假定电话信道的频率范围为 300～3400Hz，则采样频率必须大于　（21）　Hz 才能保证信号不失真。

（21）A．600　　　　　　B．3100　　　　　　C．6200　　　　　D．6800

试题（21）分析

本题考查采样定理的基本原理。

采样定理的基本原理是当采样频率不小于最高频率的 2 倍时数据不失真。

参考答案

（21）D

试题（22）

以太帧中，采用的差错检测方法是　（22）　。

（22）A．海明码　　　　　B．CRC　　　　　　C．FEC　　　　　　D．曼彻斯特码

试题（22）分析

本题考查以太网中的差错检测技术。

以太帧中采用 CRC 进行差错检测。

参考答案

（22）B

试题（23）

可支持 10 公里以上传输距离的介质是 （23） 。

（23）A．同轴电缆　　　　　B．双绞线　　　　C．多模光纤　　　　D．单模光纤

试题（23）分析

本题考查传输介质。

只有单模光纤可支持 10 公里以上传输距离。

参考答案

（23）D

试题（24）

以下关于路由器和交换机的说法中，错误的是 （24） 。

（24）A．为了解决广播风暴，出现了交换机

　　　　B．三层交换机采用硬件实现报文转发，比路由器速度快

　　　　C．交换机实现网段内帧的交换，路由器实现网段之间报文转发

　　　　D．交换机工作在数据链路层，路由器工作在网络层

试题（24）分析

本题考查路由器和交换机的基本原理。

路由器的出现是为了解决广播风暴。三层交换机采用硬件实现三层转发和二层交换，比路由器快。交换机实现某网段内帧的交换，网段之间报文转发需靠路由器实现。交换机工作在数据链路层，路由器工作在网络层。

参考答案

（24）A

试题（25）

当出现拥塞时路由器会丢失报文，同时向该报文的源主机发送 （25） 类型的报文。

（25）A．TCP 请求　　　　　　　　　　　B．TCP 响应

　　　　C．ICMP 请求与响应　　　　　　　D．ICMP 源点抑制

试题（25）分析

本题考查 ICMP 协议的基本原理。

当出现拥塞时路由器会丢失报文，同时路由器会向该报文的源主机发送一个 ICMP 源点抑制类型的报文。

参考答案

（25）D

试题（26）

以下关于 TCP/IP 协议和层次对应关系的表示，正确的是 （26） 。

（26）A.

FTP	Telnet
TCP	TCP
IP	

B.

RIP	Telnet
UDP	TCP
ARP	

C.	HTTP	SNMP	D.	SMTP	FTP
	TCP	UDP		UDP	TCP
	ICMP			IP	

试题（26）分析

本题考查 TCP/IP 协议栈的基本原理。

TCP/IP 协议和层次对应关系的表示，正确的是 A。B 选项错误，ARP 应为 IP；C 选项错误，ICMP 应为 IP；D 选项错误，UDP 应为 TCP。

参考答案

（26）A

试题（27）～（29）

在构建以太帧时需要目的站点的物理地址，源主机首先查询__(27)__；当没有目的站点的记录时源主机发送请求报文，目的地址为__(28)__；目的站点收到请求报文后给予响应，响应报文的目的地址为__(29)__。

（27）A．本地 ARP 缓存　　　　　　　　B．本地 hosts 文件

　　　C．本机路由表　　　　　　　　　　D．本机 DNS 缓存

（28）A．广播地址　　　　　　　　　　　B．源主机 MAC 地址

　　　C．目的主机 MAC 地址　　　　　　D．网关 MAC 地址

（29）A．广播地址　　　　　　　　　　　B．源主机 MAC 地址

　　　C．目的主机 MAC 地址　　　　　　D．网关 MAC 地址

试题（27）～（29）分析

本题考查 ARP 协议的基本原理。

ARP 的工作原理如下：在构建以太帧时需要目的站点的物理地址，源主机首先查询本地 ARP 缓存；当没有目的站点的记录时源主机发送请求报文，目的地址为广播地址；目的站点收到请求报文后给予响应，响应报文的目的地址为源主机 MAC 地址。

参考答案

（27）A　　（28）A　　（29）B

试题（30）

SMTP 使用的端口号是__(30)__。

（30）A．21　　　　　B．23　　　　　C．25　　　　　D．110

试题（30）分析

本题考查 SMTP 使用的端口号。

SMTP 使用的端口号是 25。21 对应的是 FTP 的端口号；23 对应的是 Telnet 的端口号；110 对应的是 PoP3 协议的端口号。

参考答案

（30）C

试题（31）

网络管理中，轮询单个站点时间为 5ms，有 100 个站点，1 分钟内单个站点被轮询的次数为 ___（31）___ 。

（31）A．60　　　　　　B．120　　　　　　C．240　　　　　　D．480

试题（31）分析

本题考查网络管理的轮询机制。

100 个站点，轮询单个站点时间为 5ms，轮询 1 轮需 500ms，1 分钟能轮询 120 轮。

参考答案

（31）B

试题（32）

在异步通信中，每个字符包含 1 位起始位、8 位数据位和 2 位终止位，若数据速率为 1kb/s，则传送大小为 2000 字节的文件花费的总时间为 ___（32）___ s。

（32）A．8　　　　　　B．11　　　　　　C．22　　　　　　D．36

试题（32）分析

本题考查异步通信的基本原理。

传送 2000 字节的文件需数据量为 2000×11＝22 000 比特，所以花费的总时间为 22s。

参考答案

（32）C

试题（33）、（34）

路由信息协议 RIP 是一种基于 ___（33）___ 的动态路由协议，RIP 适用于路由器数量不超过 ___（34）___ 个的网络。

（33）A．距离矢量　　　　　　　　　　B．链路状态
　　　 C．随机路由　　　　　　　　　　D．路径矢量

（34）A．8　　　　　　B．16　　　　　　C．24　　　　　　D．32

试题（33）、（34）分析

本题考查 RIP 路由协议的基本原理。

路由信息协议 RIP 是一种基于距离矢量的动态路由协议，RIP 适用于路由器数量不超过 16 个的网络。

参考答案

（33）A　　（34）B

试题（35）、（36）

网络 192.168.21.128/26 的广播地址为 ___（35）___ ，可用主机地址数为 ___（36）___ 。

（35）A．192.168.21.159　　　　　　　　B．192.168.21.191
　　　 C．192.168.21.224　　　　　　　　D．192.168.21.255

（36）A．14　　　　　　B．30　　　　　　C．62　　　　　　D．126

试题（35）、（36）分析

本题考查 IP 地址的基本原理。

网络 192.168.21.128/26 的广播地址为 192.168.21.191，可用主机地址数为 62 个。

参考答案

（35）B　　（36）C

试题（37）

DHCP 客户机首次启动时需发送报文请求分配 IP 地址，该报文源主机地址为___（37）___。

（37）A．0.0.0.0　　　　　　　　　　　B．127.0.0.1

　　　　C．10.0.0.1　　　　　　　　　　D．210.225.21.255/24

试题（37）分析

本题考查 DHCP 的基本原理。

DHCP 客户机首次启动时需发送报文请求分配 IP 地址，该报文为广播报文，此时源主机尚无 IP 地址，因此该报文源主机地址为 0.0.0.0。

参考答案

（37）A

试题（38）

IPv6 地址长度为___（38）___比特。

（38）A．32　　　　　B．48　　　　　C．64　　　　　D．128

试题（38）分析

本题考查 IPv6 的基本原理。

IPv6 地址长度为 128 比特。

参考答案

（38）D

试题（39）

下列地址属于私网地址的是___（39）___。

（39）A．10.255.0.1　　　　　　　　　B．192.169.1.1

　　　　C．172.33.25.21　　　　　　　　D．224.2.1.1

试题（39）分析

本题考查私网 IP 地址。

私有网络地址集合有 3 个：

A 类地址 1 个：10.0.0.0～10.255.255.255

B 类地址 16 个：172.16.0.0～172.31.255.255

C 类地址 256 个：192.168.0.0～192.168.255.255

10.255.0.1 是私网地址。

参考答案

（39）A

试题（40）

HTTP 协议的默认端口号是___（40）___。

（40）A．23　　　　　B．25　　　　　C．80　　　　　D．110

试题（40）分析

本题考查 HTTP 协议的默认端口号。

HTTP 协议的默认端口号是 80。

参考答案

（40）C

试题（41）

HTML 页面的标题代码应写在 ＿（41）＿ 标记内。

（41）A．<head></head>　　　　　　　　B．<title></title>

　　　C．<html></html>　　　　　　　　D．<frame></frame>

试题（41）分析

本题考查 HTML 的基础知识。

一个 HTML 文件包含多个标记。其中所有的 HTML 代码需包含在<html></html>标记对内；文件的头部需写在<head></head>标记对内；<font></font>标记对的作用是设定文字字体；<frame></frame>标记对是框架，<font></font>标记对和<frame></frame>均属于 HTML 页面的主题内容的一部分，均需写在<body></body>标记对内；页面标题需写在<title></title>标记内。

参考答案

（41）B

试题（42）

在 HTML 页面中，注释内容应写在 ＿（42）＿ 标记内。

（42）A．<!-- -->　　　　B．<%-- -->　　　　C．/**/　　　　D．<? >

试题（42）分析

本题考查 HTML 的基础知识。

一个 HTML 文件，为了提高代码的可读性，可在代码中加入适当的注释内容。在 HTML 语言中，注释内容应写在<!-- -->标记内部。

参考答案

（42）A

试题（43）

在 HTML 页面中，要使用提交按钮，应将 type 的属性设置为 ＿（43）＿ 。

（43）A．radio　　　　B．submit　　　　C．checkbox　　　　D．URL

试题（43）分析

本题考查 HTML 语言的基础知识。

提交按钮用于将页面表单中用户输入的内容提交到服务器或者其他主机。

表单的 type 属性有 radio、checkbox 和 submit 等，其中 radio 为单选按钮，checkbox 为多选按钮，submit 为提交按钮。

参考答案

（43）B

试题（44）

要在 HTML 页面中设计如下所示的表单，应将下拉框 type 属性设置为＿＿（44）＿＿。

年 / 月 / 日

（44）A．time　　　　　B．date　　　　　C．datetime-local　　　　D．datetime

试题（44）分析

本题考查 HTML 语言的基础知识。

根据题图所示的表单样式可知，需要插入的是一个日期表单。在 HTML 中，日期表单名为 date；time 是时间表单；datetime-local 是 HTML5 中的新建对象，设置的是日期加时间表单。

参考答案

（44）B

试题（45）、（46）

邮箱地址 zhangsan@qq.com 中，zhangsan 是＿＿（45）＿＿，qq.com 是＿＿（46）＿＿。

（45）A．邮件用户名　　　　　　　B．邮件域名
　　　 C．邮件网关　　　　　　　　D．默认网关

（46）A．邮件用户名　　　　　　　B．邮件域名
　　　 C．邮件网关　　　　　　　　D．默认网关

试题（45）、（46）分析

正确的邮箱格式是"邮箱名+@＋邮箱网站域名"，所以 zhangsan 是邮件用户名，qq.com 是邮件网站的域名。

参考答案

（45）A　　（46）B

试题（47）

借助有线电视网络和同轴电缆接入互联网，使用的调制解调器是＿＿（47）＿＿。

（47）A．A/D Modem　　　　　　　B．ADSL Modem
　　　 C．Cable Modem　　　　　　 D．PSTN Modem

试题（47）分析

A/D Modem 是模拟/数字转换；ADSL Modem 为 ADSL（非对称用户数字环路）提供调制数据和解调数据；电缆调制解调器 Cable Modem 中，Cable 是指有线电视网络，它不同于一般 Modem 通过电话线接入互联网，它是通过有线电视网络接入互联网；PSTN 是公用交换电话网，它提供的是一个模拟的专有通道，在两端的网络接入侧必须使用调制解调器实现信号的模/数、数/模转换。

参考答案

（47）C

试题（48）

以下关于发送电子邮件的操作中，说法正确的是＿＿（48）＿＿。

（48）A．你必须先接入 Internet，别人才可以给你发送电子邮件

  B．你只有打开了自己的计算机，别人才可以给你发送电子邮件

  C．只要你的 E-mail 地址有效，别人就可以给你发送电子邮件

  D．别人在离线时也可以给你发送电子邮件

试题（48）分析

  无论是否接入 Internet，只要 E-mail 地址有效，邮箱都可以接收邮件，当用户接入 Internet 后就可以进入邮箱读取邮件。发送邮件则必须接入 Internet。

参考答案

  （48）C

试题（49）

  交互式邮件存取协议 IMAP 是与 POP3 类似的邮件访问标准协议，下列说法中错误的是___（49）___。

  （49）A．IMAP 提供方便的邮件下载服务，让用户能进行离线阅读

     B．IMAP 不提供摘要浏览功能

     C．IMAP 提供 Webmail 与电子邮件客户端之间的双向通信

     D．IMAP 支持多个设备访问邮件

试题（49）分析

  POP3 协议允许电子邮件客户端下载服务器上的邮件，但是在客户端的操作不会反馈到服务器上。而 IMAP 提供 Webmail 与电子邮件客户端之间的双向通信，客户端的操作都会反馈到服务器上。同时，IMAP 像 POP3 那样提供了方便的邮件下载服务，让用户能进行离线阅读。IMAP 提供的摘要浏览功能可以让用户在阅读完所有的邮件到达时间、主题、发件人、大小等信息后才做出是否下载的决定。此外，IMAP 更好地支持了从多个不同设备中随时访问新邮件。

参考答案

  （49）B

试题（50）、（51）

  2017 年 5 月，全球十几万台电脑受到勒索病毒（WannaCry）的攻击，电脑被感染后文件会被加密锁定，从而勒索钱财。在该病毒中，黑客利用___（50）___实现攻击，并要求以___（51）___方式支付。

  （50）A．Windows 漏洞   B．用户弱口令

     C．缓冲区溢出   D．特定网站

  （51）A．现金   B．微信   C．支付宝   D．比特币

试题（50）、（51）分析

  本题考查电脑病毒的相关知识。

  勒索病毒是一种新型电脑病毒，主要以邮件、程序木马、网页挂马的形式进行传播。病毒主要针对安装有 Microsoft Windows 的电脑，攻击者向 Windows SMBv1 服务器 445 端口（文件、打印机共享服务）发送特殊设计的消息，来远程执行攻击代码。只要用户电脑连上互联网，即便用户不做任何操作，电脑都有可能中毒。

勒索病毒的攻击者为了隐匿身份，收取赎金时不会采取现金、微信、支付宝等可以追查到资金来源的方式，而是在病毒发作后显示特定界面，指示用户通过比特币方式缴纳赎金。

参考答案

（50）A   （51）D

试题（52）

以下关于防火墙功能特性的说法中，错误的是　（52）　。

（52）A．控制进出网络的数据包和数据流向

　　　B．提供流量信息的日志和审计

　　　C．隐藏内部 IP 以及网络结构细节

　　　D．提供漏洞扫描功能

试题（52）分析

本题考查防火墙的基础知识。

防火墙最重要的特性就是利用设置的条件，监测通过的包的特征来决定放行或者阻止数据，同时防火墙一般架设在提供某些服务的服务器前，具备网关的能力，用户对服务器或内部网络的访问请求与反馈都需要经过防火墙的转发，相对外部用户而言，防火墙隐藏了内部网络结构。防火墙作为一种网络安全设备，安装有网络操作系统，可以对流经防火墙的流量信息进行详细的日志和审计。

参考答案

（52）D

试题（53）

UTM（统一威胁管理）安全网关通常集成防火墙、病毒防护、入侵防护、VPN 等功能模块，　（53）　功能模块通过匹配入侵活动的特征，实时阻断入侵攻击。

（53）A．防火墙　　　　B．病毒防护　　　　C．入侵防护　　　　D．VPN

试题（53）分析

本题考查网络安全设备的基础知识。

防火墙模块一般是通过预先设定的策略来防止网络攻击；而病毒防护模块会把病毒特征监控的程序驻留在内存中，一旦发现携带病毒的文件，先禁止带毒文件的运行或打开，再查杀带毒文件；入侵防护（IPS）模块依靠对数据包的检测进行防御，检查入网的数据包，确定数据包的真正用途，然后决定是否允许其进入内网；VPN 模块则是远程访问技术，用于建立虚拟专网。

参考答案

（53）C

试题（54）、（55）

数字签名首先产生消息摘要，然后对摘要进行加密传送。产生摘要的算法是　（54）　，加密的算法是　（55）　。

（54）A．SHA-1　　　　B．RSA　　　　C．DES　　　　D．3DES

（55）A．SHA-1　　　　B．RSA　　　　C．DES　　　　D．3DES

试题（54）、（55）分析

本题考查网络安全数字签名相关的基础知识。

数字签名首先产生消息摘要，然后对摘要进行加密传送。SHA-1是摘要算法，RSA 是公钥加密算法，DES 和 3DES 是共享密钥加密算法。故产生摘要的算法是 SHA-1，加密的算法是 RSA。

参考答案

（54）A　　（55）B

试题（56）

交换机配置命令 sysname Switch1 的作用是＿＿（56）＿＿。

（56）A．进入系统视图　　　　　　　　B．修改设备名称

　　　　C．创建管理 VLAN　　　　　　　D．配置认证方式

试题（56）分析

本题考查交换机配置的基础知识。

本题中涉及的交换机基本命令分别是进入系统视图命令 system-view，修改设备名称命令 sysname，创建管理 VLAN 命令 vlan，配置认证方式命令 aaa（即认证、授权、计费）。

参考答案

（56）B

试题（57）、（58）

交换机命令 interface gigabitethernet 0/0/1 的作用是＿＿（57）＿＿，该接口是＿＿（58）＿＿。

（57）A．设置接口类型　　　　　　　　B．进入接口配置模式

　　　　C．配置接口 VLAN　　　　　　　D．设置接口速率

（58）A．百兆以太口　　　　　　　　　B．千兆以太口

　　　　C．1394 口　　　　　　　　　　D．Console 口

试题（57）、（58）分析

本题考查交换机配置的基础知识。

交换机命令 interface gigabitethernet 0/0/1 可简单分为三个部分：interface 指进入某个接口配置界面；gigabitethernet 指该接口是千兆以太网接口；0/0/1 指具体的接口编号。

参考答案

（57）B　　（58）B

试题（59）

观察交换机状态指示灯可以初步判断交换机故障，交换机运行中指示灯显示红色表示＿＿（59）＿＿。

（59）A．告警　　　　B．正常　　　　C．待机　　　　D．繁忙

试题（59）分析

本题考查交换机使用的基础知识。

一般而言，交换机指示灯绿色表示设备正常，红色表示设备告警，橙黄色表示设备端口工作在特定速率，指示灯快闪表示接收或发送数据。

参考答案

（59）A

试题（60）

通常测试网络连通性采用的命令是＿＿（60）＿＿。

（60）A．netstat　　　　B．ping　　　　C．msconfig　　　　D．cmd

试题（60）分析

本题考查网络检测的基础知识。

备选项命令的作用分别是：netstat 用于显示网络相关信息；ping 用于检查网络是否连通；msconfig 用于 Windows 配置的应用程序；cmd 称为命令提示符，在操作系统中进行命令输入的工作提示符。

参考答案

（60）B

试题（61）

SNMP 是简单网络管理协议，只包含有限的管理命令和响应，＿＿（61）＿＿能使代理自发地向管理者发送事件信息。

（61）A．get　　　　　B．set　　　　　C．trap　　　　　D．agent

试题（61）分析

本题考查简单网络管理协议的知识。

SNMP 协议对外提供了三种用于控制 MIB 对象的基本操作命令，分别是 get、set 和 trap。get 管理站读取代理者处对象的值，它是 SNMP 协议中使用频率最高的一个命令，因为该命令是从网络设备中获得管理信息的基本方式；set 管理站设置代理者处对象的值，它是一个特权命令，因为可以通过它来改动设备的配置或控制设备的运转状态，它可以设置设备的名称，关掉一个端口或清除一个地址解析表中的项等；trap 代理者主动向管理站通报重要事件，trap 消息可以用来通知管理站线路的故障、连接的中断和恢复、认证失败等消息。

参考答案

（61）C

试题（62）

某学校为防止网络游戏沉迷，通常采用的方式不包括＿＿（62）＿＿。

（62）A．安装上网行为管理软件

　　　B．通过防火墙拦截规则进行阻断

　　　C．端口扫描，关闭服务器端端口

　　　D．账户管理，限制上网时长

试题（62）分析

本题考查网络隔离技术。

学校为防止网络游戏沉迷，通常采用的方式包括安装上网行为管理软件、通过防火墙拦截规则进行阻断，以及账户管理，限制上网时长。通过端口扫描，关闭服务器端端口不能实现。

参考答案

（62）C

试题（63）

在浏览器地址栏中输入 http://www.abc.com/jx/jy.htm，要访问的主机名是　 (63)　。

（63）A．http　　　　　B．www　　　　　C．abc　　　　　D．jx

试题（63）分析

本题考查 URL 的基础知识。

URL（Uniform Resource Locator，统一资源定位符）是对互联网上的资源位置和访问方法的一种简洁的表示，是互联网上资源的地址。互联网上的每个文件都有一个唯一的 URL，它包含的信息指出文件的位置以及浏览器应该怎么处理它。一个完整的 URL 由以下几个部分构成。

第一部分：协议，该部分告诉浏览器如何处理将要打开的文件，常见的是 HTTP（Hyper Text Transfer Protocol，超文本传输协议）或 HTTPS（Hyper Text Transfer Protocol over Secure Socket Layer，安全的超文本传输协议），其他的还有 ftp（File Transfer Protocol，文件传输协议）、mailto（电子邮件地址）、ldap（Lightweight Directory Access Protocol，轻型目录访问协议搜索）、file（当地电脑或网上分享的文件）、news（Usenet 新闻组）、gopher（Gopher 协议）、telnet（Telnet 协议）等。

第二部分：文件所在的服务器的名称或 IP 地址，后面是到达这个文件的路径和文件本身的名称。服务器的名称或 IP 地址后面有时还跟一个冒号和一个端口号，也可以包含登录服务器所需的用户名称和密码。路径部分包含等级结构的路径定义，一般来说不同部分之间以斜线（/）分隔。询问部分一般用来传送对服务器上的数据库进行动态询问时所需要的参数。

有时候，URL 以斜杠"/"结尾，而没有给出文件名，在这种情况下，URL 引用路径中最后一个目录中的默认文件（通常对应于主页），这个文件常常被称为 index.html 或 default.htm。

一个标准的 URL 的格式如下：

协议://主机名.域名.域名后缀或 IP 地址(:端口号)/目录/文件名

其中，目录可能存在多级目录。

参考答案

（63）B

试题（64）

在 Linux 中，用户 tom 在登录状态下，键入 cd 命令并按下回车键后，该用户进入的目录是　 (64)　。

（64）A．/root　　　　B．/home/root　　　　C．/root/tom　　　　D．/home/tom

试题（64）分析

本题考查 Linux 的基础知识。

在 Linux 中，用户登录后所在目录为/home/用户名，因此根据题意，用户 tom 键入 cd 命令，进入的目录为/home/tom。

参考答案

（64）D

试题（65）

在 Linux 中，设备文件存放在　（65）　目录中。

（65）A．/dev　　　　　B．/home　　　　　C．/var　　　　　D．/sbin

试题（65）分析

本题考查 Linux 系统的基础知识。

Linux 使用标准的目录结构，在系统安装时，就为用户创建了文件系统和完整而固定的目录组成形式。Linux 文件系统采用了多级目录的树型层次结构管理文件。树型结构的最上层是根目录，用"/"表示，其他的所有目录都是从根目录出发生成的。Linux 在安装时会创建一些默认的目录，这些目录都有其特殊的功能，用户不能随意删除或修改，如/bin、/etc、/dev、/root、/usr、/tmp、/var 等。

其中，/bin 目录（bin 是 Binary 的缩写）存放 Linux 系统命令；

/etc 目录存放系统的配置文件；

/dev 目录存放系统的外部设备文件；

/root 目录存放超级管理员的用户主目录。

参考答案

（65）A

试题（66）

在一台安装好 TCP/IP 协议的 PC 上，当网络连接不可用时，为了测试编写好的网络程序，通常使用的目的主机 IP 地址为　（66）　。

（66）A．0.0.0.0　　　　B．127.0.0.1　　　　C．10.0.0.1　　　　D．210.225.21.255

试题（66）分析

本题考查本地回送地址。

127.0.0.1 是本地回送地址，当网络连接不可用时，为了测试编写好的网络程序，通常使用的目的主机 IP 地址为 127.0.0.1。

参考答案

（66）B

试题（67）

在 Linux 中，解析主机域名的文件是　（67）　。

（67）A．etc/hosts　　　B．etc/host.conf　　C．etc/hostname　　D．etc/bind

试题（67）分析

本题考查 Linux 系统的基础知识。

在 Linux 中，系统文件存放在/etc 目录中，其中用于解析主机域名的文件为 host.conf，为用户提供域名到 IP 地址之间的映射服务。

参考答案

（67）B

试题（68）

不同 VLAN 间数据通信，需通过　（68）　进行转发。

（68）A．HUB　　　　　　B．二层交换机　　　　　C．路由器　　　　D．中继器

试题（68）分析

本题考查 VLAN 间数据通信。

不同 VLAN 间数据通信，需通过路由器进行转发。

参考答案

（68）C

试题（69）

在 Windows 系统中，要查看 DHCP 服务器分配给本机的 IP 地址，使用　（69）　命令。

（69）A．ipconfig/all　　　　　　　　　　B．netstat

　　　 C．nslookup　　　　　　　　　　　D．tracert

试题（69）分析

本题考查 DHCP 命令。

采用 ipconfig/all 可以查看 DHCP 服务器分配给本机的 IP 地址。

参考答案

（69）A

试题（70）

邮件客户端软件使用　（70）　协议从电子邮件服务器上获取电子邮件。

（70）A．SMTP　　　　B．POP3　　　　　C．TCP　　　　D．UDP

试题（70）分析

本题考查电子邮件协议。

发送电子邮件的协议是 SMTP，接收电子邮件的协议是 POP3。所以邮件客户端软件使用 POP3 协议从电子邮件服务器上获取电子邮件。

参考答案

（70）B

试题（71）～（75）

The Hypertext Transfer Protocol, the Web's 　（71）　 protocol, is at the heart of the WeB. HTTP is implemented in two programs: a 　（72）　 program and a server program. The client program and server program, executing on different end systems, talk to each other by 　（73）　 HTTP messages. HTTP defines how Web clients request Web pages from servers and how servers transfer Web pages to clients. When a user 　（74）　 a Web page, the browser sends HTTP request messages for the objects in the page to the server. The server 　（75）　 the requests and responds with HTTP response messages that contain the objects.

（71）A．transport-layer　　　　　　　B．application-layer

　　　 C．network-layer　　　　　　　　D．link-layer

（72）A．host　　　　　B．user　　　　　C．client　　　　D．guest

（73）A. exchanging   B. changing   C. declining   D. removing

（74）A. sends   B. requests   C. receives   D. abandons

（75）A. declines   B. deletes   C. edits   D. receives

参考译文

Web 的应用层协议超文本传输协议 HTTP 是 Web 的核心，它用于在两个程序中实现：客户端程序和服务器程序。运行在不同终端系统上的客户端程序和服务器程序通过交换 HTTP 消息来进行交互。HTTP 定义了 Web 客户机如何从服务器请求 Web 页以及服务器如何将 Web 页传递给客户机。当用户请求一个 Web 页面时，浏览器将页面对象的 HTTP 请求发送到服务器，服务器接收请求并用包含对象的 HTTP 消息进行响应。

参考答案

（71）B   （72）C   （73）A   （74）B   （75）D

第 4 章 2017 下半年网络管理员下午试题分析与解答

试题一（共 20 分）

阅读以下说明，回答问题 1 至问题 6，将解答填入答题纸对应的解答栏内。

【说明】

某便利店要为收银台 PC、监控摄像机、客户的无线终端等提供网络接入，组网方案如图 1-1 所示。

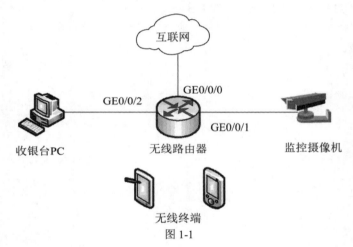

图 1-1

网络中各设备 IP 分配和所属 VLAN 如表 1-1 所示，其中 vlan1 的接口地址是 192.168.1.1，vlan10 的接口地址是 192.168.10.1。

表 1-1

项　　目	数　　据
GE0/0/0 地址	PPPoE 方式获取 33.33.33.33
NAT 方式	Easy IP
有线网段地址（固定地址）	192.168.1.0/24；vlan1
收银台 PC 地址	192.168.1.254/24；vlan1
摄像机地址	192.168.1.250/24；vlan1
无线网段地址（动态分配）	192.168.10.0/24；vlan10

【问题 1】（4 分）

配置无线路由器，用网线将 PC 的___(1)___端口与无线路由器相连。在 PC 端配置固定 IP 地址为 192.168.1.x/24，在浏览器地址栏中输入 https://192.168.1.1，使用默认账号登录___(2)___界面。

（1）备选答案：

  A．RJ45   B．COM

（2）备选答案：

  A．命令行   B．Web 管理

【问题 2】（6 分）

  有线网段配置截图如图 1-2 所示。

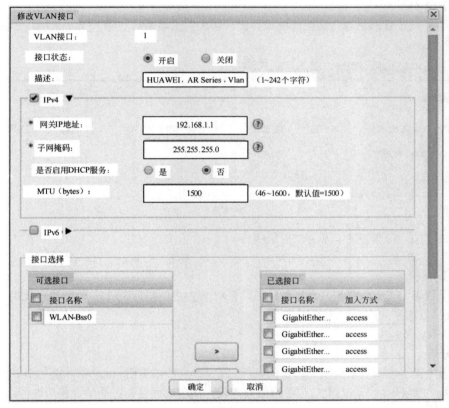

图 1-2

  参照表 1-1 和图 1-2，给出无线网段的属性参数。

  VLAN 接口（VLAN 编号）： （3） ；

  接口状态： （4） ；

  是否启用 DHCP 服务： （5） 。

【问题 3】（4 分）

  图 1-2 中参数 MTU 的含义是 （6） ，在 （7） 中 MTU 缺省数值是 1500 字节。

  （6）备选答案：

    A．最大数据传输单元   B．最大协议数据单元

（7）备选答案：

A．以太网　　　　　　　　　　　　B．广域网

【问题 4】（2 分）

某设备得到的 IP 地址是 192.168.10.2，该设备是 　(8)　 。

（8）备选答案：

A．路由器　　　　B．手机　　　　C．摄像机　　　　D．收银台 PC

【问题 5】（2 分）

图 1-3 是进行网络攻击防范的配置界面。该配置主要是对 　(9)　 和 　(10)　 类型的攻击进行防范。

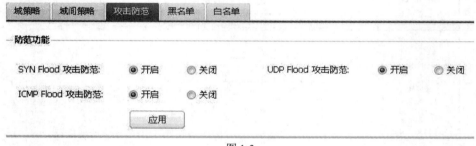

图 1-3

（9）、（10）备选答案（不分先后顺序）：

A．DoS　　　　　　B．DDoS　　　　　　C．SQL 注入　　　　D．跨站脚本

【问题 6】（2 分）

该便利店无线上网采用共享密钥认证，采用 WPA2 机制和 　(11)　 位 AES 加密算法。

（11）备选答案：

A．64　　　　　　B．128

试题一分析

本题考查小型商贸单位网络部署的案例，此类单位可以是便利店，也可以是小型连锁店，工作人员一般 2~3 人。此类单位的网络需求较为简单，网络拓扑简单，使用的网络产品设置灵活方便。从题目分析，该便利店的网络需求如下：

网络设备为便利店提供有线接入服务（PPPoE 拨号方式），WAN 口配置 NAT 转换；为店内的有线和无线终端提供上网服务；为连锁店提供加密的无线 Wi-Fi 服务，客户可以安全地连接 SSID 访问互联网；有线用户可以访问摄像机等有线接入设备，与无线用户之间隔离；为连锁店提供防火墙功能，防范网络攻击。

【问题 1】

本问题考查设备配置的基本知识。

通过电脑对网络设备进行配置，可以有多种连接方式，其中硬件连接包括 Console 控制台接口、AUX 拨号电话接口、普通网络接口（以太网接口、串口等），软件登录包括超级终端、IE 浏览器、命令提示行、专业软件界面等。

从题目给出的提示来看,电脑与网络设备连接采用的是网线,那么对应的选项就是 RJ45,用户通过浏览器登录设备,那么对应的选项就是通过 Web 管理网络设备。

【问题 2】

本问题中无线网络的配置参考有线网络的配置,其中 VLAN 接口数值,有线网络配置图 1-2 是与表 1-1 对应,那么无线网络的配置参照有线网络,应该与表 1-1 对应。

无线网络对应的接口开启与关闭对应的是相关服务的开启和关闭。

表 1-1 给出的是无线网络动态获得地址,因此需要配置相应的 DHCP 服务。

【问题 3】

图 1-2 中参数 MTU 的含义是最大传输单元(Maximum Transmission Unit,MTU),是指一种通信协议的某一层上面所能通过的最大数据包大小(以字节为单位)。最大传输单元这个参数通常与通信接口有关(网络接口卡、串口等)。

因为协议数据单元的包头和包尾的长度是固定的,MTU 越大,则一个协议数据单元承载的有效数据就越长,通信效率也越高。MTU 越大,传送相同的用户数据所需的数据包个数也越低。MTU 也不是越大越好,因为 MTU 越大,传送一个数据包的延迟也越大,并且 MTU 越大,数据包中 bit 位发生错误的概率也越大。MTU 越大,通信效率越高,而传输延迟增大,所以要权衡通信效率和传输延迟,选择合适的 MTU。

网络中一些常见链路层协议 MTU 的缺省数值如下:

FDDI 协议:4352 字节

以太网(Ethernet)协议:1500 字节

PPPoE(ADSL)协议:1492 字节

X.25 协议(Dial Up/Modem):576 字节

Point-to-Point:4470 字节

【问题 4】

从表 1-1 可以看出该设备获得地址属于无线网段,因此该设备是一台移动设备。

【问题 5】

SYN Flood 是一种 DoS(拒绝服务攻击),是 DDoS(分布式拒绝服务攻击)的方式之一,这是一种利用 TCP 协议缺陷,发送大量伪造的 TCP 连接请求,从而使得被攻击方资源耗尽(CPU 满负荷或内存不足)的攻击方式。

ICMP Flood 同样也是一种 DDoS 攻击,通过对其目标发送超过 65535 字节的数据包,就可以令目标主机瘫痪,如果大量发送就成了洪水攻击。

UDP Flood 是流量型 DoS 攻击,利用大量 UDP 包冲击 DNS 服务器或 Radius 认证服务器、流媒体视频服务器。由于 UDP 协议是一种无连接的服务,只要开了一个 UDP 的端口提供相关服务,攻击者可发送大量伪造源 IP 地址的 UDP 包进行攻击。

【问题 6】

无线路由器的安全设置中有 WEP、WPA、WPA2 以及 WPA+WPA2 等加密方式。

WEP 是一种数据加密算法,用于提供等同于有线局域网的保护能力。它的安全技术源自于名为 RC4 的 RSA 数据加密技术,是无线局域网 WLAN 的必要的安全防护层。目前常见的是 64 位 WEP 加密和 128 位 WEP 加密。

WPA 是一种保护无线网络安全的系统，它是在前一代有线等效加密（WEP）的基础上产生的，解决了前任 WEP 的缺陷问题，它使用 TKIP（临时密钥完整性）协议，是 IEEE 802.11i 标准中的过渡方案。其中 WPA-PSK 主要面向个人用户。

WPA2，即 WPA 加密的加强版。它是 WiFi 联盟验证过的 IEEE 802.11i 标准的认证形式，WPA2 实现了 802.11i 的强制性元素，特别是 Michael 算法被公认彻底安全的 CCMP（计数器模式密码块链消息完整码协议）讯息认证码所取代，而 RC4 加密算法也被 AES（高级加密）所取代，AES 加密数据块和密钥长度可以是 128 位、192 位、256 位等。

WPA-PSK+WPA2-PSK 是两种加密算法的组合。

参考答案

【问题 1】

（1）A

（2）B

【问题 2】

（3）10

（4）开启

（5）是

【问题 3】

（6）A

（7）A

【问题 4】

（8）B

【问题 5】

（9）A

（10）B

注：（9）（10）答案可以互换

【问题 6】

（11）B

试题二（共 20 分）

阅读以下说明，回答问题 1 至问题 4，将解答填入答题纸对应的解答栏内。

【说明】

某公司需要配置一台 DHCP 服务器，实现为用户分配指定范围的 IP 地址、创建并配置作用域、查看和更改租约等功能。

【问题 1】（2 分）

在 DHCP 服务安装完毕后，需要获得 __(1)__ 才可以响应客户的 IP 地址请求。

（1）备选答案：

    A. 应答   B. 授权

【问题 2】（6 分）

　　DHCP 服务器为用户分配 IP 地址，还可以为客户机分配　(2)　、　(3)　、　(4)　等 TCP/IP 协议属性参数。

【问题 3】（6 分）

　　作用域是可以分配给子网中客户计算机的　(5)　范围。如果作用域是 192.168.1.101～192.168.1.105 和 192.168.1.109～192.168.1.110，比较简便的方法是在图 2-1 中将起始 IP 地址配置为　(6)　，结束 IP 地址配置为　(7)　，在图 2-2 中将起始 IP 地址配置为　(8)　，结束 IP 地址配置为　(9)　。

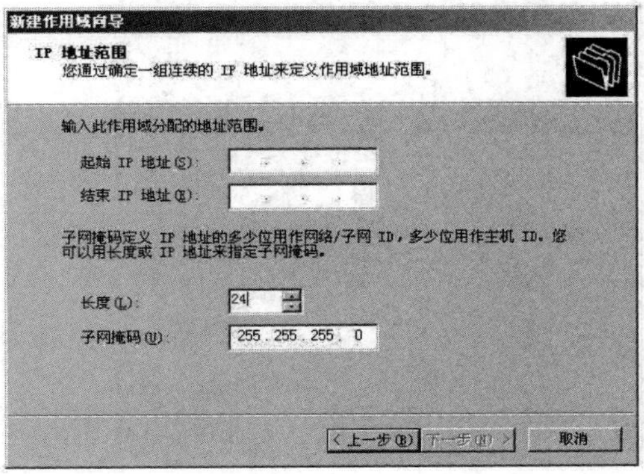

图 2-1 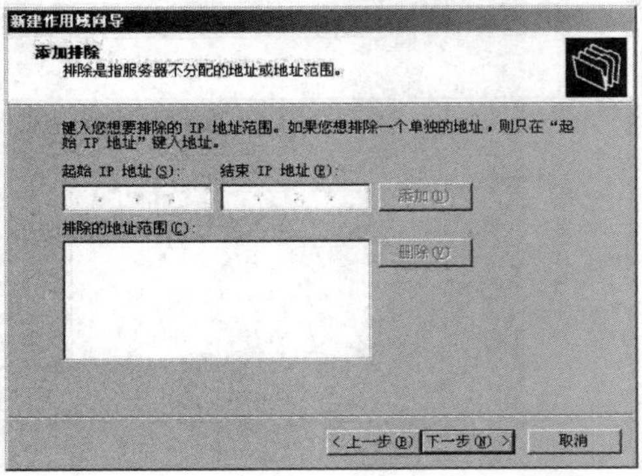　　　　　　　　　　　　　　　　　　　图 2-2

　　配置作用域时，除了配置 IP 地址外，还可配置其他属性参数，其中不包括　(10)　。

（10）备选答案：
　　A．DNS 服务器　　　　　　　　　　B．WINS 服务器
　　C．DHCP 服务器　　　　　　　　　　D．默认网关

【问题 4】（6 分）

　　Windows 客户端会通过　(11)　的方式发送自动分配 IP 地址的请求报文，经过与 DHCP 服务器的交互得到 IP 地址，默认的 IP 地址租约期限是　(12)　天。在客户端使用 ipconfig/　(13)　命令可以释放租约，使用 ipconfig/　(14)　命令重新向 DHCP 服务器申请地址租约，使用 ipconfig/　(15)　命令可查看当前地址租约等全部信息。根据图 2-3，DHCP 地址租约时长为　(16)　秒。

（13）～（15）备选答案：
　　A．all　　　　　　B．renew　　　　　　C．release　　　　　D．setclassid
（16）备选答案：
　　A．1　　　　　　B．60　　　　　　C．1800　　　　　D．3600

```
C:\>ipconfig /all

Windows IP Configuration

    Host Name .........................: admin
    Primary Dns Suffix.................:
    Node Type..........................: Hybrid
    IP Routing Enabled.................: No
    WINS Proxy Enabled.................: No

Ethernet adapter 本地连接:

    Connection-specific DNS Suffix....:
    Description........................: AMD PCNET Family PCI EthernetAdapter
    Physical Address...................: 00-30-56-10-34-2E
    DHCP Enabled.......................: Yes
    Autoconfiguration Enabled..........: Yes
    IP Address.........................: 192.168.1.102
    Subnet Mask........................: 255.255.255.0
    Default Gateway....................: 192.168.1.1
    DHCP Class ID......................: laptop
    DHCPServer.........................: 192.168.1.5
    DNS Servers........................: 192.168.1.10
    Primary WINS Server................: 192.168.1.5
    Lease Obtained.....................: 2017 年 7 月 7 日 10:07:35
    Lease Expires......................: 2017 年 7 月 7 日 11:07:35
```

图 2-3

试题二分析

本题考查 DHCP 服务器的相关配置。

【问题 1】

DHCP 服务需要获得授权才可以响应客户的 IP 地址请求。

【问题 2】

一般来说，如果不做其他配置，DHCP 服务器只分配 IP 地址和子网掩码。如果对 DHCP 的选项进行设置，DHCP 还可以为客户端分配其他参数，如默认网关和 DNS 服务器地址等。

【问题 3】

DHCP 的作用域是可以分配给客户端的 IP 地址的范围。可以通过在作用域分配的地址范围一栏填入作用域的起始和结束 IP 地址来表示作用域的范围。如果需要排除某段地址，可以在"添加排除"中填入需要排除的 IP 范围的起始和结束 IP 地址。

配置作用域时，还可配置 DNS 服务器、WINS 服务器和默认网关。

【问题 4】

Windows 客户端会通过广播的方式发送自动分配 IP 地址的请求报文。DHCP 服务器通过设置"地址租约期限"来分配客户机使用 IP 配置信息的时间段，默认是 8 天，使用期限一到，必须重新向 DHCP 服务器申请 IP 配置信息。

ipconfig 可用于显示当前 TCP/IP 配置的设置值，如果计算机和所在局域网使用了 DHCP

协议，通过 ipconfig 可以了解计算机是否成功租用到一个 IP 地址以及分配到的是什么地址。ipconfig/all 能为 DNS 和 WINS 服务器显示它已配置且所要使用的附加信息，以及内置于本地网卡中的物理地址。如果 IP 地址是从 DHCP 服务器租用的，可显示 DHCP 服务器的 IP 地址和租用地址预计失效的日期。ipconfig/release 表示将所有接口的租用 IP 地址重新交付给 DHCP 服务器，ipconfig/renew 表示本地计算机与 DHCP 服务器取得联系并租用一个 IP 地址。

从图 2-3 可知获得租约时间是 2017 年 7 月 7 日 10:07:35，租约过期时间是 2017 年 7 月 7 日 11:07:35，总时长是 1 小时，即 3600 秒。

参考答案

【问题 1】

（1）B

【问题 2】

（2）子网掩码

（3）默认网关

（4）DNS 服务器地址

注：（2）～（4）答案可互换

【问题 3】

（5）IP 地址

（6）192.168.1.101

（7）192.168.1.110

（8）192.168.1.106

（9）192.168.1.108

（10）C

【问题 4】

（11）广播

（12）8

（13）C

（14）B

（15）A

（16）D

试题三（共 20 分）

阅读以下说明，回答问题 1 至问题 3，将解答填入答题纸对应的解答栏内。

【说明】

某公司网络拓扑图如图 3-1 所示。为了便于管理，公司决定将员工网络按业务划分为 3 个不同的 VLAN，其中 VLAN 10 为行政部门（xzbm），VLAN 20 为财务部门（cwbm），VLAN 30 为销售部门（xsbm）。为便于管理，分别对每个 VLAN 设置相应标识，并为 VLAN 添加相应接口，VLAN 接口分配如表 3-1 所示。请根据描述和下表将配置代码补充完整。

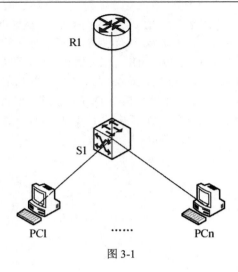

图 3-1

表 3-1

VLAN	接 口 范 围
10	GigabitEthernet 0/0/1-0/0/8
20	GigabitEthernet0/0/9-0/0/16
30	GigabitEthernet0/0/17-0/0/22

【问题 1】（6 分）

VLAN 的划分方法有静态划分和动态划分两种，其中基于端口划分 VLAN 是 __（1）__ 方式，基于 MAC 地址划分 VLAN 是 __（2）__ 方式。

处于同一 VLAN 的用户，可以直接相互通信，处于不同 VLAN 的用户需经过 __（3）__ 相互通信。

【问题 2】（7 分）

为确保公司网络设备配置不被随意修改，网管员需要对路由器进行安全配置，若为路由器和交换机分别添加登录口令和远程 telnet 登录口令，请将下面的配置代码补充完整。

```
<Huawei>  (4)                                    //进入特权模式
[Huawei]  (5)  R1                                //修改主机名
[R1]user-interface  (6)  0                       //进入 console 用户界面视图
[R1-ui-console0]authentication-mode  (7)         //设置口令
Please configure the login password(maximum length 16):huawei
[R1-ui-console0]  (8)                            //退出接口配置模式
[R1]user-interface vty 0  (9)                    //进入虚拟接口 0 4
[R1-ui-vty0-4]authentication-mode password
Please configure the login password(maximum length 16):huawei
[R1-ui-vty0-4]user privilege  (10)  3            //设置用户级别
[R1-ui-vty0-4]
```

（4）～（10）备选答案：

A．console　　　B．system-view　　　C．quit　　　D．sysname

E．4　　　　　F．password　　　G．level

【问题 3】（7 分）

下面是在交换机 S1 上的 VLAN 配置代码，请将下面的配置代码补充完整。

```
<Huawei>sys
[Huawei]sysname  (11)                              //设置交换机名称
[S1]vlan  (12)
[S1-vlan10]description xzbm                         //设置 vlan 描述
[S1]port-group  (13)                               //设置接口组
[S1-port-group-vlan10]group-member GigabitEthernet 0/0/1  (14)
GigabitEthernet  (15)
[S1-port-group-vlan10]port link-type  (16)   //接口模式设置为接入模式
[S1-port-group-vlan10]port default vlan 10   //接口放入 vlan 10
[S1-port-group-vlan10]quit


......vlan 20 和 30 配置略......

[S1]interface GigabitEthernet 0/0/24
[S1-GigabitEthernet0/0/24]port link-type  (17)   //接口模式设置为中继模式
[S1-GigabitEthernet0/0/24]port trunk allow-pass vlan 10 20 30
                                     //中继允许 vlan10、20、30 的数据通过
```

试题三分析

本题考查 IP 地址规划、华为设备的基本配置方面的知识。需要考生认真分析题意，搞清楚公司网络设计的思路和方法，完成题目要求。

【问题 1】

本问题考查在网络设计阶段 VLAN 划分的方法。

VLAN 划分的方法一般可采用静态划分和动态划分两种。静态划分可基于交换机的端口来进行 VLAN 划分，便于网络管理；动态划分可根据用户的 IP 地址、MAC 地址等进行 VLAN 划分，在具有某些实际需求的应用场景下，例如公司的网络管理员、公司主要负责人等，需要随时随地连接到工作网络中，并处在相应的 VLAN 中时，可采取动态 VLAN 划分的方法。

【问题 2】

本问题考查网络设备安全配置中的基本配置方法、命令和命令的作用解释。要注考生熟悉本地设备登录口令和远程 telnet 登录口令的配置方法。可根据基本的配置逻辑，在备选答案中选择合适的命令或者解释。该题目主要考察点在于对华为设备命令的熟悉程度，命令采取选项的方式给出，适当降低了题目的难度。

【问题 3】

本问题考查在交换机上 VLAN 配置的方法，考生可根据每行代码的提示，写出缩写的命令或者命令全拼，重点是要搞清楚配置逻辑和基本命令的使用模式。

参考答案

【问题 1】

（1）静态

（2）动态

（3）路由器/三层交换机

【问题 2】

（4）B

（5）D

（6）A

（7）F

（8）C

（9）E

（10）G

【问题 3】

（11）S1

（12）10

（13）vlan 10

（14）to

（15）0/0/8

（16）access

（17）trunk

试题四（共 15 分）

阅读以下说明，回答问题 1 至问题 2，将解答填入答题纸对应的解答栏内。

【说明】

访问某聊天系统必须先注册，然后登录才可进行聊天。图 4-1 为注册页面，注册时需要输入用户名和密码以及性别信息，数据库将记录这些信息。

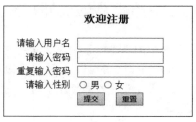

图 4-1

表 4-1 为利用 Microsoft Access 创建的数据库 msg，数据库记录用户名、密码、性别、登录时间、IP 地址及状态信息。

表 4-1　数据库创建的字段

字段名称	数据类型	字段作用
user	文本	用户名
upass	文本	用户密码
sex	文本	用户性别，male 或 female
t	日期/时间	登录时间
ip	文本	登录 IP
zt	数字	状态，1 为在线，0 为退出

【问题 1】（6 分）

以下是图 4-1 所示页面的部分代码，请仔细阅读该段代码，将（1）～（6）的空缺代码补齐。

```
<%
Set MM_editCmd = Server.CreateObject("ADODB.Command")
MM_editCmd.ActiveConnection = MM_connbbs_STRING
MM_editCmd.CommandText = "INSERT INTO msg ([user], upass, sex) VALUES
(?, ?, ?)"
MM_editCmd.Prepared = true
MM_editCmd.Parameters.AppendMM_editCmd.CreateParameter("param1", 202, 1,
255, Request.Form("user"))' adVarWChar
MM_editCmd.Parameters.AppendMM_editCmd.CreateParameter("param2", 202, 1,
255, Request.Form("__(1)__"))' adVarWChar
MM_editCmd.Parameters.AppendMM_editCmd.CreateParameter("param3", 202, 1,
255, Request.Form("sex"))' adVarWChar
MM_editCmd.Execute
MM_editCmd.ActiveConnection.Close
%>

<body>
<formACTION="<%=MM_editAction%>"METHOD="__(2)__"id="form1"name="form1">
<p align="center">欢迎注册
</p>
<table width="500" border="0" align="center" cellpadding="1" cellspacing="2">
<tr><td><div align="right">请输入用户名</div></td>
<td>  <input type="text" name="__(3)__" id="user"/></td>
</tr><tr>
<td><div align="right">请输入密码</div></td>
```

```
<td> 　<input type="__(4)__" name="upass" id="upass"/></td>
</tr><tr>
<td><div align="right">重复输入密码</div></td>
<td> 　<input type="text" name="pass2" id="pass2"/></td>
</tr><tr>
<td><div align="right">请输入性别</div></td>
<td> 
<input name="sex" type="radio" id="radio" value="__(5)__"/>
<label for="sex">男
<input type="radio" name="sex" id="radio2" value="female"/>
女</label></td></tr><tr>
<input type="submit" name="button" id="button" value="提交"/>
<input type="__(6)__" name="button2" id="button2" value="重置"/></td></tr>
</table>
```

（1）～（6）备选答案：

A．reset B．male C．post
D．text E．user F．upass

【问题 2】（9 分）

用户注册成功后的登录页面如图 4-2 所示。系统检查登录信息与数据库存储信息是否一致，如果一致则转到登录成功页面 succ.asp。如果不一致，则显示"警告：您输入的信息有误！"。下面是信息显示页面的部分代码，请将下面代码补充完整。

图 4-2

```
<%
set conn=server.createobject("adodb.connection")
conn.Open "Provider = Microsoft.Jet.OLEDB.4.0;Data Source = C:
\wwwroot\bbs.mdb"
if request.form("user") <>"" then
u=request.form("user")
p=request.form("upass")
s=request.form("sex")
set rs=server.createobject("adodb.recordset")
```

```
rs.open "select * from msg where   (7)  ='"&u&"' and   (8)  ='"&p&"' and
sex='"&s&"'",conn,1,3
    if rs.  (9)   and rs.bof then
    response.  (10)  ("警告：您输入的信息有误！")
    else
    rs("t")=  (11)  ()
    rs("  (12)  ")=request.ServerVariables("remote_host")
    rs("zt")=1
    rs.update
    session("user")=u
    session("  (13)  ")=s
    response.  (14)   "succ.asp"
    end if
    rs.close()
    set rs=nothing
    end if
%>


<body>
<form id="form1" name="form1" method="post" action="user.asp">
<p align="center">欢迎登录</p>
<div align="center">
<td><div align="right">输入用户名</div></td>
<td><label for="user"></label></td>
<input type="text" name="user" id="user"/>
 </td>
<td><div align="right">输入密码</div></td>
<td><label for="upass"></label></td>
 
<input type="text" name="upass" id="upass"/></td>
<td><div align="right">您的性别</div></td>
<td> 
<input name="sex" type="radio" id="radio" value="male" checked="  (15)  "/>
<label for="sex">男
<input type="radio" name="sex" id="radio2" value="female"/>
女</label></td>
<td> </td>
<td> 
```

```
<input type="submit" name="button" id="button" value="登录" />  
<input name="button2" type="submit" id="button2" onclick="MM_goToURL
('parent','index.asp');return document.MM_returnValue" value="返回"/>
</td></tr>
```

（7）～（15）备选答案：

A. now	B. ip	C. checked	D. eof	E. upass
F. user	G. write	H. sex	I. redirect	

试题四分析

本题考查利用 ASP 和数据库来创建聊天系统，包括用户进行注册和登录的过程。

此类题目要求考生认真阅读题目对实际问题的描述，仔细阅读程序，了解上下文之间的关系，给出空格内所缺的代码。

【问题 1】

本问题考查注册页面的设计。

（1）插入数据库 msg 的有关信息，从表 4-1 可以看出，有用户名 user，性别 sex，还缺少用户密码 upass。

（2）form 提供了两种数据传输的方式 —— get 和 post，get 是用来从服务器上获得数据，而 post 是向服务器上传递数据。METHOD="post" 表示表单中的数据以"post"方式传递。

（3）input type="text" name="user" 表示注册页面用户名字段写入的文本名为 user。

（4）input type="text"表示注册页面密码字段写入的数据类型为文本。

（5）value="male"表示单选按钮的值为 male，表示"男"。

（6）input type="reset"表示按钮的类型为 reset，表示"重置"。

【问题 2】

本问题考查登录页面的设计。

（7）比较用户在注册页面输入的用户名是否与数据库中的用户名字段 user 一致。

（8）比较用户在注册页面输入的密码是否与数据库中的密码字段 upass 一致。

（9）rs.eof and rs.bof 表示指针在最后一条记录的后面，和在第一条记录的前面，说明没有记录，记录集为空。

（10）response.write 表示输出。

（11）rs("t") = now()表示登录时间为当前时间。

（12）rs("ip")=request.ServerVariables("remote_host")记录登录用户的 IP 地址。

（13）用户登录用 session 获取临时值，这里临时值是性别。

（14）response.redirect "succ.asp"表示跳转至 succ.asp 页面。

（15）checked="checked"表示初始状态已勾选此项。

参考答案

【问题 1】

（1）F

（2）C

（3）E

（4）D

（5）B

（6）A

【问题 2】

（7）F

（8）E

（9）D

（10）G

（11）A

（12）B

（13）H

（14）I

（15）C

第5章　2018上半年网络管理员上午试题分析与解答

试题（1）

某编辑在编辑文稿时发现如下错误，其中最严重的错误是__(1)__。

(1) A. 段落标题编号错误　　　　　　　B. 将某地区名列入了国家名单

　　 C. 语句不通顺、有明显的错别字　　D. 标点符号、字体、字号不符合要求

试题（1）分析

将某地区名列入了国家名单的文稿一旦发表，所造成的影响会涉及国家的问题，所以错误的性质是最严重的。

参考答案

(1) B

试题（2）

在 Excel 中，若在 A1 单元格输入如下图所示的内容，则 A1 的值为__(2)__。

(2) A. 7　　　　　　B. 8　　　　　　C. TRUE　　　　　　D. #NAME?

试题（2）分析

在 Excel 中，函数 SUM(3,4,TRUE)的值为8，因为文本值被转换成数字，逻辑值 TRUE 被转换成数字1，故结果值为8。

参考答案

(2) B

试题（3）

程序计数器（PC）是用来指出下一条待执行指令地址的，它属于__(3)__中的部件。

(3) A. CPU　　　　　B. RAM　　　　　C. Cache　　　　　D. USB

试题（3）分析

本题考查计算机系统硬件知识。

CPU 是计算机工作的核心部件，用于控制并协调各个部件，其基本功能包括指令控制、操作控制、时序控制、数据处理等。另外，CPU 还需要对内部或外部的中断（异常）以及 DMA 请求做出响应，进行相应的处理。

CPU 主要由运算器、控制器（Control Unit，CU）、寄存器组和连接这些部件的内部总线组成。程序计数器（PC）是 CPU 控制器中的一个寄存器，当程序顺序执行时，每取出一

条指令，PC 内容自动增加一个值，指向下一条要取的指令。当程序出现转移时，则将转移地址送入 PC，然后由 PC 指出新的指令地址。

参考答案

（3）A

试题（4）

以下关于主流固态硬盘的叙述中，正确的是　　(4)　　。

（4）A．存储介质是磁表面存储器，比机械硬盘功耗高

　　　B．存储介质是磁表面存储器，比机械硬盘功耗低

　　　C．存储介质是闪存芯片，比机械硬盘功耗高

　　　D．存储介质是闪存芯片，比机械硬盘功耗低

试题（4）分析

本题考查计算机系统硬件的知识。

固态硬盘是用固态电子存储芯片阵列而制成的硬盘，由控制单元和存储单元（FLASH 芯片、DRAM 芯片）组成。固态硬盘具有传统机械硬盘不具备的快速读写、质量轻、能耗低以及体积小等特点。

参考答案

（4）D

试题（5）

CPU 中可用来暂存运算结果的是　　(5)　　。

（5）A．算逻运算单元　　　　　　　　　B．累加器

　　　C．数据总线　　　　　　　　　　　D．状态寄存器

试题（5）分析

本题考查计算机系统硬件的知识。

运算器（ALU，也称算逻运算单元）是 CPU 中的核心部件之一，主要完成算术运算和逻辑运算，实现对数据的加工与处理。不同的计算机的运算器结构不同，但基本都包括算术和逻辑运算单元、累加器（AC）、状态字寄存器（PSW）、寄存器组及多路转换器等逻辑部件。

在运算过程中，寄存器组用于暂存操作数或数据的地址。标志寄存器也称为状态寄存器，用于存放算术、逻辑运算过程中产生的状态信息。

累加器是运算器中的主要寄存器之一，用于暂存运算结果以及向 ALU 提供运算对象。

参考答案

（5）B

试题（6）

微机系统中系统总线的　　(6)　　是指单位时间内总线上传送的数据量。

（6）A．主频　　　　　B．工作频率　　　　　C．位宽　　　　　D．带宽

试题（6）分析

本题考查计算机系统硬件的知识。

系统总线是用来连接微机各功能部件而构成一个完整微机系统的，如 PC 总线、AT 总

线（ISA 总线）、PCI 总线等。

系统总线的带宽指的是单位时间内总线上传送的数据量,即每钞钟传送的最大稳态数据传输率。与总线密切相关的两个因素是总线的位宽和总线的工作频率,它们之间的关系是总线的带宽=总线的工作频率×总线的位宽/8。

参考答案

（6）D

试题（7）、（8）

计算机中机械硬盘的性能指标不包括 ___(7)___ ；其平均访问时间等于 ___(8)___ 。

（7）A. 磁盘转速及容量　　　　　　　B. 盘片数及磁道数

　　　C. 容量及平均寻道时间　　　　　D. 磁盘转速及平均寻道时间

（8）A. 磁盘转速+平均等待时间

　　　B. 磁盘转速+平均寻道时间

　　　C. 平均数据传输时间+磁盘转速

　　　D. 平均寻道时间+平均等待时间

试题（7）、（8）分析

本题考查计算机性能方面的基础知识。

试题（7）的正确答案为选项 B。硬盘的性能指标主要包括磁盘转速、容量、平均寻道时间。

试题（8）的正确答案为选项 D。硬盘平均访问时间=平均寻道时间+平均等待时间。其中,平均寻道时间（Average Seek Time）是指硬盘在盘面上移动读写头至指定磁道寻找相应目标数据所用的时间,它描述硬盘读取数据的能力,单位为毫秒;平均等待时间也称平均潜伏时间（Average Latency Time）,是指当磁头移动到数据所在磁道后,等待所要的数据块继续转动到磁头下的时间。

参考答案

（7）B　　（8）D

试题（9）

在互联网中,各种电子媒体按照超链接的方式组织,通常使用 ___(9)___ 来描述超链接信息。

（9）A. HTML　　　　B. XML　　　　C. SGML　　　　D. VRML

试题（9）分析

在互联网中,各种电子媒体按照超链接的方式组织,通常使用 HTML（Hyper Text Transfer Protocol,超文本传输协议）来描述超链接信息。超文本传输协议是一个 Internet 上的应用层协议,是 Web 服务器和 Web 浏览器之间进行通信的语言。

参考答案

（9）A

试题（10）

使用图像扫描仪以 300DPI 的分辨率扫描一幅 3 英寸×3 英寸的图片,可以得到 ___(10)___ 内存像素的数字图像。

（10）A．100×100　　　　B．300×300　　　　C．600×600　　　　D．900×900

试题（10）分析

图像分辨率是指组成一幅图像的像素密度，也是用水平和垂直的像素表示，即用每英寸多少点（DPI）表示数字化图像的大小。以 300DPI 的分辨率扫描一幅 3 英寸×3 英寸的图片，可以得到 900×900 内存像素的数字图像。

参考答案

（10）D

试题（11）

根据《计算机软件保护条例》的规定，当软件　__(11)__　后，其软件著作权才能得到保护。

（11）A．作品发表

　　　B．作品创作完成并固定在某种有形物体上

　　　C．作品创作完成

　　　D．作品上加注版权标记

试题（11）分析

《计算机软件保护条例》规定，依法受到保护的计算机软件作品必须符合的条件包括独立创作、可被感知和符合逻辑。其中，可被感知是指受著作权法保护的作品应当是作者创作思想在固定载体上的一种实际表达。如果作者的创作思想未表达出来，不可以被感知，就不能得到著作权法的保护。因此，《计算机软件保护条例》规定，受保护的软件必须固定在某种有形物体上，例如固定在存储器、磁盘和磁带等设备上，也可以是其他的有形物，如纸张等。

参考答案

（11）B

试题（12）

将某高级语言程序翻译为汇编语言形式的目标程序，该过程称为　__(12)__　。

（12）A．编译　　　　　B．解释　　　　　C．汇编　　　　　D．解析

试题（12）分析

本题考查程序语言的基础知识。

在程序语言处理中，编译过程是指将某高级语言程序翻译为汇编语言形式或机器语言形式的目标程序。

参考答案

（12）A

试题（13）

在 Windows 系统中，执行程序 x.exe 时系统报告找不到 y.dll，原因是__(13)__。

（13）A．程序 x 中存在语法或语义错误，需要修改与 x 对应的源程序

　　　B．程序 y 中存在语法错误，需要修改与 y 对应的源程序

　　　C．程序 y 中存在语义错误，需要修改与 y 对应的源程序并重新编译

　　　D．程序 x 执行时需要调用 y 中的函数，需要安装 y.dll

试题（13）分析

本题考查程序语言的基础知识。

程序 x 执行时需要调用 y 中的函数，因此需要安装 y.dll 解决此问题。

参考答案

（13）D

试题（14）

___（14）___ 模式将企业主要的数据处理过程从个人计算机或服务器转移到大型的数据中心，将计算能力、存储能力当作服务来提供。

（14）A．人工智能　　　B．物联网　　　　C．云计算　　　　D．移动互联网

试题（14）分析

本题考查软件工程的基础知识。

云计算将算力上移到数据中心，共享大数据和计算资源，按需分配使用，提高了效率，降低了成本，方便维护管理。

参考答案

（14）C

试题（15）

以下关于企业信息化建设的叙述中，错误的是___（15）___。

（15）A．应从技术驱动的角度来构建企业一体化的信息系统
　　　　 B．诸多信息孤岛催生了系统之间互联互通整合的需求
　　　　 C．业务经常变化引发了信息系统灵活适应变化的需求
　　　　 D．信息资源共享和业务协同将使企业获得更多的回报

试题（15）分析

本题考查软件工程的基础知识。

企业信息化应从企业战略和业务的角度来规划企业的信息系统。通过一体化的基础设施资源管理平台解决企业技术架构和基础设施的融合问题。

参考答案

（15）A

试题（16）

若连接数据库过程中需要指定用户名和密码，则这种安全措施属于___（16）___。

（16）A．授权机制　　　B．视图机制　　　C．数据加密　　　D．用户标识与鉴别

试题（16）分析

本题考查数据库安全机制的基础知识。

授权机制是指指定用户对数据库对象的操作权限；视图机制是通过视图访问，而将基本表中视图外的数据对用户屏蔽，实现安全性；数据加密通过对存储和传输数据库的数据进行加密；用户标识与鉴别是指用户进入数据库系统时提供自己的身份标识，由系统鉴定是否为合法用户，只有合法用户才可以进入。

参考答案

（16）D

试题（17）

在 Windows 资源管理器中，若要选择窗口中分散的多个文件，在缺省配置下，可以先选择一个文件，然后按住 ___（17）___ 。

（17）A．Ctrl 键不放，并用鼠标右键单击要选择的文件

　　　B．Ctrl 键不放，并用鼠标左键单击要选择的文件

　　　C．Shift 键不放，并用鼠标右键单击要选择的文件

　　　D．Shift 键不放，并用鼠标左键单击要选择的文件

试题（17）分析

在 Windows 资源管理器中，若要选择窗口中分散的文件，可以先选择一个图标，然后按住 Ctrl 键不放，并用鼠标左键单击要选择的文件即可；若要选择窗口中连续的文件，可以先选择一个图标，然后按住 Shift 键不放，并用鼠标左键单击要选择的文件即可。

参考答案

（17）B

试题（18）

若系统正在将 ___（18）___ 文件修改的结果写回磁盘时系统发生崩溃，则对系统的影响相对较大。

（18）A．目录　　　　　B．空闲块　　　　　C．用户程序　　　　　D．用户数据

试题（18）分析

本题考查操作系统文件管理可靠性方面的基础知识。

影响文件系统可靠性的因素之一是文件系统的一致性问题。很多文件系统是先读取磁盘块到主存，在主存进行修改，修改完毕再写回磁盘。但如读取某磁盘块，修改后再将信息写回磁盘前系统崩溃，则文件系统就可能会出现不一致状态。如果这些未被写回的磁盘块是索引节点块、目录块或空闲块，特别是系统目录文件，那么对系统的影响相对较大，且后果也是不堪设想的。通常的解决方案是采用文件系统的一致性检查，一致性检查包括块的一致性检查和文件的一致性检查。

参考答案

（18）A

试题（19）

在所示的下列两种调制方法中，说法正确的是 ___（19）___ 。

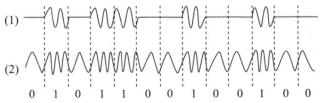

（19）A.（1）是调相　　B.（2）是调相　　C.（1）是调频　　D.（2）是调频

试题（19）分析

本题考查调制技术。

试题中方式（1）是调幅，（2）是调频。

参考答案

（19）D

试题（20）

以下关于以太网交换机的叙述中，正确的是___（20）___。

（20）A.交换机是一种多端口中继器

　　　B.交换机工作在网络层

　　　C.交换机的每个端口形成一个冲突域

　　　D.交换机支持在某端口收发数据时其他端口需等待

试题（20）分析

本题考查以太网交换机的工作原理。

交换机是一种多端口网桥，根据帧首部中的目的地址进行交换，因此工作在数据链路层。其某个端口进行数据收发时不影响其他端口，故每个端口构成一个冲突域。

参考答案

（20）C

试题（21）

综合布线系统由六个子系统组成，工作区子系统是___（21）___。

（21）A.连接终端设备的子系统

　　　B.连接主配线室的子系统

　　　C.连接各楼层布线系统的子系统

　　　D.连接各建筑物的子系统

试题（21）分析

本题考查综合布线系统及其各子系统的功能。

综合布线系统的六个子系统中，连接终端设备的是工作区子系统，连接主配线室的是设备间子系统，连接各楼层布线系统的是干线子系统，连接各建筑物的是建筑群子系统。

参考答案

（21）A

试题（22）

100Base-TX 采用的传输介质是___（22）___。

（22）A.双绞线　　　B.光纤　　　C.无线电波　　　D.同轴电缆

试题（22）分析

100 表示传输速率为 100Mb/s；Base 表示采用基带传输；T 表示传输介质为双绞线（包括 5 类 UTP 或 1 类 STP），当为 F 时，代表为光纤；X 为同一传输速率下的不同标准（例如 100Base-T 下有 X 或 4 这两个标准），TX 表示传输介质为 2 对高质量的双绞线，一对用于发送数据，一对用于接收数据，网络节点与集线器的最大距离一般不超过 100m。

参考答案

（22）A

试题（23）

关于单模光纤与多模光纤的区别，以下说法中正确的是　（23）　。

（23）A．单模光纤比多模光纤的纤芯直径小

　　　 B．多模光纤比单模光纤的数据速率高

　　　 C．单模光纤由一根光纤构成，而多模光纤由多根光纤构成

　　　 D．单模光纤传输距离近，而多模光纤的传输距离远

试题（23）分析

本题考查单模光纤与多模光纤的区别。

单模光纤和多模光纤均由一根光纤组成，性能上单模光纤比多模光纤的纤芯直径小、数据速率高，传输距离远。

参考答案

（23）A

试题（24）

在多模光纤传输中通常使用的多路复用技术是　（24）　。

（24）A．TDM　　　　　 B．STDM　　　　　 C．CDMA　　　　　 D．WDM

试题（24）分析

本题考查多模光纤的传输特性。

在多模光纤传输中通常使用的多路复用技术是 WDM。

参考答案

（24）D

试题（25）

进行交换机配置时，仿真终端与交换机控制台端口（Console）使用　（25）　进行连接。

（25）A．同轴电缆　　　 B．电话线　　　　 C．RS-232 电缆　　 D．光纤

试题（25）分析

本题考查交换机的配置。

进行交换机配置时，仿真终端与交换机控制台端口（Console）使用 RS-232 电缆进行连接。

参考答案

（25）C

试题（26）

下列网络互连设备中，属于物理层的是　（26）　。

（26）A．交换机　　　 B．中继器　　　　 C．路由器　　　　 D．网桥

试题（26）分析

本题考查网络连接设备。

网络设备属于哪一层主要看其处理的 PDU 是哪一层。交换机依据帧中目的地址进行交换，属于链路层设备；中继器对物理层传输的信号进行放大或再生，属于物理层设备；路由器依据分组中的目的 IP 地址进行分组的转发，属于网络层设备；网桥依据帧中目的地址进行交换，属于链路层设备。

参考答案

（26）B

试题（27）、（28）

在 TCP/IP 体系结构中，将 IP 地址转化为 MAC 地址的协议是 __(27)__ ；__(28)__ 属于应用层协议。

（27）A. RARP   B. ARP   C. ICMP   D. TCP

（28）A. UDP   B. IP   C. ARP   D. DNS

试题（27）、（28）分析

本题考查网络协议及其功能。

在 TCP/IP 体系结构中，将 IP 地址转化为 MAC 地址的协议是 ARP；DNS 属于应用层协议，UDP 是传输层协议，IP 和 ARP 是网络层协议。

参考答案

（27）B   （28）D

试题（29）

常用的距离矢量路由协议是 __(29)__ 。

（29）A. BGP4   B. ICMP   C. OSPF   D. RIP

试题（29）分析

本题考查路由协议及其功能。

BGP4 是路径矢量协议，是外部网关协议，用于自治系统之间的路由协议；ICMP 是 IP 报文传输过程中差错报告协议；OSPF 是链路状态协议，用于自治系统内路由计算；RIP 是距离矢量路由协议，用于自治系统内路由计算。

参考答案

（29）D

试题（30）

以下网络地址中属于私网地址的是 __(30)__ 。

（30）A. 192.178.32.0   B. 128.168.32.0

        C. 172.17.32.0   D. 172.15.32.0

试题（30）分析

本题考查 IP 地址及其计算。

有 3 类私网地址。A 类地址 1 个：10.*.*.*；B 类地址 16 个：172.16.*.*～172.31.*.*；C 类地址 256 个：192.168.0.*～192.168.255.*。

参考答案

（30）C

试题（31）

网络 212.11.136.0/23 中最多可用的主机地址是　(31)　。

（31）A．512　　　　　B．511　　　　　C．510　　　　　D．509

试题（31）分析

本题考查 IP 地址及其计算。

网络 212.11.136.0/23 子网掩码为 23 位，主机地址为 9 位，除去网络号和广播号，故最多可用的主机地址是 510 个。

参考答案

（31）C

试题（32）

局域网中某主机的 IP 地址为 202.116.1.12/21，该局域网的子网掩码为　(32)　。

（32）A．255.255.255.0　　　　　　　B．255.255.252.0

　　　　C．255.255.248.0　　　　　　　D．255.255.240.0

试题（32）分析

本题考查 IP 地址及其计算。

网络 202.116.1.12/21 子网掩码为 21 位，对应的子网掩码为 255.255.248.0。

参考答案

（32）C

试题（33）、（34）

有 4 个 IP 地址：201.117.15.254、201.117.17.01、201.117.24.5 和 201.117.29.3，如果子网掩码为 255.255.248.0，则这 4 个地址分别属于　(33)　个子网；其中属于同一个子网的是　(34)　。

（33）A．1　　　　　B．2　　　　　C．3　　　　　D．4

（34）A．201.117.15.254 和 201.117.17.01

　　　　B．201.117.17.01 和 201.117.24.5

　　　　C．201.117.15.254 和 201.117. 29.3

　　　　D．201.117.24.5 和 201.117.29.3

试题（33）、（34）分析

本试题考查 IP 地址及其计算。

地址 201.117.15.254 的二进制表示为：**11001001 01110101 00001**111 11111110；

地址 201.117.17.01 的二进制表示为：**11001001 01110101 00010**001 00000001；

地址 201.117.24.5 的二进制表示为：**11001001 01110101 00011**000 00000101；

地址 201.117.29.3 的二进制表示为：**11001001 01110101 00011**101 00000011。

可以看出，这 4 个地址属于 3 个网络，属于同一网络的是 201.117.24.5 和 201.117.29.3。

参考答案

（33）C　　（34）D

试题（35）

ICMP 协议的作用是　(35)　。

（35）A．报告 IP 数据报传送中的差错　　　　　B．进行邮件收发

　　　 C．自动分配 IP 地址　　　　　　　　　　D．进行距离矢量路由计算

试题（35）分析

本题考查 ICMP 协议的作用。

当网络中要进行探测或报告 IP 数据报传送中的差错时，需要发送 ICMP 报文。

参考答案

（35）A

试题（36）

IEEE 802.11 的 MAC 层协议是 ___（36）___ 。

（36）A．CSMA/CD　　　B．CSMA/CA　　　　C．Token Ring　　　　D．TDM

试题（36）分析

本题考查 ICMP 协议的作用。

IEEE 802.11 是无线局域网协议，其 MAC 层协议是 CSMA/CA。

参考答案

（36）B

试题（37）、（38）

IPv4 首部的最小长度为 ___（37）___ 字节；首部中 IP 分组标识符字段的作用是 ___（38）___ 。

（37）A．5　　　　　　　　B．20　　　　　　　C．40　　　　　　　D．128

（38）A．标识不同的上层协议

　　　 B．通过按字节计算来进行差错控制

　　　 C．控制数据包在网络中的旅行时间

　　　 D．分段后数据包的重装

试题（37）、（38）分析

本题考查 IP 协议的首部。

IPv4 首部的最小长度为 20 个字节；首部中 IP 分组标识符字段的作用是分段后数据包的重装。

参考答案

（37）B　　（38）D

试题（39）

一个虚拟局域网是一个 ___（39）___ 。

（39）A．广播域　　　　　B．冲突域　　　　　C．组播域　　　　　D．物理上隔离的区域

试题（39）分析

本题考查 VLAN 原理。

VLAN 工作在 OSI 参考模型的第 2 层和第 3 层，一个虚拟局域网是一个广播域。

参考答案

（39）A

试题（40）

可以采用不同的方法配置 VLAN，下面列出的方法中，属于静态配置的是 ___(40)___ 。

（40）A．根据交换机端口配置　　　　　　　B．根据上层协议配置

　　　　C．根据 IP 地址配置　　　　　　　　D．根据 MAC 配置

试题（40）分析

本题考查 VLAN 配置原理。

可以采用不同的方法配置 VLAN，上面列出的方法中，属于静态配置的是根据交换机端口配置。

参考答案

（40）A

试题（41）

在 HTML 中，预格式化标记是 ___(41)___ 。

（41）A．<pre>　　　　B．<hr>　　　　C．<text>　　　　D．<ul>

试题（41）分析

本题考查 HTML 标记。

在 HTML 中，预格式化标记是<pre>。

参考答案

（41）A

试题（42）

在 HTML 中，
标签的作用是 ___(42)___ 。

（42）A．换行　　　　B．横线　　　　C．段落　　　　D．加粗

试题（42）分析

本题考查 HTML 标记。

在 HTML 中，
标签的作用是画横线。

参考答案

（42）B

试题（43）

要在页面中设置复选框，可将 type 属性设置为 ___(43)___ 。

（43）A．radio　　　　B．option　　　　C．checkbox　　　　D．check

试题（43）分析

本题考查 HTML 标记。

在 HTML 中，将 type 属性设置为 checkbox 为设置复选框。

参考答案

（43）C

试题（44）

在一个 HTML 页面中使用了 2 个框架，最少需要 ___(44)___ 个独立的 HTML 文件。

（44）A．2　　　　B．3　　　　C．4　　　　D．5

试题（44）分析

本题考查 HTML 页面文件。

1 个主页面文件，2 个框架文件，共 3 个。

参考答案

（44）B

试题（45）

要在页面中实现多行文本输入，应使用 __（45）__ 表单。

（45）A．text   B．textarea   C．select   D．list

试题（45）分析

本题考查 HTML 页面文件。

textarea 表单实现多行文本输入。

参考答案

（45）B

试题（46）、（47）

启动 IE 浏览器后，将自动加载 __（46）__；在 IE 浏览器中重新载入当前页，可通过 __（47）__ 的方法来解决。

（46）A．空白页   B．常用页面

        C．最近收藏的页面   D．IE 中设置的主页

（47）A．单击工具栏上的"停止"按钮

        B．单击工具栏上的"刷新"按钮

        C．单击工具栏上的"后退"按钮

        D．单击工具栏上的"前进"按钮

试题（46）、（47）分析

本题考查互联网应用中浏览器设置的基本知识。

IE 浏览器是一种用于查看网页的广泛使用的工具。默认情况下，浏览器可以设置默认主页，在用户启动浏览器之后，浏览器将自动加载预先设定好的默认主页。在浏览器的用户界面上，有前进、返回、停止和刷新等按钮。前进和返回按钮用于打开和返回之前所打开过的页面；停止按钮用于终止对于当前页面的更新和数据获取；刷新按钮用于重新加载当前页面。

参考答案

（46）D   （47）B

试题（48）、（49）

在地址 http://www.dailynews.com.cn/channel/welcome.htm 中，www.dailynews.com.cn 表示 __（48）__，welcome.htm 表示 __（49）__。

（48）A．协议类型   B．主机

        C．网页文件名   D．路径

（49）A．协议类型   B．主机域名

        C．网页文件名   D．路径

试题（48）、（49）分析

本题考查 URL 的基本知识。

URL（Uniform Resource Locator，统一资源定位符）是对可以从互联网上得到的资源的位置和访问方法的一种简洁的表示，是互联网上标准资源的地址。互联网上的每个文件都有一个唯一的 URL，它包含的信息指出文件的位置以及浏览器应该怎么处理它。

基本 URL 包含模式（或称协议）、服务器名称（或 IP 地址）、路径和文件名。

参考答案

（48）B　　（49）C

试题（50）

登录在某网站注册的 Web 邮箱，"草稿箱"文件夹一般保存的是　（50）　。

（50）A．从收件箱移动到草稿箱的邮件

　　　B．未发送或发送失败的邮件

　　　C．曾保存为草稿但已经发出的邮件

　　　D．曾保存为草稿但已经删除的邮件

试题（50）分析

本题考查互联网使用的基本知识。

目前，互联网上为我们提供了非常多的服务，邮件服务就是其中的一种。一般在互联网服务提供商所提供的邮件服务中，有已发送、收件箱、草稿箱等几种功能。其中已发送文件夹中所存放的是已经发送成功的邮件，所有收到的邮件会默认存放到收件箱中，草稿箱中的文件一般是已经编辑好或者尚未编辑完成，还没有发送或者发送失败的邮件。

参考答案

（50）B

试题（51）

网络管理员发现网络中充斥着广播和组播包，可通过　（51）　解决。

（51）A．创建 VLAN 来创建更大的广播域

　　　B．把不同的节点划分到不同的交换机下

　　　C．创建 VLAN 来划分更小的广播域

　　　D．配置黑洞 MAC，丢弃广播包

试题（51）分析

本题考查网络管理的基础知识。

VLAN 是虚拟局域网技术，是将不同区域的设备逻辑地划为一组，一个 VLAN 就是一个广播域，VLAN 之间的通信是通过第 3 层的路由器来完成的。VLAN 减少网络设备的移动、添加和修改的管理开销，可以控制广播活动，提高网络的安全性。

参考答案

（51）C

试题（52）

以下关于端口隔离的叙述中，错误的是　（52）　。

（52）A．端口隔离是交换机端口之间的一种安全访问控制机制

　　　B．端口隔离可实现不同端口接入的 PC 之间不能互访

　　　C．端口隔离可基于 VLAN 来隔离

　　　D．端口隔离是物理层的隔离

试题（52）分析

本题考查网络管理的基础知识。

通过端口隔离特性，用户可以将需要进行控制的端口加入到一个隔离组中，实现隔离组中的端口之间二层数据的隔离；端口隔离后各端口可以处于同一个 IP 段但不能跨交换机配置。因此说端口隔离与 VLAN 是不同的控制技术。

参考答案

（52）C

试题（53）

网络管理员使用 tracert 命令时，第一条回显信息之后都是"*"，则原因可能是 （53） 。

（53）A．路由器关闭了 ICMP 功能

　　　B．本机防火墙阻止

　　　C．网关没有到达目的网络的路由

　　　D．主机没有到达目的网络的路由

试题（53）分析

本题考查网络命令方面的基础知识。

使用 tracert 命令后回显"*"即路由不可达，第一条回显说明到网关路由可达，其后回显"*"说明网关到目的路由不可达。

参考答案

（53）C

试题（54）

网络管理员在网络中部署了一台 DHCP，发现部分主机获取到的地址不属于该 DHCP 地址池的指定范围，可能的原因是 （54） 。

①网络中存在其他效率更高的 DHCP 服务器

②部分主机与该 DHCP 通信异常

③部分主机自动匹配 127.0.0.0 段地址

④该 DHCP 地址池中地址已经分完

（54）A．②③　　　　　B．①②④　　　　　C．①③④　　　　　D．①④

试题（54）分析

本题考查 DHCP 方面的基础知识。

网络中可以同时存在多台 DHCP 服务器，用户获取的地址来自更高效率的 DHCP 服务器，当用户获得不到地址时，自动匹配 169.254.0.1 到 169.254.255.254 之间的任意一个 IP 地址。

参考答案

（54）B

试题（55）

以下关于 VLAN 配置的描述中，正确的是___（55）___。

①通过创建 VLAN，会同时进入 VLAN 视图

②通过 undo VLAN，VLAN 会处于停用状态

③可以对 VLAN 配置描述字符串，字符串长度不限

④通过 display VLAN 命令，查看所有 VLAN 信息

（55）A．②③　　　　　B．①②④　　　　　C．①③④　　　　　D．①④

试题（55）分析

本题考查 VLAN 配置的基础知识。

从题目的选项来看，创建 VLAN 与查看 VLAN 信息都是 VLAN 配置的基本描述。一般来讲，各设备厂商对于 VLAN 配置描述字符串的长度都有一定的要求，并且题目中的 undo 命令通常用于删除已有的相关配置。

参考答案

（55）D

试题（56）

网络管理员在无法上网的 PC 上通过 ping 命令进行测试，并使用 tracert 命令查看路由，这种网络故障排查的方法属于___（56）___。

（56）A．对比配置法　　　　　　　　B．自底向上法

　　　　C．确认业务流量路径　　　　　D．自顶向下法

试题（56）分析

本题考查网络故障排查的基础知识。

当业务流量不能正常转发，使用 tracert 命令可以排查在业务流量经过的哪个环节出现异常，因此题目中的网络故障的排查方法属于确认业务流量路径法。

参考答案

（56）C

试题（57）

在排除网络故障时，若已经将故障位置定位在一台路由器上，且这台路由器与网络中的另一台路由器互为冗余，那么最适合采取的故障排除方法是___（57）___。

（57）A．对比配置法　　　　　　　　B．自底向上法

　　　　C．确认业务流量路径　　　　　D．自顶向下法

试题（57）分析

本题考查网络故障排查的基础知识。

题目中故障路由器与其他路由器互为冗余，即这两台路由器的主要配置相近似，通过查看正常路由器的配置并与之相比较，确认故障路由器配置的异常，该网络故障排查方法符合对比配置法的含义。

参考答案

（57）A

试题（58）

访问一个网站速度很慢有多种原因，首先应该排除的是___（58）___。

（58）A．网络服务器忙　　　　　　　　B．通信线路忙

　　　　C．本地终端感染病毒　　　　　　D．没有访问权限

试题（58）分析

本题考查网络故障处理的基础知识。

题目中给出的四个选项中，用户对网站没有访问权限时，回显任何信息与访问速度快慢没有直接关系，可以直接排除。

参考答案

（58）D

试题（59）

网络管理员通过命令行方式对路由器进行管理，需要确保 ID、口令和会话内容的保密性，应采取的访问方式是___（59）___。

（59）A．控制台　　　　B．AUX　　　　C．TELNET　　　　D．SSH

试题（59）分析

本题考查网络管理员对路由器的基础操作。

SSH（Secure Shell）是建立在应用层和传输层基础上的安全协议，SSH 服务使用 tcp 22 端口，客户端软件发起连接请求后从服务器接受公钥，协商加密方法，成功后所有的通信都经过加密。其他远程登录方式都不能保证远程管理过程中的信息泄露问题。

参考答案

（59）D

试题（60）

下列关于网管系统的描述中，正确的是___（60）___。

①网管软件有告警管理功能，如设备端口的 UP/DOWN 变化，可以通过 Trap 消息反馈给网管软件，使网络管理员能够及时发现何处网络故障

②网管软件有性能管理功能，对设备 CPU/内存的占用率，网管软件可以自动进行搜集和统计，并辅助网络管理员对网络性能瓶颈进行分析

③网管软件有配置文件管理功能，可以进行配置文件的自动备份、比较、恢复等，使得网络管理员可自动批量地对配置文件进行备份

④网管软件可以根据用户需求，定期输出报表，为后期网络优化提供参考

（60）A．②③　　　　B．①②④　　　　C．①②③④　　　　D．①②③

试题（60）分析

本题考查网络管理软件的基础知识。

网管软件平台提供网络系统的配置、故障、性能及网络用户分布方面的基本管理，网络管理的需求决定网管系统的组成和规模，任何网管系统无论其规模大小，基本上都是由支持网管协议的网管软件平台、网管支撑软件、网管工作平台和支撑网管协议的网络设备组成。

参考答案

（60）C

试题（61）

与汇聚层相比较，下列不属于接入层设备选型的特点是　（61）　。

（61）A．可以使用 POE 设备为网络终端供电

　　　 B．使用三层设备，实现隔离广播域

　　　 C．选用支持 802.1x 协议的设备

　　　 D．使用二层设备，减少网络建设成本

试题（61）分析

本题考查网络接入设备的基础知识。

接入层为用户提供了在本地网段访问应用系统的能力，主要解决相邻用户之间的互访需求，并且为这些访问提供足够的带宽。因为接入层的主要目的是允许终端用户连接到网络，因此接入层交换机往往具有低成本和高端口密度特性，通常建议使用性价比高的设备。

参考答案

（61）B

试题（62）

在网络安全管理中，加强内防内控可采取的策略有　（62）　。

①控制终端接入数量

②终端访问授权，防止合法终端越权访问

③加强终端的安全检查与策略管理

④加强员工上网行为管理与违规审计

（62）A．②③　　　　　　B．②④　　　　　　C．①②③④　　　　　　D．②③④

试题（62）分析

本题考查网络安全方面的基础知识。

加强完善内部网络的安全要通过访问授权、安全策略、安全检查与行为审计等多种安全手段的综合应用实现。终端接入数量跟网络的规模、数据交换性能、出口带宽的相关性较大，不是内防内控关注的重点。

参考答案

（62）D

试题（63）

下列　（63）　命令不能用来关闭 Linux 操作系统。

（63）A．init　　　　　 B．exit　　　　　 C．halt　　　　　 D．shutdown

试题（63）分析

本题考查操作系统的基础知识。

关闭 Linux 操作系统的命令的区别。

shutdown 调用时，会发送 signal 给 init 程序，要求它改变 runlevel，具体会根据参数决定（关闭或重启）。

halt 和 reboot 都是 shutdown 的某个命令的链接，halt 相当于 shutdown -h now，也就是关闭；reboot 相当于 shutdown -r now，作用是重启系统。

init 作为 Linux 系统的首发程序，有多个运行级（runlevel），比如 0－关闭，1－单用户模式，3－字符界面，5－图形界面，6－重启。使用 init 来进行关机或重启操作和 shutdown 相似，且比 shutdown 更直接。

参考答案

（63）B

试题（64）、（65）

在 Linux 中，设备文件存放在____（64）____目录下，以 hd 为前缀的文件是 IDE 设备，以 sd 为前缀的文件是____（65）____设备。

（64）A．/dev   B．/home   C．/var   D．/sbin

（65）A．SCSI 硬盘   B．DVD-RM 驱动器

          C．U 盘   D．软盘驱动器

试题（64）、（65）分析

本题考查 Linux 系统的基础知识。

Linux 使用标准的目录结构，在系统安装时，就为用户创建了文件系统和完整而固定的目录组成形式。Linux 文件系统采用了多级目录的树型层次结构管理文件。树型结构的最上层是根目录，用“/”表示，其他的所有目录都是从根目录出发生成的。Linux 在安装时会创建一些默认的目录，这些目录都有其特殊的功能，用户不能随意删除或修改，如/bin、/etc、/dev、/root、/usr、/tmp、/var 等。

其中，/bin 目录（bin 是 Binary 的缩写）存放 Linux 系统命令；

/etc 目录存放系统的配置文件；

/dev 目录存放系统的外部设备文件；

/root 目录存放超级管理员的用户主目录。

在 Linux 中，不同的设备文件使用不同的前缀来标识，IDE 设备使用 hd 前缀标识，SCSI 设备使用 sd 前缀来标识。

参考答案

（64）A   （65）A

试题（66）

Windows 系统中，在“运行”对话框中输入____（66）____，可出现下图所示界面。

Microsoft Windows[Version 6.1.7601]
Copyright (c) 2009 Microsoft Corporation. All righs reserved.
C:\users\Administrator>_

（66）A．run   B．cmd   C．msconfig   D．command

试题（66）分析

本题考查 Windows 网络命令的基本知识。

根据题图所示，可知该图是 Windows 系统中的命令提示窗口。在 Windows 系统中，可以使用多种方式调出命令执行窗口，可以通过开始菜单选择“附件”“工具”“命令提示符”

的方式调出，也可以在开始菜单的"运行"对话框中输入 cmd，按下回车键后，也可打开命令提示窗口。

参考答案

（66）B

试题（67）

在 Windows 中，使用　（67）　查看主机地址配置信息。

（67）A．ipconfig　　　　B．netstat　　　C．nslookup　　　　D．tracert

试题（67）分析

本题考查 Windows 网络命令的基本知识。

ipconfig 命令用于查看本地 IP 地址配置信息；

netstat 命令用于查看本地网络状态信息；

nslookup 用于查看当前 DNS 的信息；

tracert 命令用于跟踪数据包的传输过程。

参考答案

（67）A

试题（68）、（69）

在 Windows 中，运行　（68）　命令得到下图所示结果，以下关于该结果的叙述中，错误的是　（69）　。

```
Pinging 59.74..111.8 with 32 bytes of data:
Reply from 59.74..111.8 bytes=32 time=3ms TTL=60
Reply from 59.74..111.8 bytes=32 time=5ms TTL=60
Reply from 59.74..111.8 bytes=32 time=3ms TTL=60
Reply from 59.74..111.8 bytes=32 time=5ms TTL=60

Ping statistics for 59.74..111.8:
    Packets: Sent = 4, Received = 4, Lost = 0 (0% loss),
Approximate round trip times in milli-seconds:
    Minimum = 3ms Maximum = 5ms, Average = 4ms
```

（68）A．ipconfig /all　　B．ping　　　　C．netstat　　　　　D．nslookup

（69）A．该命令使得本地主机向目标主机发送了 4 个数据包

　　　　B．本地主机成功收到了目标主机返回的 4 个数据包

　　　　C．本地主机与目标主机连接正常

　　　　D．该命令用于查看目标主机的 IP 地址

试题（68）、（69）分析

本题考查 Windows 网络命令的基本知识。

根据题图所示可知是使用网络连通性测试命令 ping 命令的回显结果。ping 命令用于测试网络的连通性，默认情况下可使用 ping 目的主机地址/目的主机名来测试到目的主机的连通性。默认情况下，发出 4 个请求数据包，当网络正常时，会收到 4 个返回的应答包，命令

的回显信息也对所有数据包做出统计。

　　根据该题图可知，本地主机与目标主机正常连通，所有请求数据包均收到了对应的应答包。

参考答案

　　（68）B　　（69）D

试题（70）

　　在 Windows 中，可以采用　（70）　命令查看域名服务器是否工作正常。

　　（70）A. nslookup　　　　B. tracert　　　　　C. netstat　　　　　D. nbtstat

试题（70）分析

　　本题考查 Windows 网络命令的基本知识。

　　ipconfig 命令用于查看本地 IP 地址配置信息；

　　netstat 命令用于查看本地网络状态信息；

　　nslookup 用于查看当前 DNS 的信息；

　　tracert 命令用于跟踪数据包的传输过程。

参考答案

　　（70）A

试题（71）～（75）

　　The number of home users and small businesses that want to use the Internet is ever increasing. The shortage of addresses is becoming a serious problem. A quick solution to this problem is called network address translation (NAT).NAT enables a user to have a large set of addresses　（71）　and one address, or a smallset of addresses, externally. The traffic inside can use the large set; the traffic　（72）　, the small set.To separate the addresses used inside the home or business and the ones used for the Internet, the Internet authorities have reserved three sets of addresses as　（73）　addresses. Any organization can use an address out of this set without permission from the Internet authorities. Everyone knows that these reserved addresses are for private networks.They are　（74）　inside the organization, but they are not unique globally. No router will　（75）　a packet that has one of these addresses as the destination address.The site must have only one single connection to the global Internet through a router that runs the NAT software.

　　（71）A. absolutely　　　B. completely　　　C. internally　　　D. externally

　　（72）A. local　　　　　B. outside　　　　　C. middle　　　　　D. around

　　（73）A. private　　　　B. common　　　　　C. public　　　　　D. external

　　（74）A. unique　　　　B. observable　　　　C. particular　　　　D. ordinary

　　（75）A. reject　　　　　B. receive　　　　　C. deny　　　　　　D. forward

参考译文

　　随着使用互联网的家庭和小企业数量的不断增加，IP 地址短缺成了一个严重的问题。网络地址转换（NAT）是这个问题的一个快速解决方案。NAT 使用户能够在内部拥有大量的地址，而在外部只有一个或很少的一组地址。内部数据可以使用大量的内部地址，外部数据则使用很少的外部地址。为了区分内部地址和用于互联网的外部地址，互联网主管部门保留了三组地址作为私有地址，任何组织都可以在没有许可的情况下使用这些地址。这些保留地址用于私人网络，它们在组织内部是独一无二的，但在全球范围内并不唯一。路由器不会转发任何一个目的地址为私有地址的数据报，运行 NAT 软件的路由器可以实现内部站点到全球互联网的通信。

参考答案

　　（71）C　　（72）B　　（73）A　　（74）A　　（75）D

第6章　2018上半年网络管理员下午试题分析与解答

试题一（共 20 分）

阅读以下说明，回答问题 1 至问题 4，将解答填入答题纸对应的解答栏内。

【说明】

某单位现有网络拓扑结构如图 1-1 所示，实现用户上网的功能。该网络使用的交换机均为三层设备，用户地址分配为手动指定。

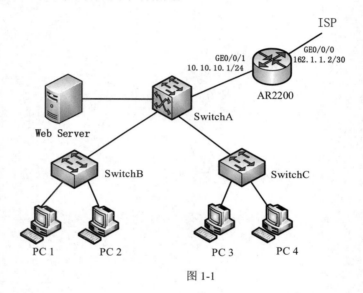

图 1-1

【问题 1】（2 分）

路由器 AR2200 的 GE0/0/1 接口地址为内网地址，为确保内部用户访问 Internet，需要在该设备配置　(1)　。

【问题 2】（10 分）

网络中增加三个摄像头，分别接入 SwitchA、SwitchB、SwitchC。在调试时，测试网络线路可以使用　(2)　。

(2) 备选答案：

A．数字万用表　　　　　　　B．测线器

如果将计算机 PC 3 用于视频监控管理，并且视频监控系统与内网的其他计算机逻辑隔离，需要在内网交换机上配置　(3)　。内网用户的网关在交换机 SwitchA 上，网关地址需

要设置在 __（4）__ ，最少需要配置 __（5）__ 个网关地址。在不增加专用存储设备的情况下，可以将视频资料存储在 __（6）__ 。

（4）备选答案：

　　A．物理接口上　　　　　　　　　　B．逻辑接口上

【问题 3】（2 分）

若将内网用户 IP 地址的分配方式改成自动分配，在设备 SwitchA 上启用 DHCP 功能，首先配置的命令是 __（7）__ 。

（7）备选答案：

　　A．dhcp select relay　　　　　　　B．dhcp enable

【问题 4】（6 分）

为防止网络攻击，需要增加安全设备，配置安全策略，进行网络边界防护等，需在 __（8）__ 部署 __（9）__ ，且在该设备上配置 __（10）__ 策略。

（8）备选答案：

　　A．AR2200 与 SwitchA 之间　　　　B．SwitchA 与服务器之间

（9）备选答案：

　　A．FW（防火墙）　　　　　　　　　B．IDS（入侵检测系统）

试题一分析

本题考查小型网络部署的案例，该网络需求较为简单，网络拓扑简单，使用的网络产品设置灵活方便。

从题目分析，该网络需求如下：提供用户的上网功能，用户地址需要手动指定并使用私有地址；网络中部署有视频监控系统；网络中部署有基本的安全防护设备。

【问题 1】

当内部网络采用私有地址时，内部用户访问公网，需要配置地址转换策略。网络地址转换（Network Address Translation，NAT）属接入广域网（WAN）技术，是一种将私有（保留）地址转化为合法 IP 地址的转换技术，它被广泛应用于各种类型的 Internet 接入方式和各种类型的网络中。NAT 不仅解决了 IP 地址不足的问题，而且还能够有效地避免来自网络外部的攻击，隐藏并保护网络内部的计算机。

【问题 2】

本问题考查组网过程中网络安装与测试的基础知识，在进行网络线路的测试时需要使用专用的测试工具；在网络中同时存在视频监控系统与上网业务时要进行业务隔离，避免非授权访问产生的网络安全与运行风险。

在部署视频系统时要考虑视频资料的存储途径以及在给定网络环境的条件下可能的存储方案。一般情况下视频资料可以存储在专用的硬盘录像机或者专用的视频存储服务器中，在小型视频监控系统中，视频资料也可以存储在用于视频监控的计算机中。

【问题 3】

本问题考查交换机启用 DHCP 功能后，在配置的命令片段中首先要配置的内容，要求考生对配置此类相关命令的步骤有基本的了解，首先是开启 DHCP 服务。

【问题 4】

在小型网络中部署网络安全设备，安全设备的位置与安全需求有密切的关系，本题中指明为了防止网络攻击，进行网络边界防护，那么防护的首先是整个内网，而不是单指服务器区域。那么网络中部署的安全设备的类型和位置就显而易见，应该使用防火墙而不是入侵检测系统。

参考答案

【问题 1】

（1）NAT 转换

【问题 2】

（2）B

（3）VLAN

（4）B

（5）2

（6）PC3

【问题 3】

（7）B

【问题 4】

（8）A

（9）A

（10）ACL

试题二（共 20 分）

阅读以下说明，回答问题 1 至问题 3，将解答填入答题纸对应的解答栏内。

【说明】

某公司员工可通过 Windows Server 配置的 FTP 访问公司服务器上的资料，各部门地址分配如表 2-1 所示，管理员在 D 盘建立了一个名为 FtpFiles 的目录用于 FTP。

表 2-1

区域	地址
人事部	192.168.1.0/24
工程部	192.168.2.0/24
财务部	192.168.3.0/24
服务器	192.168.5.5/24

【问题 1】（8 分）

图 2-1 所示为添加 FTP 站点，物理路径为__（1）__；图 2-2 所示为 IP 和端口绑定，IP 地址应填写__（2）__，端口默认为__（3）__；在图 2-3 所示中，其权限为__（4）__。

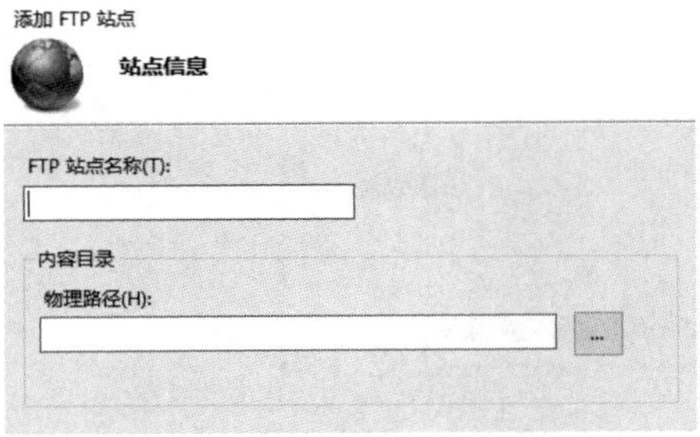

图 2-1

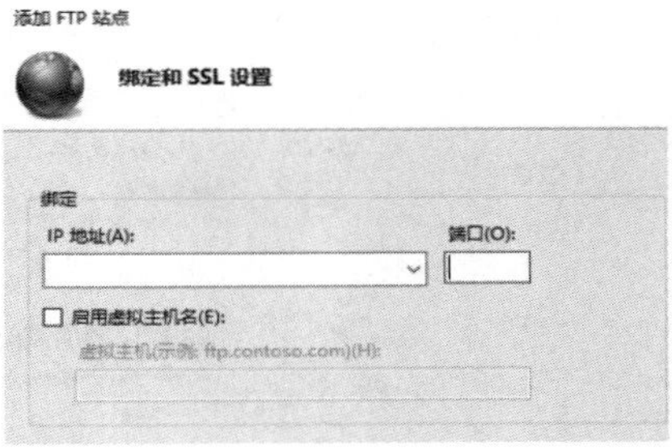

图 2-2

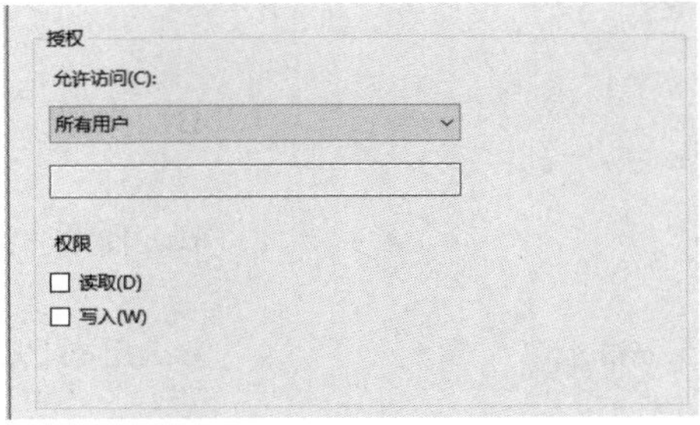

图 2-3

【问题 2】（4 分）

管理员出于数据备份的需要，临时禁止工程部用户的访问。图 2-4 中 IP 地址范围应填写__(5)__，掩码为__(6)__。

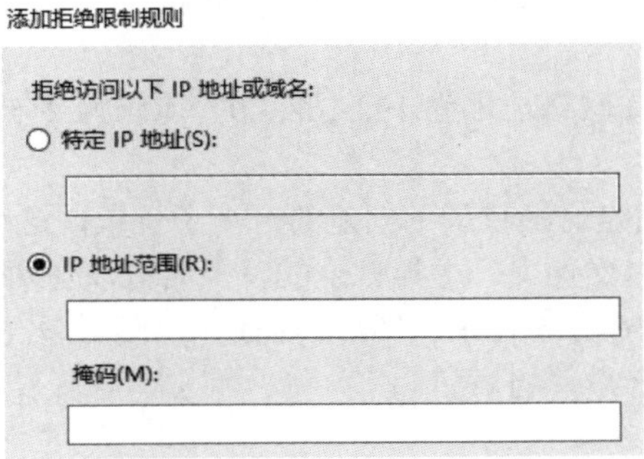

图 2-4

【问题 3】（8 分）

因财务部资料所占空间太大，而 FTP 所在主目录的存储空间有限，如果不采用新建 FTP 的方法，则可以通过创建 FTP 站点__(7)__目录来解决这个问题，这个目录名与实际指向的本地磁盘目录名的关系是__(8)__，这时可以通过在浏览器地址栏输入__(9)__来访问这个目录。

若该目录配置仅允许财务部用户访问，如图 2-5 所示，未指定的客户端的访问权应选择__(10)__。

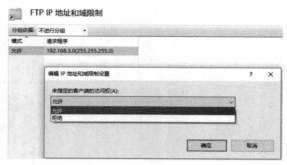

图 2-5

（7）备选答案：

A．备份　　　　　　　　　　　　　B．虚拟

（8）备选答案：

A．必须相同　　　　　　　　　　　B．任意

（9）备选答案：

A．ftp://192.168.5.5/目录名　　　　B．ftp://192.168.5.5

试题二分析

本题考查 FTP 服务器的相关配置。

【问题 1】

根据题意，管理员已在 D 盘建立了一个名为 FtpFiles 的目录，因此 FTP 站点的物理路径为 D:\FtpFiles。服务器的 IP 地址已给出，为 192.168.5.5，FTP 的默认端口为 21。公司 FTP 服务器权限为读取和写入，便于公司员工对资料访问。

【问题 2】

工程部被拒绝访问，其网络地址为 192.168.2.0，掩码为 255.255.255.0。

【问题 3】

虚拟目录是在 FTP 站点的根目录下创建的一个子目录，这个子目录被指向本地磁盘中的任意目录或网络中的共享文件夹，虚拟目录的目录名可以与实际指向的磁盘目录名不同，在地址栏中输入 ftp://192.168.5.5/目录名即可访问这个目录。若该目录配置为仅允许财务部用户访问，则应拒绝其他客户端的访问。

参考答案

【问题 1】

（1）D:\FtpFiles

（2）192.168.5.5

（3）21

（4）读取和写入

【问题 2】

（5）192.168.2.0

（6）255.255.255.0

【问题 3】

　　（7）B

　　（8）B

　　（9）A

　　（10）拒绝

试题三（共 20 分）

　　阅读以下说明，回答问题 1 至问题 4，将解答填入答题纸对应的解答栏内。

【说明】

　　如图 3-1 所示，某公司规划了两个网段，网段 10.1.1.0/24 为固定办公终端，网段 10.1.2.0/24 提供访客临时接入网络。PC-1 使用固定 IP 地址：10.1.1.100/24，其他终端使用 DHCP 方式分配 IP 地址。

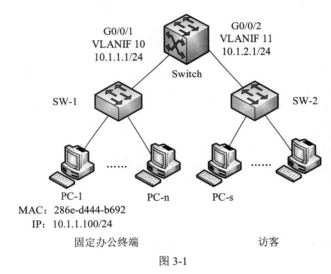

G0/0/1
VLANIF 10
10.1.1.1/24

G0/0/2
VLANIF 11
10.1.2.1/24

Switch

SW-1　　　　　　　　　　　　　　　　SW-2

PC-1
MAC：286e-d444-b692
IP：10.1.1.100/24

PC-n　　　PC-s

固定办公终端　　　　　　　　　　　　访客

图 3-1

【问题 1】（4 分）

　　所有设备配置保持默认配置情况下，图 3-1 拓扑中，有　__(1)__　个冲突域，有　__(2)__　个广播域（按照 50 个 PC 终端计算）。

【问题 2】（8 分）

　　按照公司网络设计要求，需对 Switch 完成基本配置，请将下面的配置代码补充完整。

```
<HUAWEI> (3)
[HUAWEI] sysname (4)
[DHCP-Server] dhcp enable
[DHCP-Server] vlan (5) 10 to 11     //创建 VLAN10 和 VLAN11
[DHCP-Server] (6) gigabitethernet 0/0/1
[DHCP-Server-GigabitEthernet0/0/1] port link-type (7)
[DHCP-Server-GigabitEthernet0/0/1] port default vlan (8)
[DHCP-Server-GigabitEthernet0/0/1] quit
```

```
[DHCP-Server] interface vlanif 10
[DHCP-Server-Vlanif10] ip address  (9)   (10)
[DHCP-Server-Vlanif10] quit
[DHCP-Server]
gigabitethernet 0/0/2 接口配置略
......
```

（3）～（10）备选答案：

    A．24   B．DHCP-Server   C．10.1.1.1   D．system-view

    E．interface   F．batch   G．access   H．10

【问题 3】（6 分）

按照公司网络设计要求，完成 DHCP 服务器配置，固定办公设备 IP 地址租期为 30 天，访客的 IP 地址租期为 1 天，请将下面的配置代码补充完整。

```
......
[DHCP-Server] interface vlanif 10
[DHCP-Server-Vlanif10]  (11) select interface
                        //使能接口采用接口地址池的 DHCP 服务器功能
[DHCP-Server-Vlanif10] dhcp server lease day  (12)
[DHCP-Server-Vlanif10] dhcp server static-bind ip-address  (13)
mac-address  (14)                   //为 PC-1 分配固定的 IP 地址
[DHCP-Server-Vlanif10] quit
[DHCP-Server] interface vlanif 11
[DHCP-Server-Vlanif11] dhcp select interface
[DHCP-Server-Vlanif11] quit
[DHCP-Server]
```

（11）～（14）备选答案：

    A．10.1.1.100   B．286e-d444-b692   C．dhcp   D．30

【问题 4】（2 分）

在问题 3 的配置代码中，没有关于 VLAN 11 地址租期的配置代码，下面的描述中正确的是 (15) 。

（15）备选答案：

    A．配置错误，须手动添加相关配置代码，否则 VLAN 11 的客户端无法获取 IP 地址

    B．配置错误，须手动添加相关配置代码，否则 DHCP 服务器无法正常工作

    C．配置正确，无须手动添加配置代码，VLAN 11 的地址租期将与 VLAN 10 相同

    D．配置正确，无须手动添加配置代码，默认地址租期为 1 天

试题三分析

本题考查网络规划和网络设备配置的基本知识。

【问题 1】

本问题考查冲突域和广播域的基本概念和辨别。

在实际使用的网络中，网络终端使用一定的网络设备连接在一起，形成一个办公网络。一般地，使用集线器（HUB）连接在一起的所有终端同处在一个冲突域。目前的办公或商用网络，已经不再使用集线器来连接。在交换机上，默认情况下，一个交换机端口是一个冲突域，一个交换机是一个广播域。在路由器上，一个路由器接口是一个广播域。

【问题 2】

本问题考查交换机设备的基本配置。

对交换机的基本配置包括交换机名，交换机的管理 IP 地址，交换机端口模式，VLAN 划分，VLAN 名称和交换机网关地址等。

【问题 3】

本问题考查 DHCP 服务器的基本配置。

题目已将 DHCP 服务器的基本要求和基本配置参数详细给出，要求在交换机上配置 DHCP 服务器。要求考生熟悉配置代码和配置命令。

【问题 4】

在问题 3 中的 DHCP 配置代码中，未配置 VLAN 11 的 IP 地址租期。一般地，DHCP 服务器的地址租期为 1 天，当不具体配置 DHCP 服务器的 IP 地址租期时，交换机将默认地址租期为 1 天，24 小时。

参考答案

【问题 1】

（1）52

（2）1

【问题 2】

（3）D

（4）B

（5）F

（6）E

（7）G

（8）H

（9）C

（10）A

【问题 3】

（11）C

（12）D

（13）A

（14）B

【问题 4】

（15）D

试题四（共 15 分）

阅读以下说明，回答问题 1 至问题 2，将解答填入答题纸对应的解答栏内。

【说明】

某公司为推广洗涤新产品，需要进行用户体验调查。图 4-1 为调查表填写页面，表 4-1 所示为利用 Microsoft Access 创建的数据库，它将记录被调查用户的姓名、性别、年龄、了解产品方式和评价等信息。

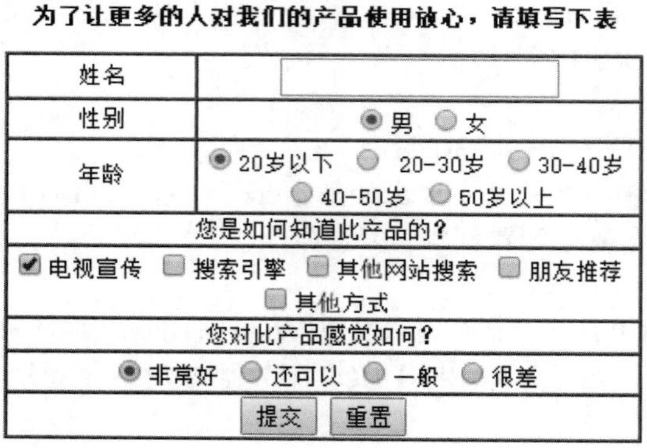

图 4-1

表 4-1　网上调查系统 invest 表中的字段

字段名称	数据类型	说明
user	文本	姓名
sex	文本	性别 true：男，false：女
age	文本	年龄
way	文本	了解本产品的方式
satisfied	文本	您对此产品感觉如何？ Satisfied：非常好 Good：还可以 General：一般 Bad：很差

【问题 1】（6 分）

以下是图 4-1 所示页面的部分代码，请仔细阅读该段代码，将（1）～（6）的空缺代码补齐。

```
<body>
<p><strong>为了让更多的人对我们的产品使用放心，请填写下表</strong></p>
<form  id="form" method="POST" action="">
<table    width="350"    border="1"    align="center"    cellpading="0"
```

```
cellspacing="0">
    <tr>
    <td width="100">姓名</td><td><input type="text"  name="_(1)_" value=""></td>
    </tr>
    <tr>
    <td>性别</td>
    <td><input name="sex" type="radio" id="radio" value="true" checked=
"_(2)_"/>男
    <input name="sex" type="radio" id="radio2" value="_(3)_"/>女</td>
    </tr>

    ……

    <tr>
    <td colspan="_(4)_"><input type="_(5)_" name="sub" id="sub" value="提交"/>
    <input type="reset" name="reset" id="reset" value="重置"/></td>
    </tr>
    </table>
    <_(6)_>
    </body>
```

（1）～（6）备选答案：

　　　A．submit　　　B．user　　C．false　　　D．2　　　E．checked　　　F．/form

【问题 2】（9 分）

用户填写调查问卷后，将转到统计页面，如图 4-2 所示。统计页面将显示目前所参与调查的人数、按性别统计与占比、按年龄统计与占比等信息。下面是统计页面的部分代码，请将代码补充完整。

此次活动已经有 15 人参加，其中

性别	
男	9人，占60%
女	6人，占40%
年龄	
20岁以下	2人，占13%
20-30岁	5人，占33%
30-40岁	4人，占27%
40-50岁	2人，占13%
50岁以上	2人，占13%

图 4-2

```
<%

……

sql="SELECT sex,count (sex) as sexNum FROM _(7)_ group by _(8)_ ORDER BY sex desc"
```

注释：按照性别统计

```
Rs1.open   (9)  ,conn
While Not Rs1.eof
 If Rs1("sex")="  (10)  " Then
sexNum_1=Rs1("sexNum")
 End If
 If Rs1("sex")="false" Then
sexNum_2=Rs1("  (11)  ")
 End If
Rs1.movenext
Wend
countNum=sexNum_1+sexNum_2
......
%>
<body>
<p><strong>此次活动已经有<%=  (12)  %>人参加，其中</strong></p>
<table width="350" border="1" align="center" cellpading="0" cellspacing="0">
<tr>
<td width="350" colspan="2">性别</td>
</tr>
<tr>
<td width="100">男</td>
<td><%=sexNum_1%>人，占<%=FormatPercent(  (13)  /countNum)%></td>
</tr>
<tr>
<td width="100">女</td>
<td><%=  (14)  %>人，占<%=FormatPercent(sexNum_2/countNum)%></td>
</tr>
......
</table>
<%  (15)  %>
```

（7）～（15）备选答案：

　　A．true　　　B．Rs1.close　　C．sexNum_1　　D．sexNum_2　　E．invest
　　F．sexNum　　G．sex　　　　H．countNum　　I．sql

试题四分析

本问题考查利用 ASP 和数据库来创建用户体验调查系统，包括调查页面和统计页面。
此类题目要求考生认真阅读题目对实际问题的描述，仔细阅读程序，了解上下文之间的关系，给出空格内所缺的代码。

【问题 1】

本问题考查调查页面的设计。

（1）Input type="text" name= "user" 表示调查页面用户名字段写入的文本名为 user。

（2）checked="checked"表示初始状态已勾选此项。

（3）radio 绑定默认值是 true，取消选中时为 false。

（4）colspan 是 html 表格标签<table>里<td>标签的标签属性，其属性是设置当前单元格横跨的列数。

（5）input type="submit "value="提交"表示提交按钮。

（6）<form></form>是表单标记。

【问题 2】

本问题考查统计页面的设计。

（7）数据库表为 invest，如表 4-1 所示。

（8）统计性别百分比，数据库中此字段为 sex。

（9）Rs1 是一个 recordset 对象，在建立这个对象之前应先连接数据库，sql 代表查询方式，conn 是数据库连接对象。

（10）sex="true"表示性别为男性。

（11）sex="false"表示性别为女性，统计为女性性别。

（12）由 countNum=sexNum_1+sexNum_2 可知 countNum 为男性和女性的人数总和，即参加活动的总人数。

（13）sexNum_1 表示参加活动的男性人数，sexNum_1 /countNum 即为参加活动的男性人数百分比。

（14）sexNum_2 表示参加活动的女性人数。

（15）Rs1.close 表示关闭数据库。

参考答案

【问题 1】

（1）B

（2）E

（3）C

（4）D

（5）A

（6）F

【问题 2】

（7）E

（8）G

（9）I

（10）A

（11）F
（12）H
（13）C
（14）D
（15）B

第7章 2018下半年网络管理员上午试题分析与解答

试题（1）

以下关于信息和数据的描述中，错误的是 ___(1)___ 。

（1）A．通常从数据中可以提取信息　　　　B．信息和数据都由数字组成

　　　C．信息是抽象的、数据是具体的　　　D．客观事物中都蕴涵着信息

试题（1）分析

信息反映了客观事物的运动状态和方式，数据是信息的物理形式。信息是抽象的，数据是具体的，从数据中可以抽象出信息。信息是指以声音、语言、文字、图像、动画、气味等方式所表示的实际内容，是事物现象及其属性标识的集合，是人们关心的事情的消息或知识，是由有意义的符号组成的。例如，图片信息是一种消息，通常以文字、声音或图像的形式来表现，是数据按有意义的关联排列的结果。

参考答案

（1）B

试题（2）

问卷的设计是问卷调查的关键，其设计原则不包括 ___(2)___ 。

（2）A．所选问题必须紧扣主题，先易后难

　　　B．要尽量提供回答选项

　　　C．应便于校验、整理和统计

　　　D．问卷中应尽量使用专业术语，让他人无可挑剔

试题（2）分析

问卷的设计原则包括：问卷所选问句必须紧扣主题，先易后难；问句要尽量提供回答选项，以便于回答；考虑问卷回收后便于处理，如校验、整理和统计等；问题以及术语应尽量使用通俗的语言，因为过于专业的术语答卷人可能看不懂，难以填写问卷。

参考答案

（2）D

试题（3）

在 Excel 的 A1 单元格中输入函数"=ROUND(14.9, 0)"，按回车键后，A1 单元格中的值为 ___(3)___ 。

（3）A．10　　　　　　B．14.9　　　　　　C．13.9　　　　　　D．15

试题（3）分析

本题考查 Excel 应用的基础知识。

函数 ROUND 的功能是返回某个数字按指定位数取整后的数字。其语法格式如下：

```
ROUND(number,num_digits)
```

其中，参数 number 表示需要进行四舍五入的数字，参数 num_digits 表示指定的位数，按此位数进行四舍五入。如果 num_digits 大于 0，则四舍五入到指定的小数位；如果 num_digits 等于 0，则四舍五入到最接近的整数；如果 num_digits 小于 0，则在小数点左侧进行四舍五入。由于本题 number 为 14.9，num_digits 为 0，所以应对小数点左侧的 4 进行四舍五入，故正确答案为 15。

参考答案

（3）D

试题（4）

在存储体系中位于主存与 CPU 之间的高速缓存（Cache）用于存放主存中部分信息的副本，主存地址与 Cache 地址之间的转换工作___（4）___。

（4）A．由系统软件实现　　　　　　　　B．由硬件自动完成

　　　C．由应用软件实现　　　　　　　　D．由用户发出指令完成

试题（4）分析

本题考查计算机系统的基础知识。

计算机系统中包括各种存储器，如 CPU 内部的通用寄存器组和 Cache（高速缓存）、CPU 外部的 Cache、主板上的主存储器、主板外的联机（在线）磁盘存储器以及脱机（离线）的磁带存储器和光盘存储器等。不同特点的存储器通过适当的硬件、软件有机地组合在一起形成计算机的存储体系层次结构，位于更高层的存储设备比较低层次的存储设备速度更快、单位比特造价也更高。

其中，Cache 和主存之间的交互功能全部由硬件实现，而主存与辅存之间的交互功能可由硬件和软件结合起来实现。

参考答案

（4）B

试题（5）

计算机系统中，CPU 对主存的访问方式属于___（5）___。

（5）A．随机存取　　　B．顺序存取　　　C．索引存取　　　D．哈希存取

试题（5）分析

本题考查计算机系统的基础知识。

主存主要由 DRAM（动态随机访问存储器）构成，其内部寻址方式是随机存取，也就是 CPU 给出需要访问的存储单元地址后，存储器中的地址译码部件可以直接选中要访问的存储单元。

参考答案

（5）A

试题（6）

在指令系统的各种寻址方式中，获取操作数最快的方式是___（6）___。

（6）A．直接寻址　　　B．间接寻址　　　C．立即寻址　　　D．寄存器寻址

试题（6）分析

本题考查计算机系统的基础知识。

寻址方式就是处理器根据指令中给出的地址信息来寻找有效地址的方式，是确定本条指令的数据地址以及下一条要执行的指令地址的方法。

直接寻址是一种基本的寻址方法，其特点是，在指令格式的地址字段中直接指出操作数在内存的地址。

间接寻址是相对直接寻址而言的，在间接寻址的情况下，指令地址字段中的形式地址不是操作数的真正地址，而是操作数地址的指示器。

指令的地址字段指出的不是操作数的地址，而是操作数本身，这种寻址方式称为立即寻址。立即寻址方式的特点是指令执行时间很短，因为它不需要访问内存取操作数，从而节省了访问内存的时间。

当操作数不放在内存中，而是放在 CPU 的通用寄存器中时，是寄存器寻址方式。

参考答案

（6）C

试题（7）

在计算机外部设备和主存之间直接传送而不是由 CPU 执行程序指令进行数据传送的控制方式称为___(7)___。

（7）A．程序查询方式　　　　　　　　B．中断方式

　　　C．并行控制方式　　　　　　　　D．DMA 方式

试题（7）分析

本题考查计算机系统的基础知识。

在计算机与外设交换数据的过程中，无论是无条件传送、利用查询方式传送还是利用中断方式传送，都需要由 CPU 通过执行程序来实现，这就限制了数据的传送速度。

DMA（Direct Memory Access）方式有时也称为直接内存操作，是指数据在内存与 I/O 设备间的直接成块传送，即在内存与 I/O 设备间传送一个数据块的过程中，不需要 CPU 的任何干涉，只需要 CPU 在过程开始启动（即向设备发出"传送一块数据"的命令）与过程结束（CPU 通过轮询或中断得知过程是否结束和下次操作是否准备就绪）时的处理，实际操作由 DMA 硬件直接执行完成，CPU 在此传送过程中根本不参与传送操作，因此就省去了 CPU 取指令、取数、送数等操作，也没有保存现场、恢复现场之类的工作。

参考答案

（7）D

试题（8）

以下关于磁盘碎片整理程序的描述中，正确的是___(8)___。

（8）A．磁盘碎片整理程序的作用是延长磁盘的使用寿命

　　　B．用磁盘碎片整理程序可以修复磁盘中的坏扇区，使其可以重新使用

　　　C．用磁盘碎片整理程序可以对内存进行碎片整理，以提高访问内存速度

　　　D．用磁盘碎片整理程序对磁盘进行碎片整理，以提高磁盘访问速度

试题（8）分析

本题考查计算机系统性能方面的基础知识。

文件在磁盘上一般是以块（或扇区）的形式存储的。磁盘文件可能存储在一个连续的区域内，或者被分割成若干个"片"存储在磁盘中不连续的多个区域。后一种情况对文件的完整性没有影响，但由于文件过于分散，将增加计算机读盘的时间，从而降低了计算机的效率。磁盘碎片整理程序可以在整个磁盘系统范围内对文件重新安排，在保证文件完整性的前提下，将各个文件碎片转换到连续的存储区内，提高对文件的读取速度。但整理是要花费时间的，所以应该定期对磁盘进行碎片整理。

参考答案

（8）D

试题（9）

若计算机中地址总线的宽度为 24 位，则最多允许直接访问主存储器　(9)　的物理空间（以字节为单位编址）。

（9）A．8MB　　　　　　B．16MB　　　　　　C．8GB　　　　　　D．16GB

试题（9）分析

本题考查计算机系统的基础知识。

在计算机中总线宽度分为地址总线宽度和数据总线宽度。其中，数据总线的宽度（传输线根数）决定了通过它一次能并行传递的二进制位数。显然，数据总线越宽，则每次传递的位数越多，因而，数据总线的宽度决定了在主存储器和 CPU 之间数据交换的效率。地址总线宽度决定了 CPU 能够使用多大容量的主存储器，即地址总线宽度决定了 CPU 能直接访问的内存单元的个数。假定地址总线是 24 位，则能够访问 $2^{24}=16MB$ 个内存单元。

参考答案

（9）B

试题（10）

以数字量表示的声音在时间上是离散的，而模拟量表示的声音在时间上是连续的。要把模拟声音转换为数字声音，就需在某些特定的时刻对模拟声音进行获取，该过程称为　(10)　。

（10）A．采样　　　　　B．量化　　　　　　C．编码　　　　　D．模/数变换

试题（10）分析

本题考查计算机系统的基础知识。

在某些特定的时刻获取模拟声音并转换为数字声音的过程称为采样。

参考答案

（10）A

试题（11）

MPEG 压缩技术是针对　(11)　的数据压缩技术。

（11）A．静止图像　　　B．运动图像　　　　C．图像格式　　　D．文本数据

试题（11）分析

本题考查多媒体的基础知识。

动态图像专家组（Moving Picture Experts Group，MPEG）是国际标准化组织（International Standardization Organization，ISO）与国际电工委员会（International Electrotechnical Commission，IEC）于 1988 年成立的专门针对运动图像和语音压缩制定国际标准的组织。

MPEG 标准主要有MPEG-1、MPEG-2、MPEG-4、MPEG-7 及MPEG-21等。

参考答案

（11）B

试题（12）

根据《计算机软件保护条例》的规定，著作权法保护的计算机软件是指　　（12）　　。

（12）A．程序及其相关文档　　　　　　B．处理过程及开发平台

　　　　C．开发软件所用的算法　　　　　D．开发软件所用的操作方法

试题（12）分析

本题考查知识产权的基础知识。

计算机软件无论是系统软件还是应用软件均受法规保护。一套软件包括计算机程序及其相关文档。计算机程序指代码化指令序列，或者可被自动转换成代码化指令序列的符号化指令序列或者符号化语句序列。无论是程序的目标代码还是源代码均受法规保护。计算机文档则是指用自然语言或者形式化语言所编写的文字资料和图表，用来描述程序的内容、组成、设计、功能规格、开发情况、测试结果及使用方法，如程序设计说明书、流程图、用户手册等。软件受保护的必要条件是：必须由开发者独立开发，并已固定在某种有形物体（如磁带、胶片等）上。

参考答案

（12）A

试题（13）

以下说法中，错误的是　　（13）　　。

（13）A．张某和王某合作完成一款软件，他们可以约定申请的知识产权只属于张某

　　　　B．张某和王某共同完成了一项发明创造，在没有约定的情况下，如果张某要对其单独申请专利就必须征得王某的同意

　　　　C．张某临时借调到某软件公司工作，在执行该公司交付任务的过程中，张某完成的发明创造属于职务发明

　　　　D．甲委托乙开发了一款软件，在没有约定的情况下，由于甲提供了全部的资金和设备，因此该软件著作权属于甲

试题（13）分析

本题考查知识产权的基础知识。

委托开发的计算机软件著作权归属规定如下：

①属于软件开发者，即属于实际组织开发、直接进行开发，并对开发完成的软件承担责任的法人或者其他组织；或者依靠自己具有的条件独立完成软件开发，并对软件承担责任的自然人。

②合作开发的软件，其著作权的归属由合作开发者签定书面合同约定。无书面合同或者合

同未作明确约定，合作开发的软件可以分割使用的，开发者对各自开发的部分可以单独享有著作权；合作开发的软件不能分割使用的，其著作权由各合作开发者共同享有。

③接受他人委托开发的软件，其著作权的归属由委托人与受托人签定书面合同约定；无书面合同或者合同未作明确约定的，其著作权由受托人享有。

④由国家机关下达任务开发的软件，著作权的归属与行使由项目任务书或者合同规定；项目任务书或者合同中未作明确规定的，软件著作权由接受任务的法人或者其他组织享有。

⑤自然人在法人或者其他组织中任职期间所开发的软件有下列情形之一的，该软件著作权由该法人或者其他组织享有：（一）针对本职工作中明确指定的开发目标所开发的软件；（二）开发的软件是从事本职工作活动所预见的结果或者自然的结果；（三）主要使用了法人或者其他组织的资金、专用设备、未公开的专门信息等物质技术条件所开发并由法人或者其他组织承担责任的软件。

委托开发计算机软件著作权的归属要根据情况而定，不同的情况，软件著作权的归属也不一样。

参考答案

（13）D

试题（14）

采用__（14）__表示带符号数据时，算术运算过程中符号位与数值位采用同样的运算规则进行处理。

（14）A．补码　　　　B．原码　　　　C．反码　　　　D．海明码

试题（14）分析

本题考查计算机系统的数据表示的基础知识。

对补码表示的带符号数据进行算术运算时，符号位与数值位按照同样的规则进行处理。

参考答案

（14）A

试题（15）

操作系统的主要任务是__（15）__。

（15）A．把源程序转换为目标代码

　　　　B．负责文字格式编排和数据计算

　　　　C．负责存取数据库中的各种数据，完成 SQL 查询

　　　　D．管理计算机系统中的软、硬件资源

试题（15）分析

本题考查操作系统的基本概念。

把源程序转换为目标代码是编译或汇编程序的任务；负责文字格式编排和数据计算是文字处理软件和计算软件的任务；负责存取数据库中的各种数据，完成 SQL 查询是数据库管理系统的任务；操作系统的任务是管理计算机系统中的软、硬件资源。

参考答案

（15）D

试题（16）

以下关于企业信息系统运维工作的叙述中，不正确的是__(16)__。

（16）A．自动化运维将降低对运维人员的要求

　　　　B．高效运维主要依靠管理和工具，以及合理的配合

　　　　C．只有做到整体监控和统一管理，才能使运维可视化

　　　　D．企业信息系统项目在运维方面所花的时间和成本约占八成

试题（16）分析

本题考查信息系统的基础知识。

自动化运维可以大大简化常规的运维操作，运维可视化也使许多问题能直接自动显示出来。但是，对运维的技术骨干来说，需要理解自动化运维的机制，要求更高了。自动化运维时可能会出现更特殊更复杂的问题。要理解问题发生的原因，正确地处理，需要更多的知识，更丰富的经验。

参考答案

（16）A

试题（17）

以下关于人工智能（AI）的叙述中，不正确的是__(17)__。

（17）A．AI 不仅是基于大数据的系统，更是具有学习能力的系统

　　　　B．现在流行的人脸识别和语音识别是典型的人工智能应用

　　　　C．AI 技术的重点是让计算机系统更简单

　　　　D．AI 有助于企业更好地进行管理和决策

试题（17）分析

本题考查新技术。

具有人工智能的计算机系统更复杂。一般来说，大部分计算功能都需要在云端进行，需要通过大数据分析处理，使企业能更快速、更准确地获得前所未有的洞察，更好地进行管理和决策。

参考答案

（17）C

试题（18）

云存储系统通过集群应用和分布式存储技术将大量不同类型的存储设备集合起来协调工作，提供企业级数据存储、管理、业务访问、高效协同的应用系统及存储解决方案。对云存储系统的要求不包括__(18)__。

（18）A．统一存储，协同共享　　　　B．多端同步，实时高效

　　　　C．标准格式，存取自由　　　　D．安全稳定，备份容灾

试题（18）分析

本题考查新技术。

云存储系统包括了不同类型的存储设备上不同格式多种形式的大量数据，重点是数据整合，协同工作，存取控制更为严格，以加强安全性。

参考答案

（18）C

试题（19）、（20）

假定某信道的频率范围为 1～3MHz，为保证信号保真，采样频率必须大于　(19)　MHz；若采用 4 相 PSK 调制，则信道支持的最大数据速率为　(20)　Mb/s。

（19）A. 2　　　　　B. 3　　　　　C. 4　　　　　D. 6

（20）A. 2　　　　　B. 4　　　　　C. 12　　　　　D. 16

试题（19）、（20）分析

本题考查采样定理和调制技术。

采样定理要求采样频率大于最高频率的 2 倍，故采样频率必须大于 6MHz。采用 4 相 PSK 调制，每个信号元素表示 2bit，故信道支持的最大数据速率为 12Mb/s。

参考答案

（19）D　　（20）C

试题（21）

以下关于曼彻斯特和差分曼彻斯特编码的叙述中，正确的是　(21)　。

（21）A. 曼彻斯特编码以比特前沿是否有电平跳变来区分“1”和“0”

　　　　B. 差分曼彻斯特编码以电平的高低区分“1”和“0”

　　　　C. 曼彻斯特编码和差分曼彻斯特编码均自带同步信息

　　　　D. 在同样波特率的情况下，差分曼彻斯特编码的数据速率比曼彻斯特编码高

试题（21）分析

本题考查曼彻斯特和差分曼彻斯特编码技术。

曼彻斯特和差分曼彻斯特编码在比特中间均有跳变。曼彻斯特编码比特中间的跳变作为同步时钟，跳变的方向表示二进制的“0”或“1”；差分曼彻斯特编码比特中间的跳变仅作为同步时钟，比特前沿有无跳变表示二进制“0”或“1”。

参考答案

（21）C

试题（22）、（23）

综合布线系统中将用户的终端设备首先连接到的子系统称为　(22)　；　(23)　是设计建筑群子系统时应考虑的内容。

（22）A. 水平子系统　　　　　　　　B. 工作区子系统

　　　　C. 垂直子系统　　　　　　　　D. 管理子系统

（23）A. 不间断电源　　　　　　　　B. 配线架

　　　　C. 信息插座　　　　　　　　D. 地下管道敷设

试题（22）、（23）分析

本题考查综合布线系统的基础知识。

在综合布线系统中，将用户的终端设备首先连接到的子系统称为工作区子系统；地下管道敷设是设计建筑群子系统时应考虑的内容。

参考答案

（22）B 　 （23）D

试题（24）

在双绞线系统的测试指标中，因各种因素造成信号沿链路传输损失的是 　 （24） 。

（24）A．衰减值 　 B．近端串扰 　 C．差错率 　 D．回波损耗

试题（24）分析

本题考查传输介质的测试。

双绞线系统的测试指标主要集中在链路传输的最大衰减值和近端串音衰减等参数上。链路传输的最大衰减值是由于集肤效应、绝缘损耗、阻抗不匹配、连接电阻等因素，造成信号沿链路传输损失的能量。电磁波从一个传输回路（主串回路）串入另一个传输回路（被串回路）的现象称为串扰，能量从主串回路串入回路时的衰减程度称为串扰衰减。在 UTP 布线系统中，近端串扰为主要的影响因素。

参考答案

（24）A

试题（25）

Windows 下连通性测试命令 ping 是 　 （25） 协议的一个应用。

（25）A．TCP 　 B．ARP 　 C．UDP 　 D．ICMP

试题（25）分析

本题考查 ICMP 协议。

测试命令 ping 是 ICMP 协议的一个应用。

参考答案

（25）D

试题（26）

以下关于 TCP/IP 协议和层次对应关系的表示，正确的是 　 （26） 。

（26）A.

HTTP	SNMP
TCP	UDP
IP	

B.

FTP	Telnet
UDP	TCP
ARP	

C.

HTTP	SMTP
TCP	UDP
IP	

D.

SMTP	FTP
UDP	TCP
ARP	

试题（26）分析

本题考查 TCP/IP 协议簇和各协议的层次对应关系。

选项 A 正确；选项 B 错误，UDP、TCP 协议下应为 IP 协议；选项 C 错误，SMTP 协议应封装在 TCP 协议中；选项 D 错误，UDP、TCP 协议下应为 IP 协议。

参考答案

（26）A

试题（27）

在 TCP/IP 协议体系结构中，不可靠的传输层协议为 ＿＿（27）＿＿。

（27）A．UDP　　　　　　B．TCP　　　　　C．ICMP　　　　D．SMTP

试题（27）分析

本题考查 TCP/IP 协议簇中的传输层协议。

在 TCP/IP 协议簇中主要有两个传输层协议，TCP 为可靠的传输层协议，UDP 为不可靠的传输层协议。

参考答案

（27）A

试题（28）

IPv4 协议首部最小长度为 ＿＿（28）＿＿ 字节。

（28）A．10　　　　　　　B．20　　　　　　C．40　　　　　D．80

试题（28）分析

本题考查 IPv4 协议。

IPv4 协议首部最小长度为 20 个字节。

参考答案

（28）B

试题（29）、（30）

FTP 建立 ＿＿（29）＿＿ 条 TCP 连接来进行数据传输，默认情况下数据传输使用的端口号是 ＿＿（30）＿＿。

（29）A．1　　　　　　　B．2　　　　　　C．3　　　　　D．4

（30）A．20　　　　　　B．21　　　　　C．23　　　　D．25

试题（29）、（30）分析

本题考查 FTP 协议。

FTP 通过建立两条 TCP 连接来进行数据传输，一条为数据连接，一条为控制连接。默认情况下 TCP 数据传输使用的端口号是 20，控制连接使用的端口号是 21。

参考答案

（29）B　（30）A

试题（31）

网络管理协议 SNMP 中，管理站设置被管对象属性参数的命令为 ＿＿（31）＿＿。

（31）A．get　　　　　B．getnext　　　C．set　　　　D．trap

试题（31）分析

本题考查网络管理协议 SNMP。

网络管理协议 SNMP 中，管理站设置被管对象属性参数的命令为 set。

参考答案

（31）C

试题（32）

路由信息协议 OSPF 是一种基于　（32）　的动态路由协议。

（32）A．距离矢量　　　　　　　　B．链路状态

　　　C．随机路由　　　　　　　　D．路径矢量

试题（32）分析

本题考查路由信息协议 OSPF。

路由信息协议 OSPF 是一种基于链路状态的动态路由协议；RIP 是基于距离矢量的路由协议；BGP 是基于路径矢量的路由协议。

参考答案

（32）B

试题（33）

4 个 16kb/s 的信道通过统计时分复用到一条主干线路，如果该线路的利用率为 80%，则其带宽应该是　（33）　kb/s。

（33）A．64　　　　　B．80　　　　　C．128　　　　　D．160

试题（33）分析

本题考查多路复用技术。

计算方法如下：4×16/80%=80 kb/s。

参考答案

（33）B

试题（34）

在进行交换机的本地配置时，交换机 Console 端口连接到计算机的　（34）　。

（34）A．RS-232 端口　　　　　　　B．以太网接口

　　　C．1394 接口　　　　　　　　D．LTP 端口

试题（34）分析

本题考查交换机的管理配置多路复用技术。

在进行交换机的本地配置时，交换机 Console 端口连接到计算机的 RS-232 端口。

参考答案

（34）A

试题（35）

能接收到目的地址为 202.117.115.7/29 的报文主机数为　（35）　个。

（35）A．0　　　　　B．1　　　　　C．6　　　　　D．7

试题（35）分析

本题考查 IP 地址规划与计算。

地址 202.117.115.7/29 所在的网络为 202.117.115.0/29，可用主机地址为 $2^3-2=6$ 个，202.117.115.7 是该网络中的广播地址，故能接收到目的地址为 202.117.115.7/29 的报文主机数为 6。

参考答案

（35）C

试题（36）、（37）

　　DHCP 客户机首次启动时需发送___（36）___报文请求分配 IP 地址，该报文中目的主机地址为___（37）___。

（36）A．DhcpDiscovery　　　　　　　　B．DhcpAck

　　　　C．DhcpFind　　　　　　　　　　D．DhcpOffer

（37）A．0.0.0.0　　　　　　　　　　　B．255.255.255.255

　　　　C．10.0.0.1　　　　　　　　　　D．192.168.0.1

试题（36）、（37）分析

　　本题考查 DHCP 协议的工作过程。

　　DHCP 客户机首次启动时需发送 DhcpDiscovery 报文请求分配 IP 地址，该报文中源主机地址为 0.0.0.0，该报文中目的主机地址为 255.255.255.255。

参考答案

（36）A　　（37）B

试题（38）

　　路由器收到一个 IP 数据包，其目标地址为 192.168.17.4，与该地址匹配的子网是 （38） 。

（38）A．192.168.0.0/21　　　　　　　B．192.168.16.0/20

　　　　C．192.168.8.0/22　　　　　　　D．192.168.20.0/22

试题（38）分析

　　本题考查 IP 地址规划与计算。

　　地址 192.168.17.4 的二进制表示为：1100 0000.10101000.00010001.0000 0100；

　　地址 192.168.0.0/21 的二进制表示为：**1100 0000.10101000.00000**000.0000 0000；

　　地址 192.168.16.0/20 的二进制表示为：**1100 0000.10101000.0001**0000.0000 0000；

　　地址 192.168.8.0/22 的二进制表示为：**1100 0000.10101000.000011**00.0000 0000；

　　地址 192.168.20.0/22 的二进制表示为：**1100 0000.10101000.000101**00.0000 0000；

　　可以看出，前缀相同的是 192.168.16.0/20。

参考答案

（38）B

试题（39）

　　某公司的网络地址为 202.117.1.0，要划分成 5 个子网，每个子网最少 20 台主机，则可用的子网掩码是___（39）___。

（39）A．255.255.255.192　　　　　　　B．255.255.255.240

　　　　C．255.255.255.224　　　　　　　D．255.255.255.248

试题（39）分析

　　本题考查 IP 地址规划与计算。

　　地址 202.117.1.0 是一个 C 类地址，划分 5 个子网，每个子网最少 20 台主机，所以最后一个字节中前 3 位作为子网号，后 5 位作为主机号。因此子网掩码为 255.255.255.224。

参考答案

（39）C

试题（40）

把 4 个网络 61.24.12.0/24、61.24.13.0/24、61.24.14.0/24 和 61.24.15.0/24 汇聚成一个超网，得到的地址是　（40）　。

（40）A．61.24.8.0/22　　　　　　　B．61.24.12.0/22

　　　 C．61.24.8.0/21　　　　　　　D．61.24.12.0/21

试题（40）分析

本题考查 IP 地址规划与计算。

地址 61.24.12.0/24 的二进制表示为：**0011 1101.0001 1000.0000 1100**.0000 0000；

地址 61.24.13.0/24 的二进制表示为：**0011 1101.0001 1000.0000 1101**.0000 0000；

地址 61.24.14.0/24 的二进制表示为：**0011 1101.0001 1000.0000 1110**.0000 0000；

地址 61.24.15.0/24 的二进制表示为：**0011 1101.0001 1000.0000 1111**.0000 0000；

可以看出，共同的前缀是 **0011 1101.0001 1000.0000 11**00.0000 0000，即 61.24.12.0/22。

参考答案

（40）B

试题（41）

HTML 中的段落标记是　（41）　。

（41）A．\<b>　　　　　B．\
　　　　　C．\<p>　　　　　D．\<pre>

试题（41）分析

本题考查 HTML 语言的基础知识。

HTML（Hyper Text Markup Language，超文本标记语言）是目前网页编辑和制作的基本语言，可以结合动态网页制作语言，如 ASP、JSP 等语言，编辑和制作网页。HTML 语言有多种标记用于网页文档的排版和显示方式的设定。

\<b>标记用于设定网页中文字的显示方式，以\<b>\</b>为首位的文字将在网页文档中以"加粗"方式显示；

\
标记用于在网页文档中输出一个换行符，该标签没有结束标签；

\<p>标记用于在网页文档中设定一个段落，以\<p>\</p>标记对为首尾的内容显示在一个逻辑段落内；

\<pre>标记用于在网页文档中显示预设格式的内容，以\<pre>\</pre>标记对为首尾的内容的显示格式将以所见即所得的形式显示在网页文档中。

参考答案

（41）C

试题（42）

把 CSS 样式表与 HTML 网页关联，不正确的方法是　（42）　。

（42）A．在 HTML 文档的\<head>标签内定义 CSS 样式

　　B．用@import 引入样式表文件

　　C．在 HTML 文档的<!--　-->标签内定义 CSS 样式

　　D．用<link>标签链接网上可访问的 CSS 样式表文件

试题（42）分析

　　本题考查 CSS 样式表的基础知识。

　　CSS（Cascading Style Sheets）层叠样式表，是一种用来表现 HTML（标准通用标记语言的一个应用）或 XML（标准通用标记语言的一个子集）等文件样式的计算机语言。CSS 不仅可以静态地修饰网页，还可以配合各种脚本语言动态地对网页各元素进行格式化。

　　在 HTML 中使用 CSS 对文档元素进行格式化，有以下几种方式：

　　（1）直接在 DIV 中使用 CSS 样式制作 DIV+CSS 网页。

　　（2）html 中使用 style 自带式。

　　（3）使用@import 引用外部 CSS 文件。

　　（4）使用 link 引用外部 CSS 文件，推荐此方法。

参考答案

　　（42）C

试题（43）

　　在 HTML 中，要将 form 表单内的数据发送到服务器，应将<input>标记的 type 属性值设为__（43）__。

　　（43）A．password　　　　　　B．submit　　　　　　C．reset　　　　　　D．push

试题（43）分析

　　本题考查 HTML 表单的基础知识。

　　题干说明要将 form 表单内的数据发送到服务器，需要使用 submit 方法。

　　在 HTML 中，要使用 submit，在<input></input>标签的 type 属性设置为 submit 即可。

　　<input></input>标签的属性及功能列表如下。

属性	功能
button	定义可单击按钮（多数情况下，用于通过 JavaScript 启动脚本）
checkbox	定义复选框
file	定义输入字段和"浏览"按钮，供文件上传
hidden	定义隐藏的输入字段
image	定义图像形式的提交按钮
password	定义密码字段。该字段中的字符被掩码
radio	定义单选按钮
reset	定义重置按钮。重置按钮会清除表单中的所有数据
submit	定义提交按钮。提交按钮会把表单数据发送到服务器
text	定义单行的输入字段，用户可在其中输入文本。默认宽度为 20 个字符

参考答案

　　（43）B

试题（44）

Web 客户端程序不包括　（44）　。

（44）A. Chrome　　　　B. FireFox　　　　C. IE　　　　D. notebook

试题（44）分析

本题考查浏览器的基本知识。

题干中所说的 Web 客户端程序即网页浏览器。网页浏览器（Web Browser）常被简称为浏览器，是一种用于检索并展示万维网信息资源的应用程序。这些信息资源可为网页、图片、影音或其他内容，它们由统一资源标志符标志。信息资源中的超链接可使用户方便地浏览相关信息。

网页浏览器虽然主要用于使用万维网，但也可用于获取专用网络中网页服务器的信息或文件系统内的文件。

主流的网页浏览器有 Mozilla Firefox、Internet Explorer、Microsoft Edge、Google Chrome、Opera 及 Safari。

NoteBook 是计算机中的记事本。

参考答案

（44）D

试题（45）

在 HTML 语言中，&gt 用来表示　（45）　。

（45）A. >　　　　　　B. <　　　　　　C.》　　　　　　D.《

试题（45）分析

本题考查 HTML 语言的基础知识。

HTML（Hyper Text Markup Language，超文本标记语言）是目前网页编辑和制作的基本语言。使用标记对网页元素进行格式化。在网页中，显示例如"<""> "等与 HTML 标记相同的内容时，需使用其他的编码进行标记。常见的特殊字符的编码如下表所示。

特殊字符	命名实体	特殊字符	命名实体
>	&gt;	≤	&le;
<	&lt;	√	&radic;
«	&laquo;	*	&lowast;
®	&reg;	/	&frasl;
¥	&yen;	"	&quot;
≠	&ne;	©	&copy;
≥	&ge;	¦	&brvbar;

参考答案

（45）A

试题（46）

工作在 UDP 协议之上的协议是　（46）　。

（46）A. HTTP　　　　B. Telnet　　　　C. SNMP　　　　D. SMTP

试题（46）分析

HTTP、Telnet 和 SMTP 都工作在 TCP 协议之上，只有 SNMP 工作在 UDP 协议上。

参考答案

（46）C

试题（47）

使用 Web 方式收发电子邮件时，以下描述错误的是___（47）___。

（47）A．无须设置简单邮件传输协议

　　　　B．可以不输入账号密码登录

　　　　C．邮件可以插入多个附件

　　　　D．未发送邮件可以保存到草稿箱

试题（47）分析

使用 Web 方式收发电子邮件时，必须输入账号密码才能登录。Web 方式无须设置简单邮件传输协议。电子邮件可以插入多个附件，未发送的邮件也可以保存到草稿箱。

参考答案

（47）B

试题（48）

以下关于电子邮件的叙述中，错误的是___（48）___。

（48）A．邮箱客户端授权码是客户端登录的验证码，可以保护账号安全

　　　　B．将发件人添加到白名单后可避开反垃圾误判

　　　　C．用户通过客户端收邮件时邮件不能保留在邮箱里

　　　　D．IMAP 可以通过客户端直接对服务器上的邮件进行操作

试题（48）分析

用户在通过客户端将邮件收到本地时，可以通过设置，将邮件保留在邮箱里。邮箱客户端授权码可以保护账号安全，将发件人添加到白名单后可避开反垃圾误判，IMAP 可以通过客户端直接对服务器上的邮件进行操作。

参考答案

（48）C

试题（49）

Cookies 的作用是___（49）___。

（49）A．保存浏览网站的历史记录

　　　　B．提供浏览器视频播放插件

　　　　C．保存访问站点的缓存数据

　　　　D．保存用户的 ID 与密码等敏感信息

试题（49）分析

Cookies 的作用是保存用户的 ID 与密码等信息，与历史记录、播放插件和缓存数据无关。

参考答案

（49）D

试题（50）

在 Windows 系统中，清除本地 DNS 缓存的命令是 ___（50）___ 。

（50）A．Ipconfig/Flushdns　　　　　　　　B．Ipconfig/Displaydns
　　　　C．Ipconfig/Register　　　　　　　　D．Ipconfig/Reload

试题（50）分析

在 Windows 系统中，清除本地 DNS 缓存的命令是 Ipconfig/Flushdns。

参考答案

（50）A

试题（51）

计算机病毒的特征不包括 ___（51）___ 。

（51）A．传染性　　　　B．触发性　　　　C．隐蔽性　　　　D．自毁性

试题（51）分析

本题考查计算机病毒的相关知识。

计算机病毒是编制者在计算机程序中插入的破坏计算机功能或者数据的代码，是能影响计算机使用，能自我复制的一组计算机指令或者程序代码。计算机病毒具有传播性、隐蔽性、感染性、潜伏性、触发性、破坏性等特性。

参考答案

（51）D

试题（52）

防火墙对数据包进行过滤时，不能进行过滤的是 ___（52）___ 。

（52）A．源和目的 IP 地址　　　　　　　　B．存在安全威胁的 URL 地址
　　　　C．IP 协议号　　　　　　　　　　　D．源和目的端口

试题（52）分析

本题考查防火墙的基础知识。

防火墙对数据包信息的过滤是通过对数据包的 IP 头和 TCP 头或 UDP 头的检查来实现的，主要信息有 IP 源地址、IP 目标地址、协议、数据包到达以及出去的端口等。防火墙不能自主判断所有来自网络的 URL 地址是否存在安全隐患。

参考答案

（52）B

试题（53）

在进行 CAT5 网线测试时，发现有 4 条芯不通，但计算机仍然能利用该网线连接上网。则不通的 4 条芯线序号可能是 ___（53）___ 。

（53）A．1-2-3-4　　　　B．5-6-7-8　　　　C．1-2-3-6　　　　D．4-5-7-8

试题（53）分析

本题考查网络维护的基础知识。

通过 CAT5 连接 TCP/IP 网络最少要用到 1、2、3、6 四芯，即 1、2 芯用于发送，3、6 芯用于接收。这种网线制作方法最高只能达到 10Mb 的传输速率。

参考答案

（53）D

试题（54）

对路由器进行配置的方式有＿＿（54）＿＿。

①通过 console 口进行本地配置　　　　②通过 Web 进行远程配置

③通过 telnet 方式进行配置　　　　　④通过 ftp 方式进行配置

（54）A．①②③④　　　　B．④　　　　C．②③　　　　D．①③④

试题（54）分析

本题考查路由器配置的基础知识。

一般来说，对路由器的配置可以采用命令行或 Web 界面进行配置，通过路由器 console 口接口可以进行本地配置，在对路由器进行升级时，也可以采用上传文件的方式进行配置。

参考答案

（54）A

试题（55）

下面关于 HTTPS 的描述中，错误的是＿＿（55）＿＿。

（55）A．HTTPS 是安全的超文本传输协议

　　　B．HTTPS 是 HTTP 和 SSL/TLS 的组合

　　　C．HTTPS 和 HTTP 是同一个协议的不同简称

　　　D．HTTPS 服务器端使用的缺省 TCP 端口是 443

试题（55）分析

本题考查超文本传输协议的基础知识。

超文本传输协议 HTTP 协议被用于在 Web 浏览器和网站服务器之间传递信息。HTTP 协议以明文方式发送内容，不提供任何方式的数据加密，因此 HTTP 协议不适合传输一些敏感信息，例如信用卡号、密码等。为了解决 HTTP 协议的这一缺陷，需要使用另一种协议，即安全套接字层超文本传输协议 HTTPS，HTTPS 在 HTTP 的基础上加入了 SSL 协议，SSL 依靠证书来验证服务器的身份，并为浏览器和服务器之间的通信加密。

参考答案

（55）C

试题（56）

实现软件的远程协助功能时通常采用传输层协议＿＿（56）＿＿。

（56）A．UDP　　　　B．TCP　　　　C．Telnet　　　　D．FTP

试题（56）分析

本题考查传输层协议的基础知识。

传输层协议包括传输控制协议 TCP 及用户数据报协议 UDP。一般而言，软件的远程协助对数据的安全性要求不高，一般采用 UDP 协议，例如 QQ 的远程协助。

参考答案

（56）A

试题（57）

通常情况下对华为路由器进行升级时，选择超级终端的参数是 ＿＿（57）＿＿。

（57）A．数据位 8 位，奇偶校验位无，停止位为 1.5

　　　 B．数据位 8 位，奇偶校验位有，停止位为 1.5

　　　 C．数据位 8 位，奇偶校验位无，停止位为 1

　　　 D．数据位 8 位，奇偶校验位有，停止位为 2

试题（57）分析

本题考查网络配置的基础知识。

一般来讲，在使用超级终端进行设备连接时，使用的参数是固定的，即数据位 8 位，奇偶校验位无，停止位为 1。

参考答案

（57）C

试题（58）

确定 IP 数据包访问目标主机路径的命令是 ＿＿（58）＿＿。

（58）A．ping　　　　　　 B．tracert　　　　　　 C．telnet　　　　　　 D．ipconfig

试题（58）分析

本题考查基本的网络命令。

tracert（跟踪路由）是路由跟踪实用程序，用于确定 IP 数据包访问目标所采取的路径。tracert 命令用 IP 生存时间（TTL）字段和 ICMP 错误消息来确定从一个主机到网络上其他主机的路由。

参考答案

（58）B

试题（59）

VLAN 的主要作用不包括 ＿＿（59）＿＿。

（59）A．加强网络安全　　　　　　　　 B．抑制广播风暴

　　　 C．简化网络管理　　　　　　　　 D．查杀病毒

试题（59）分析

本题考查 VLAN 的基础知识。

VLAN 可以隔离冲突域和广播域。不同 VLAN 之间的成员没有三层路由时不能互访，可以增加网络的安全性。VLAN 可以改变交换机 VLAN 的划分，将用户从一个网络迁移到另外一个网络，而不用改变交换机的硬件配置，简化了网络管理。

参考答案

（59）D

试题（60）

网络管理员发现网络中充斥着大量的广播和组播包，比较合理的解决办法是＿＿（60）＿＿。

（60）A．通过创建 VLAN 来创建更大广播域

　　　 B．把不同的节点划分到不同的交换机下

C. 通过创建 VLAN 来划分更小的广播域

D. 属于正常现象，不用处理

试题（60）分析

本题考查 VLAN 的基础知识。

虚拟局域网（VLAN）是一组逻辑上的设备和用户，这些设备和用户并不受物理位置的限制。VLAN 可以隔离冲突域和广播域，不同 VLAN 之间的成员在没有三层路由时不能互访。

参考答案

（60）C

试题（61）

显示一个访问控制列表在特定接口的命令是　（61）　。

（61）A. display acl access-list-number

B. display acl applied t

C. display acl all

D. display acl interface interface-type interface-number

试题（61）分析

本题考查 ACL 命令的基础知识。

本题中在特定接口的含义是进入以太网端口视图，相应的命令是 interface interface-type interface-number。

参考答案

（61）D

试题（62）

管理员在网络中捕获如下数据包，说法错误的是　（62）　。

Source	Destination	Protocol	Info
10.0.12.1	10.0.12.2	TCP	50190> telnet [SYS] Seq=0 Win=8192 Len=0 MSS=1460
10.0.12.2	10.0.12.1	TCP	telnet>50190 [SYS,ACK] Seq=0 ACK=1 Win=8192 Len=0 MSS=1460
10.0.12.1	10.0.12.2	TCP	50190> telnet [ACK] Seq=1 Win=8192 Len=0

（62）A. 三个数据包表示 TCP 的三次握手

B. Telnet 的服务器地址是 10.0.12.1，Telnet 客户端的地址是 10.0.12.2

C. 这三个数据包都不包含应用数据

D. Telnet 客户端使用 50190 端口与服务器建立连接

试题（62）分析

本题考查 TCP 的基础知识。

通过 TCP 三次握手过程可以判断客户端与服务器端的地址。

TCP 三次握手的过程是：首先建立连接时，客户端发送 SYN 包（syn=j）到服务器，并进入 SYN_SENT 状态，等待服务器确认；其次服务器收到 SYN 包，必须确认客户的 SYN（ack=j+1），同时自己也发送一个 SYN 包（syn=k），即 SYN+ACK 包，此时服务器进入

SYN_RECV 状态；最后客户端收到服务器的 SYN+ACK 包，向服务器发送确认包 ACK(ack=k+1)，此包发送完毕 TCP 连接成功，完成三次握手。

参考答案

（62）B

试题（63）

要重新启动 Linux 操作系统，可使用___（63）___命令。

（63）A．init 0   B．shutdown-r   C．haltc   D．shutdown-h

试题（63）分析

本题考查 Linux 操作系统命令的基础知识。

Linux 下常用的关机命令有：shutdown、halt、poweroff、init；重启命令有：reboot。

关机命令：

（1）halt—立刻关机。

（2）poweroff—立刻关机。

（3）shutdown -h now—立刻关机（root 用户使用）。

（4）shutdown -h 10—10 分钟后自动关机。如果是通过 shutdown 命令设置关机的话，可以用 shutdown -c 命令取消重启。

- [-c] cancel current process 取消目前正在执行的关机程序。所以这个选项当然没有时间参数，但是可以输入一个用来解释的信息，而这个信息将会送到每位使用者。
- [-f] 在重启计算器〔reboot〕时忽略 fsck。
- [-F] 在重启计算器〔reboot〕时强迫 fsck。
- [-h] 关机后关闭电源〔halt〕。
- [-k] 并不真正关机，只是发送警告信号给每位登录者〔login〕。
- [-n] 不用 init 而是自己来关机。不鼓励使用这个选项，而且该选项所产生的后果往往不总是你所预期的。
- [-r] 重启计算器。
- [-t] 在改变到其他 runlevel 之前，告诉 init 多久以后关机。
- [-time] 设定关机〔shutdown〕前的时间。

重启命令：

（1）reboot—重启。

（2）shutdown -r now—立刻重启（root 用户使用）。

（3）shutdown -r 10—过 10 分钟自动重启（root 用户使用）。

（4）shutdown -r 20:35—在时间为 20:35 时重启（root 用户使用）。如果是通过 shutdown 命令设置重启的话，可以用 shutdown -c 命令取消重启。

参考答案

（63）B

试题（64）

安装 Linux 操作系统时，必须创建的分区是___（64）___。

（64）A. /　　　　　　　B. /boot　　　　　　C. /sys　　　　　　D. /bin

试题（64）分析

本题考查 Linux 文件系统的基础知识。

在 Linux 系统中，文件目录是以/起始的树形结构组织的。Linux 文件系统的最顶端是/，即 Linux 的 root，也就是 Linux 操作系统的文件系统的入口就是/，所有的目录、文件、设备都在/之下，/就是 Linux 文件系统的组织者，也是 Linux 的根目录。其他的如 etc、usr、var、bin 等目录，均是在根目录/之下的。

参考答案

（64）A

试题（65）

在 Windows 中，要打开命令提示窗口，可在"运行"框中输入　（65）　。

（65）A. cmd　　　　　　B. mmc　　　　　　C. mtric　　　　　　D. exe

试题（65）分析

本题考查 Windows 操作系统命令的基础知识。

在 Windows 操作系统中，可以在"运行"对话框中输入相应的命令，来执行程序。

- cmd—打开命令提示窗口。
- mmc—打开控制台窗口。
- mtric—未有此命令。
- exe—查找可执行程序。

参考答案

（65）A

试题（66）、（67）

在 Windows 命令提示窗口中，执行　（66）　命令得到以下运行结果，该命令的作用是　（67）　。

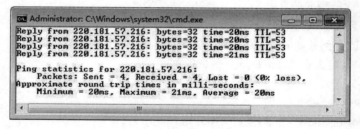

（66）A. ipconfig　　　　　B. ping　　　　　C. nbtstat　　　　　D. cancert

（67）A. 查看 DNS 工作状态　　　　　　　　B. 查看 IP 地址配置信息

　　　C. 测试目标地址网络连通性　　　　　　D. 查看到达目的地址的路径

试题（66）、（67）分析

本题考查 Windows 操作系统命令的基础知识。

题图所示的是 4 条从地址为 220.181.57.216 的主机返回的消息，字节为 32 字节，所用时间 20ms，TTL 值为 53，下方显示了消息的统计结果，表示发出 4 条消息，收到 4 条消息。

由以上信息可知，该消息是使用 ping 命令测试网路连通性时得到的消息反馈。

参考答案

（66）B 　 （67）C

试题（68）、（69）

电子邮件服务使用 SMTP 协议发送电子邮件，默认端口号是 　（68）　，POP3 协议接收电子邮件，默认端口号是 　（69）　。

（68）A．23 　　　　 B．25 　　　　 C．80 　　　　 D．110

（69）A．23 　　　　 B．25 　　　　 C．80 　　　　 D．110

试题（68）、（69）分析

本题考查常见应用层协议及端口的基础知识。

电子邮件服务使用两个协议为用户提供服务，SMTP 协议和 POP3 协议。其中 SMTP 协议基于 TCP 协议，用于邮件发送，端口号 25；POP3 协议基于 TCP 协议，用于邮件接收，端口号 110。

参考答案

（68）B 　 （69）D

试题（70）

在浏览器地址栏中输入 ftp.ccc.com，默认使用的协议是 　（70）　。

（70）A．FTP 　　　　 B．HTTP 　　　　 C．WWW 　　　　 D．SMTP

试题（70）分析

本题考查 Web 服务的基础知识。

根据题干描述，在浏览器地址栏中输入 ftp.ccc.com，按下回车键后，域名 ftp.ccc.com 将会由本地 DNS 服务器进行域名解析。解析成功后，将会返回该页面内容，并在浏览器上显示。因此，默认使用的协议是 HTTP 协议。

该题由于所选取的域名存在 ftp 字样，具有一定的迷惑性。

参考答案

（70）B

试题（71）～（75）

In multipoint networks, there are three persistence methods when a station finds a channel busy. In the 1-persistent method, after the station finds the line idle, it sends its frame immediately. This method has the 　（71）　 chance of collision because two or more stations may find the line 　（72）　 and send their frames immediately. In the nonpersistent method, a station that has a frame to send 　（73）　 the line. If the line is idle, it sends immediately. If the line is not idle, it waits a 　（74）　 amount of time and then senses the line again. The nonpersistent approach 　（75）　 the chance of collision because it is unlikely that two or more stations will wait the same amount of time and retry to send simultaneously. The p-persistent approach combines the advantages of the other two strategies. It reduces the chance of collision and improves efficiency.

（71）A．the lowest　　　B．the highest　　　C．possible　　　D．no

（72）A．idle　　　　　　B．busy　　　　　　C．useful　　　　D．unusable

（73）A．overhears　　　B．hears　　　　　C．listens　　　　D．senses

（74）A．random　　　　B．big　　　　　　C．medium　　　D．small

（75）A．increases　　　B．equalizes　　　C．reduces　　　D．cancels

参考译文

在多点接入网络中，当一个站点发现信道繁忙时，采用三种坚持方法。在 1 坚持方法中，当站点发现线路空闲后，立即发送帧。由于两个或多个站点可能同时发现线路空闲，并立即发送帧，因此该方法具有最高的冲突概率。在非坚持方法中，需要发送帧的站点监听线路，如果线路空闲，则立即发送。如果线路不是空闲的，它会随机等待一段时间，然后再次监听线路。非坚持的方法降低了冲突的可能性，因为两个或多个站点不太可能等待相同的时间后同时发送帧。p 坚持的方法综合了前面两种方法的优点，它不但降低了冲突的可能性，还提高了效率。

参考答案

（71）B　　（72）A　　（73）D　　（74）A　　（75）C

第 8 章　2018 下半年网络管理员下午试题分析与解答

试题一（共 20 分）

阅读以下说明，回答问题 1 至问题 4，将解答填入答题纸对应的解答栏内。

【说明】

某园区组网方案如图 1-1 所示，网络规划如表 1-1 内容所示。

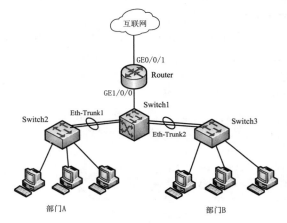

图 1-1

表 1-1

操作	准 备 项	数 据	说 明
配置管理 IP 和 Telnet	管理 IP 地址	10.10.1.1/24	用于登录交换机 Switch1
	管理 VLAN	VLAN 5	Switch2/ Switch3 的管理口需要创建 VLANIF 接口
配置接口和 VLAN	Eth-Trunk 类型	静态 LACP	Eth-Trunk 链路有手工负载分担和静态 LACP 两种工作模式
	端口类型	连接交换机的端口设置为 trunk，连接 PC 的端口设置为 access	
	VLAN ID	Switch2：VLAN 10 Switch3：VLAN 20 Switch1：VLAN 100、 VLAN 10、VLAN 20	交换机有缺省 VLAN 1，为了在二层隔离部门 A、B，将部门 A 划到 VLAN 10，部门 B 划到 VLAN 20，Switch1 通过 VLANIF 100 连接出口路由器
配置 DHCP	DHCP Server	Switch1	
	地址池	略	

续表

操作	准　备　项	数　　据	说　　明
配置核心交换机路由	IP 地址	略	略
配置出口路由器	公网接口 IP 地址	GE0/0/1： 202.101.111.2/30	GE0/0/1 为出口路由器连接 Internet 的接口
	公网网关	202.101.111.1/30	该地址是与出口路由器对接的运营商设备 IP 地址
	DNS 地址	202.101.111.195	
	内网接口 IP 地址	GE1/0/0： 10.10.100.2/24	GE1/0/0 为出口路由器连接内网的接口

【问题 1】(6 分，每空 1 分)

管理员通过 Console 口登录设备 Switch1，配置管理 IP 和 Telnet。

```
<HUAWEI> system-view
[HUAWEI]　(1)
[HUAWEI-vlan5] management-vlan
[HUAWEI-vlan5] quit
[HUAWEI] interface vlanif 5
[HUAWEI-vlanif5]　(2)
[HUAWEI-vlanif5] quit
[HUAWEI] telnet server enable
[HUAWEI] user-interface vty 0 4
[HUAWEI-ui-vty0-4] protocol inbound telnet
[HUAWEI-ui-vty0-4] authentication-mode aaa
[HUAWEI-ui-vty0-4] quit
[HUAWEI]　(3)
[HUAWEI-aaa]local-user admin password irreversible-cipher Helloworld@6789
[HUAWEI-aaa] local-user admin privilege level 15
```

配置完成后，在维护终端上 Telnet 到交换机的命令是　(4)　，登录用户名是　(5)　，该用户具有　(6)　权限。

【问题 2】(4 分，每空 2 分)

设备 Switch1 与 Switch2、Switch3 之间的线路称为　(7)　，其作用是　(8)　。

(7) 备选答案：

　　A．链路聚合　　　　　　　　　　B．链路备份

【问题 3】(6 分，每空 2 分)

在该网络中，在　(9)　设备上配置了 DHCP 服务的作用是为用户　(10)　分配地址。为防止内网用户私接小路由器分配 IP 地址，在接入交换机上配置　(11)　功能。

(11) 备选答案：

　　A．DHCP Snooping　　　　　　　　B．IPSG

【问题 4】（4 分，每空 2 分）

在该网络的数据规划中，需要在 Switch1 和 Router 设备上各配置一条静态缺省路由，其中，在 Switch1 配置的是 ip route-static 0.0.0.0 0.0.0.0 （12）；在 Router 配置的是 ip route-static 0.0.0.0 0.0.0.0 （13）。

试题一分析

本题考查小型园区网络部署的案例。

以华为设备为例，在小型园区网中，将 S2700&S3700 部署在网络的接入层，S5700&S6700 部署在网络的核心层，出口选用 AR 系列路由器。

每个部门的业务划到一个 VLAN 中，部门之间的业务在核心交换机上通过 VLANIF 三层互通。

【问题 1】

本问题考查设备配置的基本知识。

该配置是交换机开局的最基本的配置，包括建立管理 VLAN，配置管理地址，配置用户及权限等内容。

华为交换机远程登录命令及注解如下所述。

1. 配置 Telnet 登录系统

为了提高安全性，可以使用 Telnet 密码验证，只有通过认证的用户才有权限登录。

```
user-interface vty 0 4                    //进入虚拟终端
authentication-mode password              //设定密码模式
set authentication password cipher ###    //###代表密码
user privilege level (0-15) 设置权限       //级别数值越大，权限越高
```

管理员使用自己独有的用户名、密码，拥有设备的配置和管理权限，要将 VTY 用户页面修改成 AAA 认证模式。

```
telnet server enable                      //telnet 服务开启
aaa                                       //进入 AAA 认证
local-user ### password cipher #####      //设置用户名及密码
local-user ### privilege level 15         //设置登录级别权限
local-user ### service-type telnet        //配置用户 telnet 类型
```

2. 配置 STelnet 登录系统

由于 Telnet 缺少安全认证方式，传输过程采用 TCP 进行明文传输，仍存在一定的安全隐患，因此更安全的方式是采用 STelnet 登录，通过服务器对客户端认证及双向数据加密，为网络终端提供安全服务。

```
user-interface vty 0 4                    //进入虚拟终端
authentication-mode aaa                   //设定 aaa 模式
protocol inbound ssh                      //vtp 类型协议改成 ssh
Stelnet server enable                     //Stelnet 服务开启
aaa                                       //进入 AAA 认证
local-user ### password cipher #####      //设置用户名及密码
```

```
local-user ### privilege level 15          //设置登录级别权限
local-user ### service-type ssh            //配置用户 ssht 类型
ssh server port ###                        //为了安全，更改默认端口 22
ssh user admin authentication-type all     //设置 SSH 用户认证类型
ssh user admin service-type all            //设置 SSH 用户服务类型
```

【问题 2】

在接入层与核心层通过 Eth-Trunk 保证组网的可靠性。

用链路聚合技术可以在不进行硬件升级的条件下，通过将多个物理接口捆绑为一个逻辑接口实现增大链路带宽的目的。在实现增大带宽目的的同时，链路聚合采用备份链路的机制，可以有效地提高设备之间链路的可靠性。

【问题 3】

依据数据规划表，核心交换机 Switch1 作为 DHCP Server，为园区网用户分配 IP 地址。

接入交换机上配置 DHCP Snooping 功能，防止内网用户私接小路由器分配 IP 地址；同时配置 IPSG 功能，防止内网用户私自更改 IP 地址。

DHCP Snooping 意为 DHCP 窥探，在一次 PC 动态获取 IP 地址的过程中，通过对 Client 和服务器之间的 DHCP 交互报文进行窥探，实现对用户的监控，同时 DHCP Snooping 起到 DHCP 报文过滤的功能，通过合理的配置实现对非法服务器的过滤，防止用户端获取到非法 DHCP 服务器提供的地址而无法上网。

IP 源防护（IP Source Guard，IPSG）是一种基于 IP/MAC 的端口流量过滤技术，它可以防止局域网内的 IP 地址欺骗攻击。IPSG 能够确保第 2 层网络中终端设备的 IP 地址不会被劫持，而且还能确保非授权设备不能通过自己指定 IP 地址的方式来访问网络或攻击网络导致网络崩溃及瘫痪。

【问题 4】

在 Switch1 上配置一条到园区出口网关的缺省静态路由，使内网数据可以发到出口路由器。

```
[Switch1]ip route-static 0.0.0.0 0 10.10.100.2
```

若内网分别是 10.10.10.0/24、10.10.20.0/24，Switch1 到 Router 接口地址是 10.10.100.1，完整配置到内网的明细路由和到公网的静态缺省路由如下。

```
[Router] ip route-static 10.10.10.0 255.255.255.0 10.10.100.1
[Router] ip route-static 10.10.20.0 255.255.255.0 10.10.100.1
[Router] ip route-static 0.0.0.0 0.0.0.0 202.101.111.1
```

参考答案

【问题 1】

（1）vlan 5

（2）ip address 10.10.1.1 24

（3）aaa

（4）telnet 10.10.1.1

（5）admin

（6）最高

【问题 2】

（7）A

（8）增加带宽

【问题 3】

（9）Switch1

（10）动态

（11）A

【问题 4】

（12）10.10.100.2

（13）202.101.111.1

试题二（共 20 分）

阅读以下说明，回答问题 1 至问题 3，将解答填入答题纸对应的解答栏内。

【说明】

某广告公司有三个部门 A、B 和 C，分别负责教育、金融和时事方面的广告。公司要为这三个部门创建网站，公司服务器的 IP 地址是 10.0.248.24/24。

图 2-1

【问题 1】（6 分，每空 2 分）

广告公司在这一台服务器上，为三个部门创建不同网站的方法有　(1)　、　(2)　和　(3)　。

【问题 2】（8 分，每空 2 分）

公司在 Windows 服务器上分别为三个部门创建了网站目录。创建部门 A 的网站如图 2-1 所示，IP 地址应填写　(4)　，默认端口号为　(5)　。

如果创建网站时不使用默认端口号，端口号一般在　(6)　之间，此时可通过在地址栏输入　(7)　来访问部门 A 的网站。

【问题 3】（6 分，每空 2 分）

部门 A 创建了一个虚拟目录，用于存储一些资料信息，如图 2-2 所示。如果部门 A 使用默认端口号，用户可通过在地址栏输入　(8)　来访问虚拟目录的文件。

如果虚拟目录下有一个默认文档 index.html 和一个子文件夹 photos，如果在查看虚拟目录文件时出现图 2-3 所示的错误，是因为没有启用　(9)　功能；若启用此功能后，在浏览查看该虚拟目录时，会优先　(10)　。

（8）备选答案：

A．http://da.education.com　　　　B．http://da.education.com/private

C．http://da.education.com/files　　　D．http://da.education.com/e/files

（9）备选答案：
　　A．默认文档　　　　B．目录浏览　　　　C．身份验证　　　　D．授权规则
（10）备选答案：
　　A．执行默认文档 index.html　　　　　　　　B．显示子文件夹 photos

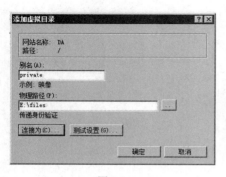

　　　　　　　　图 2-2　　　　　　　　　　　　　　　　　　　　　图 2-3

试题二分析

　　本题考查 Web 服务器的相关理论和配置。

【问题 1】

　　在 Web 服务器上创建网站的方法有 IP 地址法、端口法和主机头法。

【问题 2】

　　由于公司服务器的 IP 地址是 10.0.248.24，在创建部门 A 的网站时，使用这个地址。网站的默认端口号是 80，如果不使用默认端口，一般使用 1024～65535 的端口号，因为 0～1023 是熟知端口号。在不使用默认端口时，需要在地址之后加上端口号。

【问题 3】

　　本问题主要考查虚拟目录的相关应用。在访问虚拟目录文件时，需要通过虚拟目录文件夹的别名来访问。必须启用目录浏览的功能才能查看虚拟目录的文件，此时默认文档 index.html 的优先级较高。

参考答案

【问题 1】

　　（1）～（3）IP 地址法、端口法、主机头法

　　注：（1）～（3）答案可以互换

【问题 2】

　　（4）10.0.248.24

　　（5）80

　　（6）1024～65535

　　（7）http://da.education.com: 端口号

【问题 3】

（8）B

（9）B

（10）A

试题三（共 20 分）

阅读以下说明，回答问题 1 至问题 3，将解答填入答题纸对应的解答栏内。

【说明】

某公司网络拓扑结构如图 3-1 所示。

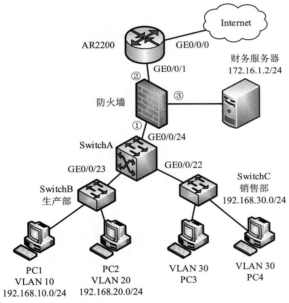

图 3-1

【问题 1】（3 分，每空 1 分）

如图 3-1 所示，防火墙的接口①～③分别是___(1)___、___(2)___、___(3)___。

【问题 2】（8 分，每空 2 分）

常用的 IP 访问控制列表有基本访问控制列表和高级访问控制列表。基本访问控制列表的编号是___(4)___；高级访问控制列表的编号为___(5)___。基本访问控制列表是依据 IP 报文的___(6)___、分片信息和生效时间段来定义规则；高级访问控制列表是依据 IP 报文的源 IP 地址、___(7)___、协议、TCP/UDP 源/目的端口和生效时间段来定义规则。

（4）、（5）备选答案：

　　A．1～999　　B．1000～1999　　C．2000～2999　　D．3000～3999

【问题 3】（9 分，每空 1 分）

为了便于管理，公司有生产部、销售部和财务部等部门，VLAN 划分及 IP 地址规划如

图 3-1 所示。为了安全起见，公司要求生产部不能够访问销售部的主机和财务服务器，销售部可以对公司网络自由访问。根据以上要求，网络管理员对 SwitchA 做了如下配置，请根据描述，将下面的配置代码补充完整。

设备基本配置及 VLAN 配置略。

```
……
[SwitchA] acl 3001
[SwitchA-acl-adv-3001] rule permeit ip source 192.168.30.0 0.0.0.255
destination 192.168.10.0 0.0.0.255
[SwitchA-acl-adv-3001] rule permeit ip source 192.168.30.0 0.0.0.255
destination 192.168.20.0 0.0.0.255
[SwitchA-acl-adv-3001] rule permeit ip source 192.168.30.0 0.0.0.255
destination  (8)  0
[SwitchA] acl 3002
[SwitchA-acl-adv-3002] rule deny ip source 192.168.10.0 0.0.0.255
destination 192.168.30.0 0.0.0.255
[SwitchA-acl-adv-3002] rule deny ip source 192.168.10.0 0.0.0.255
destination 172.16.1.2 0
[SwitchA] acl 3003
[SwitchA-acl-adv-3003] rule deny ip source 192.168.20.0 0.0.0.255
destination 192.168.30.0 0.0.0.255
[SwitchA-acl-adv-3003] rule deny ip source 192.168.20.0 0.0.0.255
destination 172.16.1.2 0
[SwitchA-acl-adv-3003] quit

[SwitchA] traffic classifier tc1  //_(9)_
[SwitchA-classifier-tc1] if-match acl_(10)_  //将 ACL 与流分类关联
[SwitchA] traffic classifier tc2
[SwitchA-classifier-tc1] if-match acl 3002
[SwitchA-classifier-tc1] if-match acl 3003
[SwitchA-classifier-tc1] quit

[SwitchA] traffic behavior tb1  //_(11)_
[SwitchA-behavior-tb1] peimit   //配置流行为动作为允许报文通过
[SwitchA] traffic behavior tb2
[SwitchA-behavior-tb1] deny     //配置流行为动作为拒绝报文通过
[SwitchA-behavior-tb1] quit

[SwitchA] traffic policy tp1  //_(12)_
[SwitchA-trafficpolicy-tp1] classifier_(13)_behavior tb1
[SwitchA] traffic policy tp2   //创建流策略
[SwitchA-trafficpolicy-tp1] classifier_(14)_behavior tb2
[SwitchA-trafficpolicy-tp1] quit

[SwitchA] interface_(15)_
```

```
[SwitchA-GigabitEthernet1/0/1] traffic-policy tp1 inbound
                              //流策略应用在接口入方向
[SwitchA-GigabitEthernet1/0/1] quit
[SwitchA] interface (16)
[SwitchA-GigabitEthernet1/0/2] traffic-policy tp2 inbound
                              //流策略应用在接口入方向
[SwitchA-GigabitEthernet1/0/2] quit
```

（8）～（16）备选答案：

A. 172.16.1.2　　　　B. 3001　　　　　　　　C. 创建流策略

D. tc2　　　　　　　E. gigabitethernet 0/0/23　F. gigabitethernet 0/0/22

G. tc1　　　　　　　H. 创建流行为　　　　　　I. 创建流分类

试题三分析

本题考查防火墙的应用和交换机访问控制列表配置的基本方法和基本命令。要求考生掌握防火墙的基本知识和访问控制列表的基本配置命令。

【问题 1】

本问题考查防火墙的基本知识。

防火墙接口有内部网络接口、外部网络接口和 DMZ 接口。内部网络接口用于连接企业内部网络，也是可信网络接口；外部网络接口用于连接外部网络，也是不可信网络接口；DMZ 接口用于连接企业内部服务器。

【问题 2】

本问题考查访问控制列表的基本知识。

访问控制列表分为基本访问控制列表和高级访问控制列表，使用端口号区分。基本访问控制列表依据 IP 报文的源地址对数据包进行过滤；高级访问控制列表依据 IP 报文的源、目的 IP 地址和协议、端口号等字段对数据包进行过滤。

【问题 3】

本问题考查访问控制列表的基本配置方法。

首先使用访问列表抓取目标流量，对流进行分类，然后设置流行为动作和创建对应的流策略，并将对应策略应用在对应端口上即可。

参考答案

【问题 1】

（1）内部接口

（2）外部接口

（3）DMZ 接口

【问题 2】

（4）C

（5）D

（6）源 IP 地址

（7）目的 IP 地址

【问题 3】

（8）A

（9）I

（10）B

（11）H

（12）C

（13）G

（14）D

（15）F

（16）E

试题四（共 15 分）

阅读以下说明，回答问题 1 至问题 2，将解答填入答题纸对应的解答栏内。

【说明】

某中学为新入学学生设计了一个学生管理系统，学生需要提交姓名、性别和个人简介等信息，其学号根据学生的提交顺序自动编号。信息提交页面如图 4-1 所示，提交成功页面如图 4-2 所示。开学后学校对学生进行了英语和数学的摸底考试，表 score_data 记录了学生的学号、姓名、性别、个人简介及考试的成绩，其字段定义如表 4-1 所示。

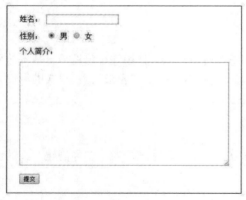

图 4-1

图 4-2

表 4-1　表 score_data 字段定义

字段名称	数据类型	字段描述
student_number	文本	学号
student_name	文本	姓名
gender	文本	性别，"男"或"女"
english_results	数字	英语成绩
math_results	数字	数学成绩
individual_resume	文本	个人简介

【问题 1】（8 分，每空 1 分）

以下是图 4-1 所示页面 student_add.asp 的部分代码，请仔细阅读该段代码，将（1）～（8）的空缺代码补齐。

说明：conn 为 Connect 对象，rs 为 RecordSet 对象。

```
<%
……
student_name=request.form("student_name")
gender= request.form("gender")
individual_resume= request.form("individual_resume")
sql=" insert into score_data (__(1)__, gender, individual_resume) values
(' "&student_name&" ', ' "&gender&" ', ' "&" individual_resume&"')"
conn.execute sql
Response.Redirect("__(2)__")
%>

<body>
<form id="form1" name="form1" method="__(3)__" action="student_add.asp">
<p>姓名:
<label for="student_name"></label>
<input type="__(4)__" name="student_name" id="student_name"/>
</p>
<p>性别:
<input name="gender" type="__(5)__" id="radio" value="男" checked="__(6)__"/>
<label for="gender"></label>男
<input type="radio" name="__(7)__" id="radio2" value="女"/>
<label for="gender"></label>女</p>
<p>个人简介: </p>
<label for="individual_resume"></label>
<__(8)__ name="individual_resume" id="individual_resume" cols="60"
rows="15"></textarea>
<p>
<input type="submit" name="button" id="button" value="提交"/>
</p>
</form>
</body>
```

（1）～（8）备选答案：

A. textarea	B. gender	C. checked	D. student_name
E. radio	F. post	G. text	H. success.asp

【问题 2】（7 分，每空 1 分）

摸底考试结束后，学生可以利用其学号和姓名在学生管理系统中查询自己的成绩，如图 4-3 所示，查询结果如图 4-4 所示。以下是成绩查询和查询结果显示页面的部分代码，请将下面代码补充完整。

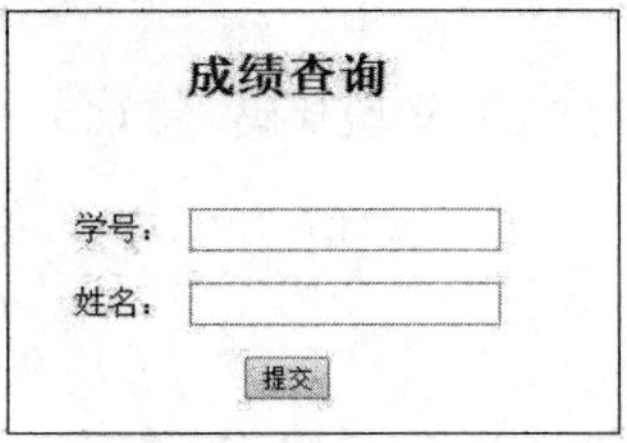

成绩查询

学号：[　　　　　　　]

姓名：[　　　　　　　]

[提交]

图 4-3

查询结果

学号	姓名	英语	数学
1801001	李阳	90	85

图 4-4

以下为成绩查询页面文件部分代码片段。

```
<body>
<form  action="result.asp"  method="get"  name="form1"  target="_blank"
id="form1">
<h2 align="center"></h2>
<h2 align="center">成绩查询</h2>
<p align="center">学号：
<label for="student_number"></label>
<input name="__(9)__" type="text" id="student_number"/>
</p>
<p align="center">姓名：
<label for="student_name"></label>
<input name="__(10)__" type="text" id="student_name"/>
</p>
<p align="center">
<input type="__(11)__" name="button" id="button" value="提交"/>
</p>
</form>
</body>
```

以下为查询结果页面文件部分代码片段。

```
<%
……
student_number=request.form("student_number")
student_name=request.form("student_name")
sql= "select * from  __(12)__  where  student_number='"& student_number&"'
__(13)__ student_name='"& student_name&"'"
rs.open sql ,conn
english_results=""
math_results=""
if not rs.eof() then
 english_results=rs("english_results")
 math_results=rs("math_results")
end if
……
%>
```

```
<body>
<h2 align="center"><strong>查询结果</h2>
<table width="500" border="1">
<tr>
<td><div align="center">学号</div></td>
<td><div align="center">姓名</div></td>
<td><div align="center">英语</div></td>
<td><div align="center">数学</div></td>
</tr>
<tr>
<td><div align="center"><%=student_number%></div></td>
<td><div align="center"><%=student_name%></div></td>
<td><div align="center"><%=_(14)_%></div></td>
<td><div align="center"><%=_(15)_%></div></td>
</tr>
</table>
</div>
</body>
</html>
```

（9）～（15）备选答案：

A．and　　　　　　B．submit　　　　　C．english_results　　D．math_results

E．score_data　　　F．student_name　　G．student_number

试题四分析

本题考查利用 ASP 和数据库来对学生的信息进行管理，包括个人信息提交页面和成绩查询页面。

此类题目要求考生认真阅读题目对实际问题的描述和程序，了解上下文之间的关系，给出空格内所缺的代码。

【问题 1】

本问题考查个人信息提交页面的设计。

（1）sql=" insert into score_data (student_name, gender, individual_resume) values (' "&student_name&" ', ' "&gender&" ', ' "& individual_resume&" ')"表示将有关学生姓名、性别和个人简介信息提交数据库。

（2）由图 4-2 可知提交成功页面是 success.asp。

（3）method="post"表示当前的数据用 post 方法传递。

（4）input type="text"定义用户可输入文本的单行输入字段。

（5）type="radio"定义单选按钮。

（6）checked="checked"表示初始状态已勾选此项。

（7）根据上一个单选按钮的 name，可知此处为 gender。

（8）textarea 用于创建个人简介文本域。

【问题 2】

本题考查成绩查询页面的设计。

（9）此处需要输入学号 student_number。

（10）此处需要输入姓名 student_name。

（11）input type="submit"表示按钮的提交功能。

（12）由题目可知表 score_data 记录了学生的学号、姓名、性别、个人简介及考试的成绩等信息。

（13）and 表示两个条件要同时满足，即学生的姓名和学号要一致。

（14）根据图 4-4 可知第三列是英语成绩。

（15）根据图 4-4 可知第四列是数学成绩。

参考答案

【问题 1】

（1）D

（2）H

（3）F

（4）G

（5）E

（6）C

（7）B

（8）A

【问题 2】

（9）G

（10）F

（11）B

（12）E

（13）A

（14）C

（15）D

第 9 章　2019 上半年网络管理员上午试题分析与解答

试题（1）

天气预报、市场信息都会随时间的推移而变化，这体现了信息的____(1)____。

(1) A．载体依附性　　　　B．共享性　　　　C．时效性　　　　D．持久性

试题（1）分析

天气预报、市场信息都会随时间的推移而变化，这体现了信息的时效性。例如，2019年 2 月 4 日至 2019 年 2 月 6 日某城市的天气预报如下表所示。显然，从表中可以看出，天气现象、气温等信息都会随时间的推移而变化。

日期		天气现象		气温/℃	风向	风力
2 月 4 日 星期一	白天		阴	高温 8	旋转风	微风
	夜间		多云	低温 0	旋转风	微风
2 月 5 日 星期二	白天		多云	高温 7	无持续风向	微风
	夜间		阴	低温 2	无持续风向	微风
2 月 6 日 星期三	白天		阴	高温 7	旋转风	微风
	夜间		雨夹雪	低温 3	旋转风	微风

参考答案

(1) C

试题（2）、（3）

某市场调研公司对品牌商品销售情况进行调查后，得到下图（a）所示的销量统计数据。将图（a）所示的销售量按产品类别分类汇总，得到如图（b）所示的汇总结果。

图（a）

图（b）

在进行分类汇总前，应先对图（a）的数据记录按____(2)____字段进行排序；选择"数据/分类汇总"命令，在弹出的"分类汇总"对话框的"选定汇总项"列表框中，选择要进行汇

总的__（3）__字段，再点击确认键。

（2）A．销售地点　　　B．销售日期　　　C．产品　　　　　D．销售量
（3）A．销售地点　　　B．销售日期　　　C．产品　　　　　D．销售量

试题（2）、（3）分析

在 Excel 中，在进行分类汇总前，应先对数据清单进行排序，数据清单的第一行必须有字段名。操作步骤如下：

（1）对数据清单中的记录按需分类汇总的字段"产品"进行排序，排序的结果如下左图所示。

（2）在数据清单中选定任一个单元格。

（3）选择"数据/分类汇总"命令，屏幕弹出如下右图所示的"分类汇总"对话框。

（4）在"分类字段"下拉列表框中，选择进行分类的字段名。

（5）在"汇总方式"下拉列表框中，单击所需的用于计算分类汇总的方式，如求和。

（6）在"选定汇总项"列表框中，选择要进行汇总的数值字段"销售量"。

（7）单击"确定"按钮，完成汇总操作，得到所需的结果。

参考答案

（2）C　　（3）D

试题（4）

计算机执行程序时，CPU 中__（4）__的内容总是一条指令的地址。

（4）A．运算器　　　B．控制器　　　C．程序计数器　　　D．通用寄存器

试题（4）分析

本题考查计算机系统的基础知识。

CPU 中的控制器根据程序指令决定了计算机运行过程的自动化。它不仅要保证程序的正确执行，而且要能够处理异常事件。控制器一般包括指令控制逻辑、时序控制逻辑、总线控制逻辑和中断控制逻辑等几个部分。

指令控制逻辑要完成执行指令的操作，其过程分为取指令、指令译码、按指令操作码执行、形成下一条指令地址等步骤。控制器在工作过程中需要使用指令寄存器、程序计数器、

指令译码器等几个部件。

（1）指令寄存器（IR）。当 CPU 执行一条指令时，先把它从内存储器取到缓冲寄存器中，再送入 IR 暂存，指令译码器根据 IR 的内容产生各种微操作指令，控制其他部件协调工作，完成指令的功能。

（2）程序计数器（PC）。PC 具有寄存信息和计数两种功能，又称为指令计数器。程序的执行分两种情况：一是顺序执行；二是转移执行。在程序开始执行前，将程序的起始地址送入 PC，该地址在程序加载到内存时确定，因此 PC 的开始内容即是程序第一条指令的地址。执行指令时，CPU 将自动修改 PC 的内容，以便使其保持的总是将要执行的下一条指令的地址。由于大多数指令都是按顺序来执行的，所以修改的过程通常只是简单地对 PC 加 1。当遇到转移指令时，后续指令的地址根据当前指令的地址加上一个向前或向后转移的位移量产生，或者根据转移指令给出的直接转移的地址产生，再送入 PC。

（3）指令译码器（ID）。指令包含操作码和地址码两部分，为了能执行任何给定的指令，必须对操作码进行分析，以便识别要进行的操作。指令译码器就是对指令中的操作码字段进行分析解释，识别该指令规定的操作，向操作控制器发出具体的控制信号，控制各部件工作，完成所需的功能。

参考答案

（4）C

试题（5）

在寻址方式中，将操作数的地址放在寄存器中的方式称为　__(5)__　。

（5）A．直接寻址　　　　　　　　B．间接寻址

　　　C．寄存器寻址　　　　　　　D．寄存器间接寻址

试题（5）分析

本题考查计算机系统的基础知识。

将操作数放在寄存器中的寻址方式称为寄存器寻址，将操作数的地址放在寄存器中的寻址方式称为寄存器间接寻址。

参考答案

（5）D

试题（6）

在计算机的存储系统中，　__(6)__　属于外存储器。

（6）A．硬盘　　　B．寄存器　　　　C．高速缓存　　　　D．内存

试题（6）分析

本题考查计算机系统的基础知识。

硬盘是外存储器；寄存器是 CPU 中的暂存部件；在计算机存储系统的层次结构中，高速缓冲存储器是存在于主存与 CPU 之间的一级存储器，由静态存储芯片（SRAM）组成，容量比较小但速度比主存高得多，接近于 CPU 的速度。

参考答案

（6）A

试题（7）

___(7)___ 是使用电容存储信息且需要周期性地进行刷新的存储器。

（7）A．ROM   B．DRAM   C．EPROM   D．SRAM

试题（7）分析

本题考查计算机系统的基础知识。

ROM 是指只读存储器，是一种只能读出事先所存数据的固态半导体存储器。其特性是一旦储存资料就无法再将之改变或删除。

DRAM（动态随机存储器）是使用电容存储信息且需要周期性地进行刷新的存储器。

EPROM 是一种断电后仍能保留数据的非易失性的计算机储存芯片。它是一组浮栅晶体管，被一个提供比电子电路中常用电压更高电压的电子器件分别编程。一旦编程完成后，EPROM 只能用强紫外线照射来擦除。通过封装顶部能看见硅片的透明窗口，很容易识别 EPROM，这个窗口同时用来进行紫外线擦除。将 EPROM 的玻璃窗对准阳光直射一段时间就可以擦除。

SRAM 是指静态随机存取存储器，所谓"静态"，是指这种存储器只要保持通电，里面储存的数据就可以保持恒量。

参考答案

（7）B

试题（8）

计算机数据总线的宽度是指 ___(8)___ 。

（8）A．通过它一次所能传递的字节数

      B．通过它一次所能传递的二进制位数

      C．CPU 能直接访问的主存单元的个数

      D．CPU 能直接访问的磁盘单元的个数

试题（8）分析

本题考查计算机系统的基础知识。

在计算机中总线宽度分为地址总线宽度和数据总线宽度。其中，数据总线的宽度（传输线根数）决定了通过它一次所能传递的二进制位数。

参考答案

（8）B

试题（9）

显示器的 ___(9)___ 是指屏幕上能够显示出的像素数目。

（9）A．对比度   B．响应时间   C．刷新频率   D．显示分辨率

试题（9）分析

本题考查计算机系统方面的基础知识。

在计算机中显示器的显示分辨率是指屏幕上能够显示出的像素数目。

参考答案

（9）D

试题（10）

以下文件扩展名中，　　(10)　　表示图像文件为动态图像格式。

（10）A．BMP　　　　　　B．PNG　　　　　　C．MPG　　　　　　D．JPG

试题（10）分析

本题考查多媒体的基础知识。

BMP 是一种图像文件格式，属于典型的位图格式。BMP 采用位映射存储格式，除了图像深度可选以外，不采用其他任何压缩。

PNG（便携式网络图形）是一种无损压缩的位图格式，其设计目的是试图替代 GIF 和 TIFF 文件格式，同时增加一些 GIF 文件格式所不具备的特性。

MPG 又称 MPEG（Moving Pictures Experts Group），即动态图像专家组，由国际标准化组织 ISO（International Standards Organization）与 IEC（International Electronic Committee）于 1988 年联合成立，专门致力于运动图像（MPEG 视频）及其伴音编码（MPEG 音频）的标准化工作。

JPG 格式的图片是一种图像格式，同时也是可以把图像文件压缩到最小的格式。

参考答案

（10）C

试题（11）、（12）

　　(11)　　是构成我国保护计算机软件著作权的两个基本法律文件。单个自然人的软件著作权保护期为　　(12)　　。

（11）A．《中华人民共和国软件法》和《计算机软件保护条例》

　　　　B．《中华人民共和国著作权法》和《中华人民共和国版权法》

　　　　C．《中华人民共和国著作权法》和《计算机软件保护条例》

　　　　D．《软件法》和《中华人民共和国著作权法》

（12）A．50 年　　　　　　　　　　　B．自然人终生及其死亡后 50 年

　　　　C．永久限制　　　　　　　　　D．自然人终生

试题（11）、（12）分析

本题考查知识产权的基础知识。

《中华人民共和国著作权法》和《计算机软件保护条例》是构成我国保护计算机软件著作权的两个基本法律文件。

软件著作权自软件开发完成之日起产生。

自然人的软件著作权，保护期为自然人终生及其死亡后 50 年，截止于自然人死亡后第 50 年的 12 月 31 日；软件合作开发的，截止于最后死亡的自然人死亡后第 50 年的 12 月 31 日。

法人或者其他组织的软件著作权，保护期为 50 年，截止于软件首次发表后第 50 年的 12 月 31 日，但软件自开发完成之日起 50 年内未发表的，本条例不再保护。

参考答案

（11）C　　　（12）B

试题（13）

对于十进制数–1023，至少需要 ___(13)___ 个二进制位表示该数（包括符号位）。

（13）A．8　　　　　　　B．9　　　　　　　C．10　　　　　　　D．11

试题（13）分析

本题考查数据表示与运算的基础知识。

十进制数 $1023=2^9+2^8+2^7+2^6+2^5+2^4+2^3+2^2+2^1+2^0=1111111111$，需要 10 个二进制位，加上 1 个符号位，十进制数–1023 至少需要 11 个二进制位来表示。

参考答案

（13）D

试题（14）

以下关于软件测试的叙述中，正确的是 ___(14)___ 。

（14）A．软件测试的目的是证明软件是正确的

　　　　B．软件测试是为了发现软件中的错误

　　　　C．软件测试在软件实现之后开始，在软件交付之前完成

　　　　D．如果对软件进行了充分的测试，那么交付时软件就不存在问题了

试题（14）分析

本题考查软件工程的基础知识。

软件测试的目的是尽可能发现其中的错误，提高软件质量。软件测试应在软件开发初期（系统需求分析阶段）就开始直到软件生命周期结束为止。即使对软件进行了充分的测试，也不能保证软件已不存在问题，也不能证明程序的正确性，在运维阶段还可能发现新的问题。

参考答案

（14）B

试题（15）

在软件测试中，高效的测试是指 ___(15)___ 。

（15）A．用较多的测试用例说明程序的正确性

　　　　B．用较多的测试用例说明程序符合要求

　　　　C．用较少的测试用例发现尽可能多的错误

　　　　D．用较少的测试用例纠正尽可能多的错误

试题（15）分析

本题考查软件工程的基础知识。

高效的软件测试是用较少的测试用例发现尽可能多的错误。测试用例再多，也不能证明程序的正确性，不能说明程序完全符合要求。测试只是发现问题，纠正错误常需要利用诊断排错工具并结合业务逻辑来逐一解决。

参考答案

（15）C

试题（16）

以下关于用户界面设计的描述中，不恰当的是 ___(16)___ 。

（16）A．以用户为中心，理解用户的需求和目标，反复征求用户的意见

　　　　B．按照业务处理顺序、使用频率和重要性安排菜单和控件的顺序

　　　　C．按照功能要求设计分区、多级菜单，提高界面友好性和易操作性

　　　　D．错误和警告信息应标出错误代码和出错内存地址，便于自动排错

试题（16）分析

本题考查软件工程的基础知识。

"错误和警告信息应标出错误代码和出错内存地址，便于自动排错"是面向开发者而非用户的。

参考答案

（16）D

试题（17）

信息系统的智能化维护不包括　__（17）__　。

（17）A．自动修复设备和软件故障

　　　　B．针对风险做出预警和建议

　　　　C．分析定位风险原因和来源

　　　　D．感知和预判设备健康和业务运作情况

试题（17）分析

本题考查软件工程的基础知识。

信息系统的智能化维护一般并不能自动修复设备，也不能自动修复软件故障。纠错性维护主要还是要靠专业技术人员，依靠知识和经验，借助有关的工具以及系统资料，逐一解决问题。

参考答案

（17）A

试题（18）

数据库系统中，构成数据模型的三要素是　__（18）__　。

（18）A．网状模型、关系模型、面向对象模型

　　　　B．数据结构、网状模型、关系模型

　　　　C．数据结构、数据操作、完整性约束

　　　　D．数据结构、关系模型、完整性约束

试题（18）分析

本题考查数据库系统的基本知识。

数据模型是数据库中非常核心的内容。一般来讲，数据模型是严格定义的一组概念的集合。这些概念精确地描述了系统的静态特性、动态特性和完整性约束条件。因此数据模型通常由数据结构、数据操作和完整性约束三要素构成。外模式、模式和内模式是数据库系统的三级模式结构。数据库领域中常见的数据模型有网状模型、层次模型、关系模型和面向对象模型，这些指的是数据模型的种类。实体、联系和属性是概念模型的三要素，概念模型又称为信息模型，是数据库中的一类模型，它和数据模型不同，是按用户的观点来对数据和信息建模的。

参考答案

（18）C

试题（19）

用于将模拟数据转换为数字信号的技术是＿（19）＿。

（19）A．PCM　　　　　B．PSK　　　　　C．Manchester　　　　D．PM

试题（19）分析

本题考查信号编码技术。

PCM 即脉码调制技术，用作将模拟数据转换为数字信号；PSK 即相移键控，用于将数字数据调制为模拟信号；Manchester 编码用于将数字数据编码为数字信号；PM 即相位调制技术，用于将模拟数据调制为模拟信号。

参考答案

（19）A

试题（20）

下列传输介质中，带宽最宽、抗干扰能力最强的是＿（20）＿。

（20）A．双绞线　　　　B．红外线　　　　C．同轴电缆　　　　D．光纤

试题（20）分析

本题考查传输介质及其传输特性。

带宽最宽、抗干扰能力最强的是光纤。

参考答案

（20）D

试题（21）

将不同频率的信号放在同一物理信道上传输的技术是＿（21）＿。

（21）A．空分多路复用　　　　　　　　　B．时分多路复用

　　　C．频分多路复用　　　　　　　　　D．码分多址

试题（21）分析

本题考查多路复用技术。

将不同频率的信号放在同一物理信道上传输的技术是频分多路复用。

参考答案

（21）C

试题（22）、（23）

用户采用 ADSL 接入因特网，是在＿（22）＿网络中通过＿（23）＿技术来实现的。

（22）A．FTTx　　　　B．PSTN　　　　C．CATV　　　　D．WLAN

（23）A．TDM　　　　B．STDM　　　　C．FDM　　　　D．CDM

试题（22）、（23）分析

本题考查接入网技术。

ADSL 采用传统电话网，通过频分多路复用技术，将传统电话业务、互联网上传与下载业务分成三个逻辑信道进行传输。

参考答案

（22）B　　（23）C

试题（24）

在 100Base-TX 的 24 口交换机中，若采用全双工通信，每个端口通信的数据速率最大可以达到__（24）__。

（24）A．8.3Mb/s　　　　　　　　　　　　B．16.7Mb/s

　　　C．100Mb/s　　　　　　　　　　　　D．200Mb/s

试题（24）分析

本题考查快速以太网中数据数率的计算。

在 100Base-TX 的 24 口交换机中，若采用全双工通信，每个端口通信的数据速率最大可以达到 200Mb/s。若采用 HUB，平均每个接口速率为 8.3Mb/s。

参考答案

（24）D

试题（25）

下列协议中，不属于 TCP/IP 协议簇的是__（25）__。

（25）A．CSMA/CD　　　　B．IP　　　　　C．TCP　　　　D．SMTP

试题（25）分析

本题考查 TCP/IP 协议簇及协议层次关系。

IP、TCP 及 SMTP 分别是 TCP/IP 协议簇中网际层、传输层及应用层协议，CSMA/CD 是以太网中介质访问控制协议，不属于 TCP/IP 协议集合。

参考答案

（25）A

试题（26）

路由器依据 IP 数据报中的__（26）__字段来进行报文转发。

（26）A．目的 MAC 地址　　　　　　　　B．源 MAC 地址

　　　C．目的 IP 地址　　　　　　　　　　D．源 IP 地址

试题（26）分析

本题考查路由器的转发原理。

路由器依据 IP 数据报中的目的 IP 地址，计算其所属网络，进行路由选择从而转发报文。

参考答案

（26）C

试题（27）

OSPF 协议是一种__（27）__路由协议。

（27）A．自治系统内　　　　　　　　　　B．距离矢量

　　　C．路径矢量　　　　　　　　　　　　D．自治系统之间

试题（27）分析

本题考查路由协议及相关技术。

OSPF 协议是一种自治系统内的链路状态路由协议。

参考答案

（27）A

试题（28）

用于多播的是___（28）___地址。

（28）A．A 类　　　　　　　　　　　　B．B 类

　　　C．C 类　　　　　　　　　　　　D．D 类

试题（28）分析

本题考查 IP 地址及分类。

用于多播的是 D 类地址。

参考答案

（28）D

试题（29）

两个网络 21.1.193.0/24 和 21.1.194.0/24 汇聚之后为___（29）___。

（29）A．21.1.200.0/22　　　　　　　　B．21.1.192.0/23

　　　C．21.1.192.0/22　　　　　　　　D．21.1.224.0/20

试题（29）分析

本题考查 IP 地址及路由汇聚。

地址 21.1.193.0/24 的二进制表示为：**00010101 00000001 11000001** 00000000；

地址 21.1.194.0/24 的二进制表示为：**00010101 00000001 11000010** 00000000；

汇聚后共同前缀为：**00010101 00000001 110000**00 00000000，即 21.1.192.0/22。

参考答案

（29）C

试题（30）

路由器收到一个 IP 数据报，其目标地址为 202.100.117.4，与该地址匹配的子网是（30）。

（30）A．202.100.64.0/19　　　　　　　B．202.100.96.0/20

　　　C．202.100.116.0/23　　　　　　　D．202.100.116.0/24

试题（30）分析

本题考查 IP 地址及子网。

地址 202.100.117.4 的二进制表示为：11001010 01100100 01110101 00000100；

地址 202.100.64.0/19 的二进制表示为：**11001010 01100100 010**00000 00000000；

地址 202.100.96.0/20 的二进制表示为：**11001010 01100100 0110**0000 00000000；

地址 202.100.116.0/23 的二进制表示为：**11001010 01100100 0111010**0 00000000；

地址 202.100.116.0/24 的二进制表示为：**11001010 01100100 01110100** 00000000；

取共同前缀，匹配的是子网 202.100.116.0/23。

参考答案

（30）C

试题（31）

IPv6 基本首部的长度是　(31)　字节。

(31) A. 5 　　　　B. 20 　　　　C. 40 　　　　D. 128

试题（31）分析

本题考查 IPv6 首部格式。

IPv6 基本首部的长度是 40 字节。

参考答案

(31) C

试题（32）

IPv4 分组首部中，用于防止 IP 分组在 Internet 中无限传输的字段是　(32)　。

(32) A. IHL 　　　　B. TTL 　　　　C. More 　　　　D. Offset

试题（32）分析

本题考查 IPv4 首部格式及字段含义。

IPv4 分组首部中，为了防止 IP 分组在 Internet 中无限传输，设置了最大转发次数，即 TTL。

参考答案

(32) B

试题（33）

在 TCP 段中，若 ACK 和 SYN 字段的值均为"1"时，表明此报文为　(33)　报文。

(33) A. 主动打开，发送连接建立请求

　　　 B. 被动打开，建立连接

　　　 C. 连接关闭请求

　　　 D. 连接关闭应答，文明关闭

试题（33）分析

本题考查 TCP 首部格式及字段含义。

在 TCP 段中，若 ACK 和 SYN 字段的值均为"1"时，表明此报文为连接响应报文，此时状态为被动打开，建立连接。

参考答案

(33) B

试题（34）

以下关于 802.11 标准 CSMA/CA 协议的叙述中，错误的是　(34)　。

(34) A. 采用载波侦听，用于发现信道空闲

　　　 B. 采用冲突检测，用于发现冲突，减少浪费

　　　 C. 采用冲突避免，用于减少冲突

　　　 D. 采用二进制指数退避，用于减少冲突

试题（34）分析

本题考查 802.11 标准 CSMA/CA 协议的相关知识。

CSMA/CA 协议即带冲突检测的载波侦听多路访问协议,其采用载波侦听,用于发现信道空闲;采用冲突避免机制以及二进制指数退避算法,用于减少冲突。采用冲突检测,用于发现冲突,减少浪费是 CSMA/CD 协议的内容。

参考答案

(34) B

试题 (35)、(36)

在以太网标准中规定的最小帧长是 __(35)__ 字节,最小帧长是根据 __(36)__ 来设定的。

(35) A. 20　　　　　　　 B. 64　　　　　　 C. 128　　　　　 D. 1518

(36) A. 网络中传送的最小信息单位　　　　 B. 物理层可以区分的信息长度

　　　 C. 网络中发生冲突的最短时间　　　　 D. 网络中检测冲突的最长时间

试题 (35)、(36) 分析

本题考查以太网标准的相关知识。

在以太网标准中规定的最小帧长是 64 字节,最小帧长是根据网络中检测冲突的最长时间,为了过滤冲突废帧而设定的。

参考答案

(35) B　　(36) D

试题 (37)

每个虚拟局域网就是一个 __(37)__ 。

(37) A. 管理域　　　 B. 组播域　　　　 C. 冲突域　　　　 D. 广播域

试题 (37) 分析

本题考查虚拟局域网的相关知识。

每个虚拟局域网就是一个广播域。

参考答案

(37) D

试题 (38)

下列网络互连设备中,工作在物理层的是 __(38)__ 。

(38) A. 交换机　　　 B. 集线器　　　　 C. 路由器　　　　 D. 网桥

试题 (38) 分析

本题考查网络设备工作原理及工作层次的相关知识。

交换机依据物理地址进行帧交换,属链路层设备;集线器对帧进行无识别广播,处理单位为物理层 PDU,属物理层设备;路由器依据逻辑地址进行报文转发,属网际层设备;网桥和交换机原理相同,属链路层设备。

参考答案

(38) B

试题 (39)

IEEE 802.11 小组制定了多个 WLAN 标准,其中可以工作在 2.4GHz 频段的是 __(39)__ 。

(39) A. 802.11a 和 802.11b　　　　　　　 B. 802.11a 和 802.11h

C．802.11b 和 802.11g　　　　　　　　D．802.11g 和 802.11h

试题（39）分析

本题考查 IEEE 802.11 的相关知识。

IEEE 802.11 小组制定了多个 WLAN 标准，其中可以工作在 2.4GHz 频段的是 802.11b 和 802.11g。

参考答案

（39）C

试题（40）

在 IP 报文传输过程中，由　（40）　报文来报告差错。

（40）A．ICMP　　　　　　B．ARP　　　　　　C．DNS　　　　　　D．ACL

试题（40）分析

本题考查 ICMP 的相关知识。

ICMP 为 Internet 差错报告协议，即在 IP 报文传输过程中，由 ICMP 报文来报错。

参考答案

（40）A

试题（41）

在 HTML 中，语句<a href=" xxxxx@abc.com ">联系方式</a>的作用是　（41）　。

（41）A．创建一个超链接，页面显示：xxxxx@abc.com

　　　B．创建一个超链接，页面显示：联系方式

　　　C．创建一个段落，页面显示：xxxxx@abc.com

　　　D．创建一个段落，页面显示：联系方式

试题（41）分析

本题考查 HTML 方面的基础知识。

在 HTML 中，<a>标签定义超链接，用于从一个页面链接到另一个页面。<a>元素最重要的属性是 href 属性，它指示链接的目标。超链接的显示内容是标签对之间的文字内容。

参考答案

（41）B

试题（42）

以下关于文件 index.htm 的叙述中，正确的是　（42）　。

（42）A．index.htm 是超文本文件，可存储文本、音频和视频文件

　　　B．index.htm 是超文本文件，只能存储文本文件

　　　C．index.htm 是超文本文件，只能存储音频文件

　　　D．index.htm 是超文本文件，只能存储视频文件

试题（42）分析

本题考查 HTML 的基础知识。

以.html 或者.htm 为后缀名的文件为超文本文件，超文本文件是一种具有超链接功能的文件，其链接对象可以是文字、图片、视频、音频等多媒体文件。

所有链接的对象，均是以相对地址或绝对地址的形式链接的，对象文件存放在指定的目录中，并不存储在超文本文件中。因此在保存或者移动一个超文本文件时，须将其连接对象一同保存或移动，否则会出现链接错误。

参考答案

（42）B

试题（43）、（44）

使用语句___（43）___可在 HTML 表单中添加默认选中的单选框，语句___（44）___可添加提交表单。

（43）A．<input type=radio name="Save" checked>

　　　 B．<input type=radio name="Save" enabled>

　　　 C．<input type=checkbox name="Save" checked>

　　　 D．<input type=checkbox name="Save" enabled>

（44）A．<input type=checkbox>　　　　　B．<input type =radio>

　　　 C．<input type =reset>　　　　　　D．<input type =submit>

试题（43）、（44）分析

本题考查 HTML 的基础知识。

在 HTML 文件中，一般会包含文本输入框、单选框、复选框、按钮等不同形式的表单。这些表单可以使用<input>标签来进行添加。该标签有多种属性，其中 type 属性用于定义标签的种类和样式，属性值有 button、checkbox、file、hidden、image、password、radio、reset、submit、text。其中 radio 用于定义单选框，submit 用于定义一个提交的表单。而 button 值仅定义一个按钮，其具体功能使用其他的属性进行定义。

参考答案

（43）A　　（44）D

试题（45）

在 ASP 中，使用___（45）___对象响应客户端的请求。

（45）A．Request　　　　B．Response　　　　C．Session　　　　D．Cookie

试题（45）分析

本题考查动态网页设计语言的基础知识。

在 ASP 中为用户提供了多种内置对象，这些对象可以使用户更加方便地收集浏览器的请求、对浏览器请求的响应或者用来存储用户的信息等。

- Application 对象：该对象可以使给定的应用程序的所有用户共享信息；
- Request 对象：使用 Request 对象访问任何用 HTTP 请求传递的信息，包括从 HTML 表格用 POST 方法或 GET 方法传递的参数、Cookie 和用户认证等；
- Session 对象：该对象提供对服务器上的方法和属性的访问；
- Cookie 对象：该对象用于存储用户访问服务器的信息；
- Response 对象：该对象控制发送给用户的信息，用于对用户提出请求的响应。

参考答案

（45）B

试题（46）

Chrome 是一款设计简单、高效的免费网页浏览器，支持多标签浏览，每个标签页都在独立的　（46）　内运行。

（46）A．虚拟机　　　　　B．沙箱　　　　　C．容器　　　　　D．影子系统

试题（46）分析

本题考查浏览器的基础知识。

Chrome 是由谷歌公司开发的一款设计简单、高效的 Web 浏览工具。Chrome 的特点是简洁、快速。Chrome 支持多标签浏览，每个标签页面都在独立的"沙箱"内运行，在提高安全性的同时，一个标签页面的崩溃也不会导致其他标签页面被关闭。此外，Chrome 基于更强大的 JavaScript V8 引擎，这是当前 Web 浏览器所无法实现的。

参考答案

（46）B

试题（47）

浏览器开启无痕浏览模式后　（47）　依然会被保存下来。

（47）A．浏览历史　　　　　　　　　B．搜索历史

　　　　C．下载文件　　　　　　　　　D．临时文件

试题（47）分析

本题考查浏览器无痕浏览方面的基础知识。

无痕浏览是指不留下上网浏览记录的互联网浏览方式。在隐私浏览过程中，浏览器不会保存任何浏览历史、搜索历史、下载历史、表单历史、Cookie 或者 Internet 临时文件。但是，用户下载的文件和建立的收藏夹或书签会保存下来。

参考答案

（47）C

试题（48）

下述软件中不属于电子邮箱客户端的是　（48）　。

（48）A．Outlook　　　B．Foxmail　　　C．Webmail　　　D．闪电邮

试题（48）分析

本题考查电子邮箱客户端方面的基础知识。

电子邮件客户端通常指使用 IMAP/POP3/SMTP 等协议收发电子邮件的软件。Outlook 是微软提供的电子邮件客户端软件，是微软 Office 套件的一个组件，属于商业软件。Foxmail 是国产电子邮件客户端中比较出色的软件，友好的用户界面、简单的操作方法、单一的程序功能都深受用户的喜爱。Webmail（基于万维网的电子邮件服务）是因特网上一种主要使用网页浏览器来阅读或发送电子邮件的服务。闪电邮是网易公司独家研发的邮箱客户端软件，主打"超高速，超全面，超便捷"的邮箱管理理念。

参考答案

（48）C

试题（49）

当客户端同意 DHCP 服务器提供的 IP 地址时，采用　__(49)__　报文进行响应。

（49）A．Dhcprequest　　　　　　　　B．Dhcpoffer

　　　　C．Dhcpack　　　　　　　　　D．Dhcpdiscover

试题（49）分析

本题考查 DHCP 方面的基础知识。

DHCP（Dynamic Host Configuration Protocol，动态主机配置协议）是 IETF 为实现 IP 的自动配置而设计的协议，它可以为客户机自动分配 IP 地址、子网掩码以及缺省网关、DNS 服务器的 IP 地址等 TCP/IP 参数。

（1）DHCP 客户端请求地址时，并不知道 DHCP 服务器的位置，因此 DHCP 客户端会在本地网络内以广播方式发送请求报文，这个报文称为 Discover 报文，目的是发现网络中的 DHCP 服务器。

（2）DHCP 服务器收到 Discover 报文后，就会在所配置的地址池中查找一个合适的 IP 地址，加上相应的租约期限和其他配置信息（如网关、DNS 服务器等），构造一个 Offer 报文，发送给用户，告知用户本服务器可以为其提供 IP 地址。

（3）DHCP 客户端可能会收到来自 DHCP 服务器的多个 Offer，通常会选择第一个回应 Offer 报文的服务器作为自己的目标服务器，并回应一个广播 Request 报文，通告选择的服务器。

（4）DHCP 服务器收到 Request 报文后，根据 Request 报文中携带的用户 MAC 来查找有没有相应的租约记录，如果有则发送 ACK 报文作为回应，通知用户可以使用分配的 IP 地址。

参考答案

（49）A

试题（50）

下述协议中与安全电子邮箱服务无关的是　__(50)__　。

（50）A．SSL　　　　B．HTTPS　　　　C．MIME　　　　D．PGP

试题（50）分析

本题考查安全电子邮箱服务方面的基础知识。

SSL 协议位于 TCP/IP 协议与各种应用层协议之间，为数据通信提供安全支持。使用 SSL 的方式发送邮件，会对发送的信息进行加密，增加被截取破解的难度。

HTTPS（Hyper Text Transfer Protocol over Secure Socket Layer 或 Hyper Text Transfer Protocol Secure，超文本传输安全协议）是以安全为目标的 HTTP 通道，即在 HTTP 下加入 SSL 层。

MIME（Multipurpose Internet Mail Extensions，多用途互联网邮件扩展类型）是一个互联网标准，扩展了电子邮件标准，使其能够支持：非 ASCII 字符文本；非文本格式附件（二进制、声音、图像等）；由多部分（multiple parts）组成的消息体；包含非 ASCII 字符的头信息（Header information）。

PGP（Pretty Good Privacy，优良保密协议）是一个基于 RSA 公匙加密体系的邮件加密软件。可以用它对邮件保密以防止非授权者阅读，还能对邮件加上数字签名从而使收信人可以确认邮件的发送方。

基于上述分析，只有 MIME 与电子邮箱服务的安全无关。

参考答案

（50）C

试题（51）

在局域网标准中，100Base-TX 规定从网卡到交换机的距离不超过___（51）___米。

（51）A．100　　　　　　B．185　　　　　　C．200　　　　　　D．500

试题（51）分析

本题考查传输介质的特性。

100Base-TX 使用的传输介质是双绞线，最大传输距离是 100 米。

参考答案

（51）A

试题（52）

下列攻击行为中，___（52）___属于被动攻击行为。

（52）A．伪造　　　　B．窃听　　　　C．DDoS 攻击　　　D．篡改消息

试题（52）分析

本题考查网络攻击的类型。

网络攻击一般分为主动攻击与被动攻击，主动攻击包括篡改、伪造、拒绝服务等方式，被动攻击包括窃听、流量分析等方式。

参考答案

（52）B

试题（53）

___（53）___防火墙是内部网和外部网的隔离点，它可对应用层的通信数据流进行监控和过滤。

（53）A．包过滤　　　　　　　　　　B．应用级网关

　　　　C．数据库　　　　　　　　　　D．Web

试题（53）分析

本题考查防火墙的基础知识。

防火墙一般分为包过滤型、应用级网关和复合型防火墙（集合包过滤与应用级网关技术），而 Web 防火墙是一种针对网站安全的入侵防御系统，一般部署在 Web 服务器上或者 Web 服务器的前端。

参考答案

（53）B

试题（54）

以下关于入侵检测系统的叙述中，错误的是___（54）___。

（54）A．包括事件产生器、事件分析器、响应单元和事件数据库四个组件
　　　　B．无法直接阻止来自外部的攻击
　　　　C．可以识别已知的攻击行为
　　　　D．可以发现 SSL 数据包中封装的病毒

试题（54）分析

本题考查入侵检测的概念。

入侵检测系统的功能是检测并分析用户和系统的活动；检查系统配置和漏洞；评估系统关键资源和数据文件的完整性；识别已知的攻击行为；统计分析异常行为；操作系统日志管理，并识别违反安全策略的用户活动。SSL 数据包中的数据是经过加密的数据，因此入侵检测系统无法发现 SSL 数据包中封装的病毒。

参考答案

（54）D

试题（55）

以下哪项措施不能减少和防范计算机病毒？　（55）

（55）A．安装、升级杀毒软件　　　　　　B．下载安装系统补丁
　　　　C．定期备份数据文件　　　　　　　D．避免 U 盘交叉使用

试题（55）分析

本题考查计算机病毒防范的基础知识。

防范计算机病毒主要采用的技术包括安装杀毒软件与系统软件进行升级等方式，同时要在计算机使用的制度上进行规范，不要交叉使用移动介质，不要访问未经安全认证的网站等。备份数据文件是实现数据恢复采取的安全措施，备份数据是否感染病毒还需通过杀毒软件来防范。

参考答案

（55）C

试题（56）

用于 VLAN 之间通信的设备是　（56）　。

（56）A．集线器　　　　B．路由器　　　　C．交换机　　　　D．网桥

试题（56）分析

本题考查 VLAN 的概念。

VLAN 是虚拟局域网技术，VLAN 之间的通信是通过第 3 层的路由器来完成的。

参考答案

（56）B

试题（57）

在 Windows 7 中关于 SNMP 服务的正确说法包括　（57）　。

①在默认情况下，User 组有安装 SNMP 服务的权限

②在"打开或关闭 Windows 功能"页面中安装 SNMP

③SNMP 对应的服务是 SNMP Service

④第一次配置 SNMP 需要添加社区项

（57）A．②③④　　　　B．①②④　　　　C．①②③　　　　D．①③④

试题（57）分析

本题考查 Windows 操作。

在 Windows 中，SNMP 服务需要通过在"打开或关闭 Windows 功能"页面中安装 SNMP，默认情况下 User 组没有安装 SNMP 服务的权限。

参考答案

（57）A

试题（58）

在网络综合布线中，建筑群子系统之间最常用的传输介质是___（58）___。

（58）A．光纤　　　　B．5 类 UTP　　　　C．同轴电缆　　　　D．CAT-6

试题（58）分析

本题考查网络综合布线的应用知识。

建筑群子系统是建筑物之间的网络通信布线系统，通常情况下建筑物之间较远，网络布线采用光纤连接。

参考答案

（58）A

试题（59）

在 Windows 的 DoS 窗口中输入命令 nslookup 202.16.124.1，其作用是___（59）___。

（59）A．显示主机网卡的 TCP/IP 配置信息

　　　　B．显示该 IP 地址对应的域名

　　　　C．更新该主机网卡的 DHCP 配置

　　　　D．刷新该客户端 DNS 缓存的内容

试题（59）分析

本题考查 Windows 命令。

通过 nslookup 命令，用户可以指定域名查找相应的 IP 地址，也可以相反为指定的 IP 地址查找域名。

参考答案

（59）B

试题（60）

当出现网络故障时，一般应首先检查___（60）___。

（60）A．系统病毒　　　　B．路由配置　　　　C．物理连通性　　　　D．主机故障

试题（60）分析

本题考查网络故障处理的基础知识。

当网络出现故障时，一般应首先检查物理连通性，然后进行路由配置等检查。后续的路由配置等检查都以物理连接正常为前提。

参考答案

（60）C

试题（61）

浏览网页使用的协议是 ___（61）___ 。

（61）A. HTTP　　　　　B. FTP　　　　　C. ARP　　　　　D. DHCP

试题（61）分析

本题考查网络应用的基础知识。

HTTP 是超文本传输协议、FTP 是标准文件传输协议、ARP 是地址解析协议、DHCP 是动态主机设置协议。浏览网页使用的是超文本传输协议。

参考答案

（61）A

试题（62）

观察交换机状态指示灯可以初步判断交换机故障，交换机运行中设备指示灯显示红色表示 ___（62）___ 。

（62）A. 告警　　　　　B. 正常　　　　　C. 待机　　　　　D. 繁忙

试题（62）分析

本题考查交换机的基础知识。

交换机指示灯颜色一般有绿色、红色和黄色。绿色表示设备相关功能正常；红色表示设备相关功能告警；黄色要具体问题具体分析，可能是提示某些信息，可能是某功能异常，也可能是某功能正在启动中。

参考答案

（62）A

试题（63）

在 Windows 操作系统的"运行"对话框中输入 ___（63）___ 命令可打开命令提示窗口。

（63）A. CMD　　　　　B. MSDOS　　　　　C. RUN　　　　　D. ENABLE

试题（63）分析

本题考查 Windows 操作系统命令方面的基础知识。

命令提示符窗口是在 Windows 平台下检查计算机、网络故障，查看运行状态等方面的有力工具。在 Windows 平台下，可以通过在"运行"对话框中输入"CMD"命令来打开命令提示符窗口。

参考答案

（63）A

试题（64）

可使用 ___（64）___ 服务管理远程主机。

（64）A. BBS　　　　　B. Telnet　　　　　C. E-mail　　　　　D. Web

试题（64）分析

本题考查 Windows 操作系统命令方面的基础知识。

管理远程主机需使用远程登录的方式来进行。在四个备选项中，BBS 是电子公告板功能，用于在网页上发布信息；E-mail 是电子邮件服务，用于收发电子邮件；Web 用于提供网页服务，通过 HTTP 传输网页文件；Telnet 是远程登录服务，用于管理员登录不在本地的计算机，对其进行管理和维护。

参考答案

（64）B

试题（65）

在 Windows 系统中，具有完全访问控制权限的用户属于__（65）__用户组。

（65）A．Guests　　　　　B．Users　　　　　C．IIS_IUSERS　　　D．Administrators

试题（65）分析

本题考查 Windows 操作系统的基础知识。

默认情况下，Windows 系统为用户分了 7 个组，并给每个组赋予不同的操作权限，管理员组（Administrators）、高权限用户组（Power Users）、普通用户组（Users）、备份操作组（Backup Operators）、文件复制组（Replicator）、来宾用户组（Guests）、身份验证用户组（Authenticated Users），其中备份操作组和文件复制组为维护系统而设置，平时不会被使用。

在每个用户组中可以有一个或者多个用户，用户拥有用户组的权限设置。例如：属于 Administrators 本地组内的用户，都具备系统管理员的权限，它们拥有对这台计算机最大的控制权限，可以执行整台计算机的管理任务。内置的系统管理员账号 Administrator 就是本地组的成员，而且无法将它从该组删除。

参考答案

（65）D

试题（66）

在 Linux 中，目录__（66）__主要用于存放设备文件。

（66）A．/var　　　　　B．/etc　　　　　C．/dev　　　　　D．/root

试题（66）分析

本题考查 Linux 操作系统的基础知识。

Linux 使用标准的目录结构，在系统安装时，就为用户创建了文件系统和完整而固定的目录组成形式。Linux 文件系统采用多级目录的树型层次结构管理文件。树型结构的最上层是根目录，用"/"表示，其他的所有目录都是从根目录出发生成的。Linux 在安装时会创建一些默认的目录，这些目录都有其特殊的功能，用户不能随意删除或修改，如/bin、/etc、/dev、/root、/usr、/tmp、/var 等。

其中，/bin 目录（bin 是 Binary 的缩写）存放 Linux 系统命令；

/etc 目录存放系统的配置文件；

/dev 目录存放系统的外部设备文件；

/root 目录存放超级管理员的用户主目录。

参考答案

（66）C

试题（67）

在 Linux 中，可使用___（67）___命令关闭系统。

（67）A．kill　　　　　　B．shutdown　　　　C．no　　　　　　D．quit

试题（67）分析

本题考查 Linux 命令的基础知识。

Linux 下常用的关机命令有：shutdown、halt、poweroff、init；重启命令有：reboot。

①关机命令：

- halt，立刻关机；
- poweroff，立刻关机；
- shutdown -h now，立刻关机（root 用户使用）；
- shutdown -h 10，10 分钟后自动关机，可以用 shutdown -c 命令取消重启。

②重启命令：

- reboot，重启；
- shutdown -r now，立刻重启（root 用户使用）；
- shutdown -r 10，过 10 分钟自动重启（root 用户使用）；
- shutdown -r 20:35，在时间为 20:35 时重启（root 用户使用），可以用 shutdown -c 命令取消重启。

参考答案

（67）B

试题（68）、（69）

在邮件客户端上添加 myname@163.com 账号，设置界面如图所示。在①处应填写___（68）___，在②处应填写___（69）___。

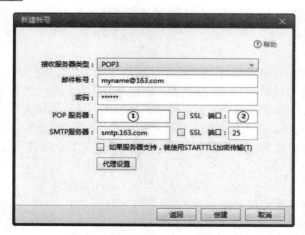

（68）A．pop.163.com　　　　　　　　　　B．pop3.qq.com

　　　　C．pop.qq.com　　　　　　　　　　D．pop3.163.com

（69）A．20　　　　　B．110　　　　　C．80　　　　　D．23

试题（68）、（69）分析

本题考查邮件客户端设置方面的基本知识。

该题目的题图中所显示的是某邮件客户端的设置界面。在①处要填写 POP 服务器的地址，②处应填写 POP 服务器所使用的端口号。

通常情况下，提供邮件服务的提供商，POP 服务和 SMTP 服务的地址均是服务商域名的二级域名。

参考答案

（68）A　　（69）B

试题（70）

下面是 HTTP 的一次请求过程，正确的顺序是　（70）　。

①浏览器向 DNS 服务器发出域名解析请求并获得结果

②在浏览器中输入 URL，并按下回车键

③服务器将网页数据发送给浏览器

④根据目的 IP 地址和端口号，与服务器建立 TCP 连接

⑤浏览器向服务器发送数据请求

⑥浏览器解析收到的数据并显示

⑦通信完成，断开 TCP 连接

（70）A．②①④⑤③⑦⑥　　　　　　B．②①⑤④③⑦⑥

　　　　C．②⑤④①③⑥⑦　　　　　　D．②①④③⑤⑦⑥

试题（70）分析

本题考查 HTTP 的基本知识。

当在 Web 浏览器的地址栏中输入某 URL 按下回车，处理过程如下：

（1）对 URL 进行 DNS 域名解析，得到对应的 IP 地址；

（2）根据这个 IP，找到对应的服务器，发起 TCP 连接，进行三次握手；

（3）建立 TCP 连接后发起 HTTP 请求；

（4）服务器响应 HTTP 请求，浏览器得到 HTML 代码；

（5）浏览器解析 HTML 代码，并请求 HTML 代码中的资源（如 js、css 图片等）；

（6）浏览器将页面呈现给用户；

（7）通信完成，断开 TCP 连接。

参考答案

（70）A

试题（71）～（75）

Simple Network Management Protocol (SNMP) is an Internet Standard protocol for collecting and organizing information about managed devices on IP networks and for modifying that information to change device 　（71）　. SNMP is a component of the Internet Protocol Suite as defined by the Internet 　（72）　 Task Force. SNMP operates in the 　（73）　 layer of the Internet protocol suite. All SNMP messages are transported via User 　（74）　 Protocol. An SNMP-managed network consists of three key components: a) Managed devices, b)　（75）　(i.e., software which runs on managed devices), and c) Network management station (NMS) (i.e., software which runs on the manager).

（71）A. behavior　　　　B. configuration　　C. performance　　D. status
（72）A. Managing　　　 B. Controlling　　　 C. Engineering　　 D. Researching
（73）A. physical　　　　B. data link　　　　C. transport　　　 D. application
（74）A. Datum　　　　　B. Datagram　　　　C. Data Packet　　 D. Data Message
（75）A. Agent　　　　　B. Client　　　　　 C. Proxy　　　　　D. User

参考译文

简单网络管理协议是一项互联网标准协议，其目的是采集和管理 IP 网络上被管理设备的相关信息，并修改这些信息来达到改变设备行为的目的。SNMP 协议是互联网工程工作小组（Internet Engineering Task Force，IETF）定义的 Internet 协议簇的一部分。SNMP 协议工作在 Internet 协议簇的应用层。所有的 SNMP 消息通过用户报文协议（User Datagram Protocol，UDP）来传输。一个使用 SNMP 协议管理的网络包含三个部分：a）被管理的设备，b）代理（即运行在被管理设备上的软件），以及 c）网络管理系统（即运行在管理器上的软件）。

参考答案

（71）A　　（72）C　　（73）D　　（74）B　　（75）A

第 10 章　2019 上半年网络管理员下午试题分析与解答

试题一（共 20 分）

阅读以下说明，回答问题 1 至问题 3，将解答填入答题纸对应的解答栏内。

【说明】

如图 1-1 所示，某公司拥有多个部门且位于不同网段，各部门均有访问 Internet 需求。网络规划如表 1-1 内容所示。

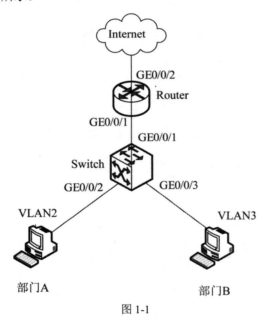

图 1-1

表 1-1

操作	准备项	数据	说明
VLAN	端口类型	连接路由器的端口与连接 PC 的端口均设置为 access	三层交换机 Switch 作为用户接入网关，通过 VLANIF 接口，实现跨网段用户互访
	VLAN ID	VLANIF 2：192.168.1.1 VLANIF 3：192.168.2.1 VLAN 100：192.168.100.2	将部门 A 划到 VLANIF 2，部门 B 划到 VLANIF 3，Switch 与 Router 的互连接口划入 VLAN 100
配置 DHCP	DHCP Server	Switch	使用接口地址池方式分配用户地址

续表

操作	准备项	数据	说明
配置 NAT	NAT	Router	在接口 GE0/0/2 的出方向进行转换，只对源 IP 地址是 192.168.0.0/16 的网段生效
配置出口路由器	公网接口 IP 地址	GE0/0/2：200.0.0.2/30	GE0/0/2 为出口路由器连接 Internet 的接口
	公网网关	200.0.0.1/30	该地址是与出口路由器对接的运营商设备 IP 地址
	DNS 地址	114.114.114.114 223.5.5.5	
	内网接口 IP 地址	GE0/0/1：192.168.100.1/24	连接对端 Switch 的接口地址是：192.168.100.2/24

【问题 1】（6 分，每空 1 分）

请将网络规划表中给出的地址填入下列对应的命令片段中。

1. 配置交换机

```
# 配置连接用户的接口和对应的 VLANIF 接口
<HUAWEI> system-view
[HUAWEI] sysname Switch
[Switch] vlan batch 2 3
[Switch] interface gigabitethernet 0/0/2
[Switch-GigabitEthernet0/0/2] port link-type access
[Switch-GigabitEthernet0/0/2] port default vlan 2
[Switch-GigabitEthernet0/0/2] quit
[Switch] interface vlanif 2
[Switch-Vlanif2] ip address   (1)   24
[Switch-Vlanif2] quit

[Switch] interface vlanif 3
[Switch-Vlanif3] ip address   (2)   24
[Switch-Vlanif3] quit

# 配置连接路由器的接口和对应的 VLANIF 接口
[Switch] vlan batch 100
[Switch] interface gigabitethernet 0/0/1
[Switch-GigabitEthernet0/0/1] port link-type access
[Switch-GigabitEthernet0/0/1] port default vlan 100
[Switch-GigabitEthernet0/0/1] quit
```

```
[Switch] interface vlanif 100
[Switch-Vlanif100] ip address   (3)   24
[Switch-Vlanif100] quit

# 配置 DHCP 服务器
[Switch] dhcp enable
[Switch] interface vlanif 2
[Switch-Vlanif2] dhcp select interface
[Switch-Vlanif2] dhcp server dns-list   (4)
[Switch-Vlanif2] quit
```

2. 配置路由器

```
# 配置连接交换机的接口对应的 IP 地址
<Huawei> system-view
[Huawei] sysname Router
[Router] interface gigabitethernet 0/0/1
[Router-GigabitEthernet0/0/1] ip address   (5)   24
[Router-GigabitEthernet0/0/1] quit

# 配置连接公网的接口对应的 IP 地址
[Router] interface gigabitethernet 0/0/2
[Router-GigabitEthernet0/0/2] ip address   (6)
[Router-GigabitEthernet0/0/2] quit
```

【问题 2】（6 分，每空 2 分）

在 Router 配置两条路由，其中静态缺省路由下一跳指向公网的接口地址是　(7)　，回程路由指向交换机的接口地址是　(8)　。需要在 Switch 配置一条静态缺省路由，下一跳指向的接口地址是　(9)　。

【问题 3】（8 分，每空 2 分）

在该网络中，给 Router 设备配置　(10)　功能，使内网用户可以访问外网，转换后的地址是　(11)　。

在该网络的规划中，为减少投资，可以将接入交换机换成二层设备，需要将　(12)　作为用户的网关，配置 VLANIF 接口实现跨网段的　(13)　层转发。

试题一分析

本题考查小型网络部署的案例，该网络需求较为简单。本题主要考查网络的基本配置。

【问题 1】

考生需要在阅读网络配置命令的基础上，识别出网络拓扑中的各个网络接口，并根据网络规划表 1-1 给出的网络地址在相应的位置填空。

【问题 2】

在路由器上配置静态缺省路由指向公网网关地址。回程地址指向交换机的 G0/0/1 口。配置命令：

[Router]ip route-static 0.0.0.0 0.0.0.0 202.0.0.1，回程地址指向交换机的 G0/0/1 口

在 Switch 上配置一条到园区出口网关的缺省静态路由，使内网数据可以发到出口路由器。配置命令：

[Switch1]ip route-static 0.0.0.0 0 192.168.100.1

【问题 3】

本问题考查 NAT 功能。

通过在路由器上开启 NAT 或地址转换，使内部网络用户可以访问外部网络。

本题中使用了两个三层设备，设备之间配置静态路由进行数据传输。为了减少投资，将交换机改为二层设备，那么用户网关就只能设置在仅有的一个三层设备（路由器）上，通过配置 VLANIF 接口实现数据的三层转发。

参考答案

【问题 1】

（1）192.168.1.1

（2）192.168.2.1

（3）192.168.100.2

（4）114.114.114.114 223.5.5.5

（5）192.168.100.1

（6）200.0.0.2 30

【问题 2】

（7）200.0.0.1

（8）192.168.100.2

（9）192.168.100.1

【问题 3】

（10）NAT 或网络地址转换

（11）200.0.0.2

（12）路由器

（13）三

试题二（共 20 分）

阅读以下说明，回答问题 1 至问题 4，将解答填入答题纸对应的解答栏内。

【说明】

某单位的内部局域网采用 Windows Server 2008 配置 FTP 和 DNS 服务器。FTP 服务器名称为 FTPServer，IP 地址为 10.10.10.1，也可以通过域名 ftp.company.com 访问。DNS 服务器名称为 DNSServer，IP 地址为 10.10.10.2。

【问题 1】（4 分，每空 2 分）

默认情况下，Windows Server 2008 系统中没有安装 FTP 和 DNS 服务器，如图 2-1 所示的添加服务器角色过程，需要勾选 （1） 和 （2） 。

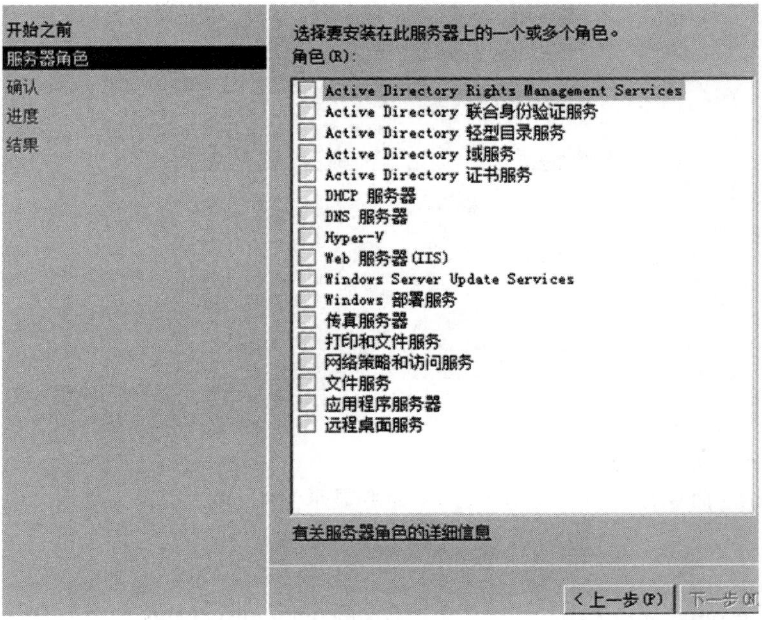

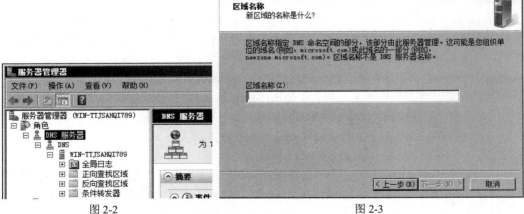

图 2-1

【问题 2】（8 分，每空 2 分）

在 DNS 服务器上为 FTPServer 配置域名解析时，依次展开 DNS 服务器功能菜单（如图 2-2 所示），右击___(3)___，选择"新建区域（Z）"，弹出"新建区域向导"对话框。在创建区域时，如图 2-3 所示的"区域名称"是___(4)___；如图 2-4 所示的新建主机的"名称"是___(5)___，"IP 地址"是___(6)___。

图 2-2

图 2-3

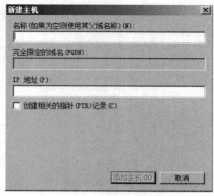

图 2-4

【问题 3】（4 分，每空 2 分）

在 Windows 命令行窗口中使用 ___(7)___ 命令显示当前 DNS 缓存，使用 ___(8)___ 命令刷新 DNS 缓存。

(7)、(8) 备选答案：

      A．ipconfig /all   B．ipconfig /displaydns

      C．ipconfig /flushdns   D．ipconfig /registerdns

【问题 4】（4 分，每空 2 分）

域名解析有正向解析和反向解析两种，可以实现域名和 IP 地址之间的转换，一个域名可以对应 ___(9)___ 个 IP 地址，一个 IP 地址也可以对应 ___(10)___ 个域名。

试题二分析

本题考查 Windows Server 2008 配置 FTP 和 DNS 服务器的过程。

此类题目要求考生认真阅读题目对现实问题的描述，根据给出的配置界面进行相关配置。

【问题 1】

Windows Server 2008 R2 内置了 IIS 7.5，默认状态下没有安装 IIS 服务，必须手动安装。IIS 7.5 包含了 Web 服务器和 FTP 服务器。IIS 服务的安装过程非常简单，选择"开始"→"管理工具"→"服务器管理器"→"角色"命令，在打开的窗口中单击"添加角色"按钮，启动 Windows 添加角色向导。在"角色"列表框中勾选"Web 服务器（IIS）"复选框，然后单击"下一步"按钮。在"角色服务"列表中勾选"Web 服务器""管理工具""FTP 服务器"复选框，安装相关服务。因此，安装 DNS 服务器需在"角色"列表框中勾选"DNS 服务器"，安装 FTP 服务器需在"角色"列表框中勾选"Web 服务器（IIS）"。

【问题 2】

DNS 服务器安装完成以后，在"服务器管理器"界面，双击"角色"→"DNS 服务器"，依次展开 DNS 服务器功能菜单，右击"正向查找区域"，选择"新建区域（Z）"，弹出"新建区域向导"对话框。用户可以在该向导的指引下创建 DNS 解析区域。

（1）在"新建区域向导"的欢迎界面单击"下一步"按钮，进入"区域类型"选择界面。默认情况下"主要区域"单选按钮处于选中状态，单击"下一步"按钮。

（2）在"区域名称"编辑框中输入一个能反映区域信息的名称（如 test.com），单击"下一步"按钮。在本题当中，FTP 服务器的域名为 ftp.company.com，因此"区域名称"编辑框中应输入 company.com。

用户在向导的指引下成功创建了 company.com 区域后，接着需要在其基础上创建指向不同主机的域名才能提供域名解析服务。在"新建主机"对话框中，在"名称"编辑框中输入一个能够代表该主机所提供服务的名称，在"IP 地址"编辑框中输入该主机的 IP 地址，再单击"添加主机"按钮创建域名。在本题当中，FTP 服务器的 IP 地址为 10.10.10.1，需可以通过域名 ftp.company.com 访问。因此，在"名称"编辑框中应输入 ftp，在"IP 地址"编辑框中输入 10.10.10.1。

【问题 3】

ipconfig 是调试计算机网络的常用命令，通常使用它显示计算机中网络适配器的 IP 地址、子网掩码及默认网关等信息。

- ipconfig /all：显示所有网络适配器（网卡、拨号连接等）的完整 TCP/IP 配置信息；
- ipconfig /displaydns：显示本地 DNS 内容；
- ipconfig /flushdns：清除本地 DNS 缓存内容；
- ipconfig /registerdns：DNS 客户端手工向服务器进行注册。

在本题当中，在 Windows 命令行窗口中使用 ipconfig/displaydns 命令显示当前 DNS 缓存，使用 ipconfig /flushdns 命令刷新 DNS 缓存。

【问题 4】

域名解析有正向解析和反向解析两种，可以实现域名和 IP 地址之间的转换。正向解析是将域名转换为 IP 地址，一个域名只能对应一个 IP 地址。反向解析是将 IP 地址转换为域名，一个 IP 地址可以对应多个域名。

参考答案

【问题 1】

（1）DNS 服务器

（2）Web 服务器（IIS）

注：（1）和（2）答案可以互换

【问题 2】

（3）正向查找区域

（4）company.com

（5）ftp

（6）10.10.10.1

【问题 3】

（7）B

（8）C

【问题 4】

（9）一

（10）多

试题三（共 20 分）

阅读以下说明，回答问题 1 至问题 4，将解答填入答题纸对应的解答栏内。

【说明】

某公司的网络结构如图 3-1 所示，所有 PC 共享公网 IP 地址 202.134.115.5 接入 Internet，公司对外提供 WWW 和邮件服务。

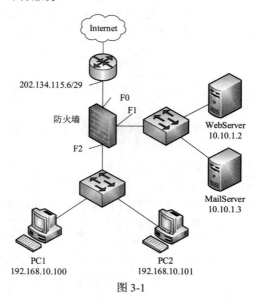

图 3-1

【问题 1】（5 分，每空 1 分）

防火墙可以工作在三种模式下，分别是路由模式、__(1)__ 和混杂模式，根据图 3-1 所示，防火墙的工作模式为__(2)__。管理员为防火墙的三个接口分别命名为 Trusted、Untrusted 和 DMZ，分别用于连接可信网络、不可信网络和 DMZ 网络。其中 F0 接口对应于__(3)__，F1 接口对应于__(4)__，F2 接口对应于__(5)__。

【问题 2】（4 分，每空 1 分）

请根据图 3-1 所示，将如表 3-1 所示的公司网络 IP 地址规划表补充完整。

表 3-1　公司网络 IP 地址规划表

设备	接口	IP 地址	子网掩码
防火墙	F0	(6)	(7)
	F1	(8)	255.255.255.0
	F2	(9)	255.255.255.0
内网地址（段）	—	192.168.10.0	255.255.255.0
WebServer	—	10.10.1.2	255.255.255.0
MailServer	—	10.10.1.3	255.255.255.0

（6）～（9）备选答案：

　　A．202.134.115.5　　　　B．10.10.1.1　　　　C．10.10.1.255

　　D．192.168.10.1　　　　E．255.255.255.0　　　F．255.255.255.248

　　G．192.168.10.0　　　　H．202.134.115.8　　　I．255.255.255.224

【问题 3】（5 分，每空 1 分）

　　为使互联网用户能够正常访问公司 WWW 和邮件服务，以及公司内网可以访问互联网，公司通过防火墙分别为 WebServer 和 MailServer 分配了静态的公网地址 202.134.115.2 和 202.134.115.3。如表 3-2 所示是防火墙上的地址转换规则，请将表 3-2 补充完整。

表 3-2　地址转换表

源地址	转换后源地址	目的地址	转换后目的地址
公网地址 1	（10）	202.134.115.2	（11）
公网地址 2	公网地址 2	202.134.115.3	（12）
192.168.10.100	（13）	公网地址 3	（14）

【问题 4】（6 分，每空 1 分）

　　如表 3-3 所示是防火墙上的过滤规则，规则自上而下顺序匹配。为了确保网络服务正常工作，并保证公司内部网络的安全性，请将下表补充完整。

表 3-3　防火墙过滤规则

规则编号	源	目的	方向	协议	端口	行动
1	Any	Any	F2→F0、F1	Any	Any	允许
2	Any	Any	F1→F0、F2	Any	Any	允许
3	Any	10.10.1.2	F0→F1	www	80	允许
4	Any	10.10.1.3	（15）	（16）	（17）	（18）
5	Any	10.10.1.3	F0→F1	POP3	（19）	允许
6	Any	Any	F0→F1、F2	Any	Any	（20）

试题三分析

　　本题考查防火墙的基本知识和防火墙过滤规则的配置方法。

　　此类题目要求考生认真阅读题目、读图，理解网络规划对现实问题的满足，根据实际需要，给出适当的防火墙过滤规则的配置。

【问题 1】

　　本问题考查防火墙的基本工作模式和基本接口类型。

　　防火墙的三种工作模式分别是路由模式、透明模式和混杂模式。

　　路由模式：防火墙以第三层对外连接（接口具有 IP 地址），此时可以完成 ACL 包过滤、ASPF 动态过滤、NAT 转换等功能。防火墙工作于路由模式，其 Trust 接口连接内部网络，Untrust 接口连接外部网络，DMZ 接口连接 DMZ 区域；

　　透明模式：防火墙以第二层对外连接（接口没有 IP 地址），此时相当于交换机，部分防火墙不支持 STP；

混杂模式：混合以上两种模式。

【问题 2】

本问题考查对网络 IP 地址规划和计算方面的内容。

根据题干描述、题图显示和备选项的提示，可计算出对应的 IP 地址及子网掩码。

【问题 3】

本问题考查对防火墙 NAPT 功能的理解。

NAPT 转换，只对从内部网络访问外部网络时的源地址进行转换，将源地址（私有地址）转换为公司申请的公网地址，从外部网络访问内部网络时的源地址不做转换。

【问题 4】

本问题考查防火墙过滤规则的配置。

防火墙过滤规则的配置原则为：每个规则列表中至少有一条是允许的；具体的规则靠近列表末端；最后一条规则是拒绝的。

参考答案

【问题 1】

（1）透明模式

（2）路由模式

（3）Untrusted 或不可信网络

（4）DMZ 或 DMZ 网络

（5）Trusted 或可信网络

【问题 2】

（6）A

（7）F

（8）B

（9）D

【问题 3】

（10）公网地址 1

（11）10.10.1.2

（12）10.10.1.3

（13）202.134.115.5

（14）公网地址 3

【问题 4】

（15）F0→F1

（16）SMTP

（17）25

（18）允许

（19）110

（20）拒绝

试题四（共 15 分）

阅读以下说明，回答问题 1 和问题 2，将解答填入答题纸对应的解答栏内。

【说明】

某信息系统需要在登录界面输入用户名和密码，通过登录信息验证后，跳转至主界面，显示该用户的姓名等个人信息。文件描述如表 4-1 所示，登录信息和个人信息均存储在 Access 数据库中，如表 4-2 和表 4-3 所示。

表 4-1　文件描述表

文件名	功能描述
login.asp	用户登录界面
loginCheck.asp	用户登录信息验证界面
default.asp	主界面

表 4-2　用户登录信息表结构（表名：userLogin）

字段名	数据类型	说明
id_Login	自动编号	主键，登录 ID
login_Name	文本	用户名
Passwd	文本	密码，加密存储

表 4-3　用户个人信息表结构（表名：userInfo）

字段名	数据类型	说明
id_Info	自动编号	主键，用户 ID
id_Login	数字	外键，登录 ID
user_Name	文本	姓名
gender	文本	性别
telephone	文本	电话
address	文本	联系地址

【问题 1】（8 分，每空 1 分）

以下所示界面为用户登录的部分代码片段，图 4-1 为登录界面截图，请仔细阅读该段代码，将（1）～（8）的空缺代码补齐。

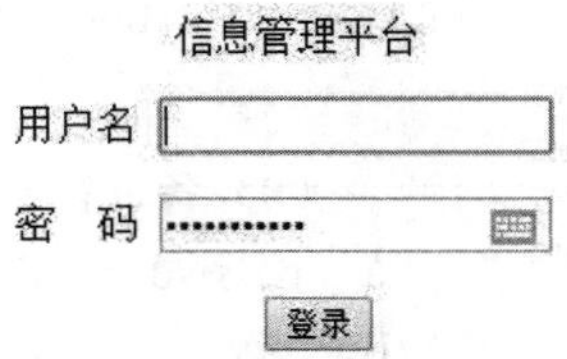

login.asp 代码片段：

```
......
<body>
    <  (1)   name="form" method="post" action=
"  (2)  ">
        <div class="title_top">
```

信息管理平台

用户名 ▢

密　码 ▢

登录

图 4-1

```
                    <div class="top_cont">
                        <img src="images-login/pic_2.png"/>
                    <   (3)   >
                </div>
                <div class="cont_title">
                    <p>信息管理平台</p>
                </div>
                <div class="box">
                <div class="text">
                    <div class="a">
                        <span>用户名</span>
                        <input type="  (4)  " name="  (5)  "/>
                    </div>
                    <div class="b">
                        <span>密  码</span>
                        <input type="password" name="  (6)  "/>
                    </div>
                    <div class="c">
<input type="submit" id="button" name="button" value="登录"/>
                    </div>
                </div>
                </div>
                <div class="lg_nav">
                </div>
                </form>
    <   (7)   >
    ……
```

loginCheck.asp 代码片段：

```
……
login_Name =request.form("login_Name")
passwd =request.form("passwd")
……略去关键字符过滤代码

sql="select id_Login,passwd from userLogin where login_Name='"   (8)
login_Name&" ' "
session("id_Login")= id_Login
……
```

（1）～（8）备选答案：

    A. passwd   B. text   C. /body   D. form

    E. /div   F. loginCheck.asp   G. login_Name   H. &

【问题 2】（7 分，每空 1 分）

以下所示界面为用户登录后显示用户信息的部分代码片段，图 4-2 为用户登录后的界面截图。请仔细阅读该段代码，将（9）～（15）的空缺代码补齐。

用户信息	
姓名	张三
性别	男
电话	13300000000
联系地址	xx省xx市xx区xx街道xx号

图 4-2

default.asp 代码片段：

说明：conn 为 Connect 对象，rs 为 RecordSet 对象

```
<%
……
id_Login=session("id_Login")   (9)  注释：从 session 中获取该用户的登录 ID
sql="select  (10) ,gender,telephone,address from userInfo where  (11)  =
'" & id_Login & " ' "
rs.open  (12) ,conn
user_Name=""
gender=""
telephone=""
address=""
ifnot  (13)  Then
user_Name=rs("user_Name")
gender=rs("gender")
telephone=rs("telephone")
  address=rs("address")
End If
……
%>
……
<table width="400" border="1" align="center" cellpadding="0" cellspacing="0">
    <tr>
        <td  (14)  height="30" align="center">用户信息</td>
    </tr>
    <tr>
        <td width="50%" height="30" align="center">姓名</td><td align=
        "center"><%= user_Name %></td>
</tr>
<tr>
        <td height="30" align="center">性别</td><td align=
        "center"><%= gender %></td>
</tr>
<tr>
        <td height="30" align="center">电话</td><td align=
        "center"><%= telephone %></td>
</tr>
<tr>
```

```
        <td height="30" align="center">联系地址</td><td align=
  "  (15)  "><%= address %></td>
    </tr>
 </table>
......
```

（9）～（15）备选答案：

A. '   B. left   C. rs.eof()   D. sql
E. user_Name   F. id_Login   G. colspan="2"

试题四分析

本题考查 HTML、ASP 和 SQL 查询的基本知识及应用。

此类题目要求考生熟练使用 ASP、HTML 和 Access 进行网站设计和开发。

【问题 1】

系统由 2 个页面组成，login.asp 实现用户名和密码输入和提交功能，将 from 表单数据提交并跳转至 loginCheck.asp 页面，loginCheck.asp 页面实现用户登录信息验证，上述页面中包含常用的 form、input、div 等 HTML 标签。

从"< (1) name="form" method="post" action=" (2) ">"包含的属性可知，为 HTML 的 form 标签，故空（1）处应填"form"；

action 属性为表单提交时向何处发送表单数据，根据题干描述，需要提交跳转至 loginCheck.asp 页面，故空（2）处应填"loginCheck.asp"。

```
<div class="title_top">
    <div class="top_cont">
        <img src="images-login/pic_2.png"/>
    <  (3)  >
</div>
```

从上述代码可知，div 标签缺少结束标签，故空（3）处应填"/div"。

```
<div class="a">
    <span>用户名</span>
        <input type="  (4)  " name="  (5)  "/>
</div>
<div class="b">
    <span>密  码</span>
        <input type="password" name="  (6)  "/>
</div>
```

根据用户名和密码输入界面显示和上述代码，"<input type=" (4) " name=" (5) " />"为输入用户名的文本框, type="text", 故空（4）处应填"text"; loginCheck.asp 页面中"login_Name =request.form("login_Name ")"代码为获取 form 表单中的用户名，由此可知该 input 标签的 name="login_Name"，故空（5）处应填"login_Name"；

根据用户名和密码输入界面显示和上述代码，"<input type="password" name=" (6) " />"为

输入密码的密码输入框，loginCheck.asp 页面中 "passwd =request.form("passwd ")" 代码为获取 form 表单中的密码，由此可知该 input 标签的 name=" passwd "，故空（6）处应填 "passwd"。

　　根据代码可知，空（7）处应填 \<body\> 标签的结束标签 \</body\>；代码 "sql="select id_Login,passwd from userLogin where login_Name= ' " __(8)__ login_Name&" ' '" 为根据用户名，查询密码的 sql 查询语句，结合题干描述和 "login_Name =request.form("login_Name ")" 代码，可知空（8）处应填 "&"。

【问题 2】

　　该问题由 1 个页面组成，default.asp 根据登录用户查询用户信息并显示。

　　从 "id_Login=session("id_Login") __(9)__ 注释：从 session 中获取该用户的登录 ID" 可知，该行由 ASP 代码+注释组成，而 ASP 注释符号为 " ' "，故空（9）处应填 " ' "。

　　代码 "sql="select __(10)__ ,gender,telephone,address from userInfo where __(11)__ = ' " & id_Login & " ' ' " 为根据登录 ID 从 userInfo 表查询姓名、性别、电话、地址信息的 SQL 语句，根据表 4-3 用户个人信息表结构描述可知，空（10）处应填 "user_Name"，空（11）处应填 "id_Login"。

　　代码 "rs.open __(12)__ ,conn" 为打开数据库执行 SQL 查询语句，并返回结果集，上一行将 SQL 查询语句赋予变量 "sql"，故空（12）处应填 "sql"。在对结果集操作时，应该判断是否为结果集最后一行，如果已经为最后一行，还进行获取字段值的操作，会报错，故空（13）处应填 "rs.eof()"。从图 4-2 可知，"用户信息" 所在的单元格横跨了 2 列，故空（14）处应填 "colspan="2""，联系地址对应的单元格对齐方式为左对齐，故空（15）处应填 "left"。

参考答案

【问题 1】

　　（1）D

　　（2）F

　　（3）E

　　（4）B

　　（5）G

　　（6）A

　　（7）C

　　（8）H

【问题 2】

　　（9）A

　　（10）E

　　（11）F

　　（12）D

　　（13）C

　　（14）G

　　（15）B

第 11 章　2019 下半年网络管理员上午试题分析与解答

试题（1）

以下关于信息的描述，错误的是　(1)　。

（1）A．信息具有时效性和可共享性

　　　B．信息必须依附于某种载体进行传输

　　　C．信息反映了客观事物的运动状态和方式

　　　D．无法从数据中抽象出信息

试题（1）分析

本题考查信息化的基础知识。

信息的主要特征包括：可识别性、时效性、可存储性、可压缩性、可转换性、可度量性和可共享性。可识别性是信息的主要特征之一，不同的信息源有不同的识别方法，并从数据中抽象出信息。

参考答案

（1）D

试题（2）

通常，不做全体调查只做抽样调查的原因不包括　(2)　。

（2）A．全体调查成本太高　　　　　　　B．可能会破坏被调查的个体

　　　C．样本太多难以统计　　　　　　　D．总量太大不可能逐一调查

试题（2）分析

本题考查信息处理技术的基础知识。

抽样调查是按照随机原则从总体中抽取一部分单位作为样本来进行观察研究，所以不会破坏被调查的个体。

参考答案

（2）B

试题（3）

在 Excel 中，"工作表"是用行和列组成的表格，列和行分别用　(3)　标识。

（3）A．字母和数字　　　　　　　　　　B．数字和字母

　　　C．数字和数字　　　　　　　　　　D．字母和字母

试题（3）分析

本题考查 Excel 的基础知识。

"工作表"是用行和列组成的表格，列和行分别用字母和数字标识。

参考答案

（3）A

试题（4）

在 Excel 的 A1 单元格中输入公式"=MIN (SUM (5,4),AVERAGE(5,11,8)"，按回车键后，A1 单元格中显示的值为__(4)__。

（4）A．4　　　　　　B．5　　　　　　C．8　　　　　　D．9

试题（4）分析

本题考查 Excel 的基础知识。

函数 SUM (5,4)的结果为 9，函数 AVERAGE(5,11,8)的结果为 8，而函数 MIN (SUM (5,4), AVERAGE(5,11,8))的含义是从 SUM (5,4)和 AVERAGE(5,11,8)中选一个较小的。

参考答案

（4）C

试题（5）

常用的虚拟存储器由__(5)__两级存储器组成。

（5）A．寄存器和主存　　　　　　B．主存和辅存

　　　C．寄存器和 Cache　　　　　D．Cache 和硬盘

试题（5）分析

本题考查计算机系统的基础知识。

虚拟存储器（虚拟内存）是计算机系统内存管理的一种技术，能从逻辑上对内存容量加以扩充，它使得应用程序认为它拥有连续的可用的内存（一个连续完整的地址空间），而实际上，它通常是被分隔成多个物理内存碎片，还有部分暂时存储在外部磁盘存储器上，在需要时进行数据交换。

参考答案

（5）B

试题（6）

CPU 执行指令时，先要根据程序计数器将指令从内存读取并送入__(6)__，然后译码并执行。

（6）A．数据寄存器　　　　　　B．累加寄存器

　　　C．地址寄存器　　　　　　D．指令寄存器

试题（6）分析

本题考查计算机系统的基础知识。

指令寄存器是控制器中的一个暂存部件，控制器从内存中取出指令，将取出的指令送入指令寄存器，并指出下一条指令在内存中的位置，启动指令译码器对指令进行分析，最后发出相应的控制信号和定时信息，控制和协调计算机的各个部件有条不紊地工作，以完成指令所规定的操作。

参考答案

（6）D

试题（7）

以下关于 CPU 与 I/O 设备交换数据所用控制方式的叙述中，正确的是__(7)__。

（7）A．中断方式下 CPU 与外设是串行工作的

　　　B．中断方式下 CPU 需要主动查询和等待外设

　　　C．DMA 方式下 CPU 与外设是并行工作的

　　　D．DMA 方式下需要 CPU 执行程序传送数据

试题（7）分析

本题考查计算机系统的基础知识。

当 I/O 接口准备好接收数据或传送数据时，就发出中断信号通知 CPU。对中断信号进行确认后，CPU 保存正在执行的程序的现场，转而执行提前设置好的 I/O 中断服务程序，完成一次数据传送的处理。这样，CPU 就不需要主动查询外设的状态，在等待数据期间可以执行其他程序，从而提高了 CPU 的利用率。采用中断方式管理 I/O 设备，CPU 和外设可以并行地工作。

直接存储器存取（Direct Memory Access，DMA）方式的基本思想是：通过硬件控制实现主存与 I/O 设备间的直接数据传送，数据的传送过程由 DMA 控制器（DMAC）进行控制，不需要 CPU 的干预。在 DMA 方式下，由 CPU 启动传送过程，即向设备发出"传送一块数据"的命令，在传送过程结束时，DMAC 通过中断方式通知 CPU 进行一些后续处理工作。

DMA 方式简化了 CPU 对数据传送的控制，提高了主机与外设并行工作的程度，实现了快速外设和主存之间成批的数据传送，使系统的效率明显提高。

参考答案

（7）C

试题（8）

　　（8）　是音频文件的扩展名。

（8）A．XLS　　　　　　B．DOC　　　　　　C．WAV　　　　　　D．GIF

试题（8）分析

本题考查多媒体的基础知识。

GIF 是 CompuServe 公司开发的图像文件格式，它以数据块为单位来存储图像的相关信息。

WAV 文件是 Windows 系统中使用的标准音频文件格式，它来源于对声音波形的采样，即波形文件。

XLS 一般指 Microsoft Excel 工作表（一种常用的电子表格格式）文件扩展名。

参考答案

（8）C

试题（9）

扩展名　（9）　表示该文件是可执行文件。

（9）A．bat　　　　　　B．sys　　　　　　C．html　　　　　　D．doc

试题（9）分析

本题考查多媒体的基础知识。

bat 是 Windows 系统中批处理文件扩展名，内容是可执行命令。

参考答案

（9）A

试题（10）

软件著作权的客体不包括　(10)　。

（10）A．源程序　　　　B．目标程序　　　　C．软件文档　　　　D．软件开发思想

试题（10）分析

本题考查知识产权的相关知识。

软件著作权的客体是指计算机软件，即计算机程序及其有关文档。计算机程序是指为了得到某种结果而可以由计算机等具有信息处理能力的装置执行的代码化指令序列，或者可以被自动转换成代码化指令序列的符号化序列或者符号化语句序列。同一计算机程序的源程序和目标程序为同一作品。文档是指用来描述程序的内容、组成、设计、功能规格、开发情况、测试结果及使用方法的文字资料和图表等，如程序说明、流程图、用户手册。对软件著作权的保护，不延及开发软件所用的思想、处理过程、操作方法或者数学概念等。

参考答案

（10）D

试题（11）

常用的 PC 启动时从　(11)　读取计算机硬件配置的重要参数。

（11）A．SRAM　　　　B．CMOS　　　　C．DRAM　　　　D．CD-ROM

试题（11）分析

本题考查计算机系统的基础知识。

SRAM（Static Random—Access Memory，静态随机存取存储器）是指这种存储器只要保持通电，里面储存的数据就可以恒常保持。

DRAM（Dynamic Random Access Memory，动态随机存取存储器）隔一段时间要刷新充电一次，否则内部的数据会消失。

CMOS（Complementary Metal Oxide Semiconductor，互补金属氧化物半导体）是指制造大规模集成电路芯片用的一种技术或用这种技术制造出来的芯片，是计算机主板上的一块可读写的 RAM 芯片，用来保存 BIOS 设置完计算机硬件参数后的数据，这个芯片仅用来存放数据。

参考答案

（11）B

试题（12）

以下描述中，属于通用操作系统基本功能的是　(12)　。

（12）A．对信息系统的运行状态进行监控

　　　B．对计算机系统中各种软、硬件资源进行管理

　　　C．对数据库中的各种数据进行汇总和检索

　　　D．对所播放的视频文件内容进行分析

试题（12）分析

通用操作系统基本功能是对计算机系统中各种软、硬件资源进行管理。

参考答案

（12）B

试题（13）

在 Windows 系统中，若要将用户文件设置成只读属性，则需通过修改该文件的　　(13)　　
来实现。

（13）A．属性　　　　　B．扩展名　　　　　C．文件名　　　　　D．字节数

试题（13）分析

文件管理是操作系统的功能之一，若要将用户文件设置成只读，则需要设置文件的属性。

参考答案

（13）A

试题（14）

笔记本电脑的触摸板属于　　(14)　　设备。

（14）A．输入　　　B．输出　　　　　C．存储设备　　　　D．总线

试题（14）分析

笔记本计算机的触摸板是输入设备。

参考答案

（14）A

试题（15）

在网络环境中，当用户 A 的文件被共享时，　　(15)　　。

（15）A．其访问速度与未共享时相比将会有所提高

　　　　B．其安全性与未共享时相比将会有所下降

　　　　C．其可靠性与未共享时相比将会有所提高

　　　　D．其方便性与未共享时相比将会有所下降

试题（15）分析

用户 A 的文件在网络环境中被共享时，其安全性与未共享时相比将会有所下降。

参考答案

（15）B

试题（16）

下列软件中，用于演示文稿的是　　(16)　　。

（16）A．word.exe　　　　　　　　　B．excel.exe

　　　　C．powerpoint.exe　　　　　　D．visio.exe

试题（16）分析

题中选项给出的应用程序属于 Office 办公套件，PowerPoint 是演示文稿软件。

参考答案

（16）C

试题（17）

高并发是指通过设计保证系统能够同时并行处理很多请求,是互联网分布式系统架构设计中必须考虑的因素之一。与高并发相关的常用指标不包括　(17)　。

（17）A．响应时间　　　B．吞吐量　　　　C．并发用户数　　　D．注册用户总数

试题（17）分析

本题考查软件工程的基础知识。

注册用户总数再多,如果同时使用的并发用户数不多,也不会造成高并发。

参考答案

（17）D

试题（18）

软件从一个计算机系统或环境转移到另一个计算机系统或环境的难易程度是指软件的　(18)　。

（18）A．兼容性　　　　B．可移植性　　　C．可用性　　　　D．可扩展性

试题（18）分析

本题考查软件工程的基础知识。

软件从一个计算机系统或环境转移到另一个计算机系统或环境的难易程度是指软件的可移植性。

参考答案

（18）B

试题（19）、（20）

采用两个相位调制出两种信号进行数据传输的技术是　(19)　,这种调制情况下数据速率是码元速率的　(20)　倍。

（19）A．ASK　　　　　B．FSK　　　　　C．PSK　　　　　D．CSK

（20）A．0.5　　　　　B．1　　　　　　C．2　　　　　　D．4

试题（19）、（20）分析

本题考查调制技术的相关知识。

采用两个相位调制出两种信号进行数据传输的技术是 PSK,这种调制情况下数据速率与码元速率相等。

参考答案

（19）C　　（20）B

试题（21）

HFC 网络中,从小区入户采用的接入介质为　(21)　。

（21）A．双绞线　　　B．红外线　　　C．同轴电缆　　　D．光纤

试题（21）分析

本题考查接入网的相关知识。

在 HFC 网络中,采用光纤到小区,同轴入户的接入方式。

参考答案

（21）C

试题（22）

按照用户需要分配时隙的多路复用技术为　(22)　。

（22）A．STDM　　　　B．TDM　　　　C．FDM　　　　D．CMDA

试题（22）分析

本题考查多路复用技术。

STDM 按照用户需要分配时隙；TDM 为用户固定分配时隙；FDM 采用不同频率分配给不同用户；CMDA 用不同码片区分用户。

参考答案

（22）A

试题（23）

在 TCP/IP 协议栈中，建立连接进行可靠通信是在　(23)　完成的。

（23）A．网络层　　　　B．数据链路层　　　C．应用层　　　　D．传输层

试题（23）分析

本题考查 TCP/IP 协议栈中不同协议的特性。

在 TCP/IP 协议栈中未指定数据链路层具体协议；网络层提供无连接服务，不可靠；传输层中 TCP 为有连接可靠通信协议；应用层指定特定应用实现细节。

参考答案

（23）D

试题（24）

在 TCP/IP 协议栈中，Telnet 协议工作在　(24)　。

（24）A．网络层　　　　B．数据链路层　　　C．应用层　　　　D．传输层

试题（24）分析

本题考查 TCP/IP 协议栈中的 Telnet 协议。

Telnet 为应用层协议，依靠传输层 TCP 协议提供可靠传输。

参考答案

（24）C

试题（25）

IP 是　(25)　的网络层协议。

（25）A．面向连接可靠　　　　　　　　B．无连接可靠

　　　C．面向连接不可靠　　　　　　　D．无连接不可靠

试题（25）分析

本题考查 IP 协议的相关特性。

IP 是无连接不可靠的网络层协议。

参考答案

（25）D

试题（26）

二层交换机依据帧中的　（26）　字段来进行帧转发。

（26）A．目的 MAC 地址　　　　　　　　B．源 MAC 地址

　　　 C．目的 IP 地址　　　　　　　　　　D．源 IP 地址

试题（26）分析

本题考查二层交换机的交换原理。

二层交换机依据帧中的目的 MAC 地址字段来进行帧转发；IP 协议依据数据报中的目的 IP 地址进行报文路由。

参考答案

（26）A

试题（27）

BGP-4 协议是一种　（27）　路由协议。

（27）A．自治系统内　　　　　　　　　　B．距离矢量

　　　 C．链路状态　　　　　　　　　　　　D．自治系统之间

试题（27）分析

本题考查路由协议的相关原理。

BGP-4 协议是一种自治系统之间路由协议，思想是路径矢量。

参考答案

（27）D

试题（28）

224.0.0.5 是　（28）　地址。

（28）A．A 类　　　　　B．B 类　　　　　C．C 类　　　　　D．D 类

试题（28）分析

本题考查 IP 地址的相关知识。

224.0.0.5 是 D 类地址。

参考答案

（28）D

试题（29）

下列地址中可以分配给某台主机接口的是　（29）　。

（29）A．224.0.0.1　　　　　　　　　　　B．202.117.192.0/23

　　　 C．21.1.192.0/24　　　　　　　　　D．192.168.254.0/22

试题（29）分析

本题考查 IP 地址的相关知识。

224.0.0.1 是 D 类地址，不能分配给某一接口；202.117.192.0/23 为这个网段网络地址，不能分配给某一接口；21.1.192.0/24 为这个网段网络地址，不能分配给某一接口；192.168.254.0/22 地址主机部分不为 0 也不为全 1，故可作为某一接口的地址。

参考答案

（29）D

试题（30）

IPv4 网络 22.21.136.0/22 中最多可用的主机地址有 __（30）__ 个。

（30）A．1024 　　　B．1023 　　　C．1022 　　　D．1000

试题（30）分析

本题考查 IP 地址的相关知识。

IPv4 网络 22.21.136.0/22 主机部分长度为 10 位，故其空间为 2^{10}，即 1024，其中全 0 和全 1 分别用作网络地址和广播地址，不能分配给具体接口，故最多可用的主机地址有 1022 个。

参考答案

（30）C

试题（31）

IPv6 的地址空间是 IPv4 的 __（31）__ 倍。

（31）A．4 　　　B．96 　　　C．128 　　　D．2^{96}

试题（31）分析

本题考查 IPv6 地址空间的相关知识。

IPv6 的地址为 128 位，地址空间为 2^{128}；IPv4 的地址为 32 位，地址空间为 2^{32}。故 IPv6 的地址空间是 IPv4 的地址空间的 2^{96} 倍。

参考答案

（31）D

试题（32）

IPv4 分组首部中第一个字段为 __（32）__ 。

（32）A．版本号 　　　　　　　　　B．Internet 首部长度

　　　　C．TTL 　　　　　　　　　D．总长度

试题（32）分析

本题考查 IP 协议结构的相关知识。

IPv4 分组首部中第一个字段为版本号。

参考答案

（32）A

试题（33）

在 TCP 段中用于进行端到端流量控制的字段是 __（33）__ 。

（33）A．SYN 　　　B．端口号 　　　C．窗口 　　　D．紧急指针

试题（33）分析

本题考查 TCP 协议结构的相关知识。

在 TCP 段中，SYN 字段用作建立连接；端口号字段用于进程寻址；窗口字段用作进行端到端流量控制；紧急指针指示紧急数据存放位置。

参考答案

（33）C

试题（34）

下面的无线通信技术中，通信距离最短的是__(34)__。

（34）A．蓝牙　　　　　B．窄带微波　　　C．WLAN　　　　D．蜂窝通信

试题（34）分析

本题考查无线通信技术的相关知识。

蓝牙民用实现中通信距离为 30 米以内，是通信距离最短的。

参考答案

（34）A

试题（35）

以太网物理层规范 100Base-FX 采用__(35)__传输介质。

（35）A．5 类 UTP　　　B．STP　　　　　C．红外　　　　　D．光纤

试题（35）分析

本题考查以太网标准的相关知识。

快速以太网 100Base-FX 采用的传输介质为光纤。

参考答案

（35）D

试题（36）

在 IP 报文传输过程中，封装以太帧时需要用__(36)__报文来查找 MAC 地址。

（36）A．ICMP　　　　B．ARP　　　　　C．DNS　　　　　D．ACL

试题（36）分析

本题考查 ARP 协议的相关知识。

ARP 为地址解析协议，即通过 IP 地址查找接口的 MAC 地址。

参考答案

（36）B

试题（37）

TCP/IP 协议簇中属于 Internet 层的协议是__(37)__。

（37）A．IP　　　　　　B．HTTP　　　　C．UDP　　　　　D．BGP

试题（37）分析

本题考查 TCP/IP 协议簇的相关知识。

TCP/IP 协议簇中，IP 属于 Internet 层；HTTP、UDP、BGP 均属于应用层。

参考答案

（37）A

试题（38）

若要获取某个域的邮件服务器地址，则查询该域的__(38)__记录。

（38）A．CNAME　　　B．MX　　　　　C．NS　　　　　D．A

试题（38）分析

本题考查 DNS 解析类型的相关知识。

CNAME 查询域名对应的别名；MX 查找域名对应的邮件服务器地址；NS 查询域名的授权域名服务器；A 即正向查询，依据域名查 IP。

参考答案

（38）B

试题（39）

默认路由是指___（39）___。

（39）A．和报文目的主机地址匹配上的记录

　　　B．为某个固定 IP 地址的主机设定的路由记录

　　　C．路由表中所有记录都匹配不上时，将报文转发出去的路由

　　　D．按照数据包中指定路径转发的路由

试题（39）分析

默认路由是指路由表中所有记录都匹配不上时，将报文转发出去的路由。

参考答案

（39）C

试题（40）、（41）

ICMP 协议是 TCP/IP 网络中的___（40）___协议，其报文封装在___（41）___协议数据单元中传送。

（40）A．数据链路层　　　　B．网络层　　　　C．传输层　　　　D．会话层

（41）A．IP　　　　　　　　B．TCP　　　　　C．UDP　　　　　D．PPP

试题（40）、（41）分析

本题考查 ICMP 协议的相关知识。

ICMP 协议是 TCP/IP 网络中的网络层协议，其报文封装在 IP 协议数据单元中传送。

参考答案

（40）B　　（41）A

试题（42）

HTML 中使用___（42）___标记对来标记一个超链接。

（42）A．<a></a>　　　　B．<b></b>　　　　C．<q></q>　　　　D．<i></i>

试题（42）分析

本题考查 HTML 语言的基础知识。

在 HTML 语言中，基本是使用标记对来对文本格式进行排版和提供一定的功能的。要在页面中使用超链接，需使用锚标记<a>来实现。<a>标签定义超链接，用于从一张页面链接到另一张页面。<a>元素最重要的属性是 href 属性，它指示链接的目标。

例如：<a href="http://www.xxx.com.cn">网站页面</a>

该行代码的作用是为文字"网站页面"定义超链接功能，使其能够链接到 href 属性所指的页面上，在该例子中，当用户单击"网站页面"，将会跳转到 http://www.xxx.com.cn 页面。

参考答案

（42）A

试题（43）

可使用　(43)　事件实现鼠标指针经过对象上方时触发对象动作。

（43）A. mouseup　　　B. mouseover　　　C. mousemove　　　D. mouseout

试题（43）分析

本题考查 HTML 语言的基础知识。

在 HTML 语言中，可以响应鼠标的事件，鼠标事件有经过、进入、单击下行和单击上行以及其他多种操作。

根据题意，要求实现鼠标指针经过时触发对象动作，应使用 mouseover 事件。

参考答案

（43）B

试题（44）

在 HTML 中，要将 form 表单内的数据发送到服务器，应将<input>标记的 type 属性值设置为　(44)　。

（44）A. get　　　　　B. submit　　　　C. push　　　　D. button

试题（44）分析

本题考查 HTML 语言的基础知识。

在 HTML 中，使用不同的 type 属性，<input>标记可提供多种表单，如单选按钮、多选框、按钮等。其中要提交表单内的数据给服务器，应将其标记的 type 属性设置为 submit。

将 type 属性设置为 button 仅是为浏览器定义一个按钮。

get 和 push 分别为 HTTP 的两种方法。

参考答案

（44）B

试题（45）

下面程序在 IE 浏览器页面中的显示结果为　(45)　。

```
<html>
    <head><meta>我的网站</meta></head>
    <title>今日天气</title>
    <body>天气预报</body>
</html>
```

（45）A. 我的网站　　　B. 天气预报　　　C. 今日天气　　　D. 显示出错

试题（45）分析

本题考查 HTML 语言的基础知识。

一个完整的 HTML 代码，拥有<html></html>、<title></title>、<head></head>、<font></font>和<frame></frame>等众多标签。这些标签中，不带斜杠的是起始标签，带斜杠的是结束标签。这些标签的作用分别是：

<html></html>标签中放置的是一个 HTML 文件的所有代码；

<body></body>标签中放置的是一个 HTML 文件的主体代码，网页的实际内容的代码；

<title></title>标签中放置的是一个网页的标题；

<font></font>标签用于设置网页中文字的字体；

<frame></frame>标签中放置的是网页中的框架内容；

<head></head>标签中放置的是网页的头部，包括网页中所需要的标题等内容。

这些标签的相互包含关系如下：

```
<html>
<head>
<title>
</title>
</head>
<body>
<font></font>
<frame></frame>
</body>
</html>
```

参考答案

（45）B

试题（46）

要在 HTML 代码中加入注释，应使用__(46)__来标记。

（46）A. <!-- -->　　　　B. /* */　　　　C. //　　　　D. ""

试题（46）分析

本题考查 HTML 语言的基础知识。

在 HTML 中，为代码进行注释应使用<!-- -->标记对，该标记对可以进行单行注释，也可进行多行注释。处于该标记对中的内容，将不会在浏览器中显示。

/* */是在 C 或 C++等其他语言中进行多行注释的标记。

//是在 C 或 C++等其他语言中进行单行注释的标记。

参考答案

（46）A

试题（47）

IE 浏览器本质上是一个__(47)__。

（47）A. 接入 Internet 的 TCP/IP 程序

　　　　B. 接入 Internet 的 SNMP 程序

　　　　C. 浏览 Internet 上 Web 页面的服务器程序

　　　　D. 浏览 Internet 上 Web 页面的客户程序

试题（47）分析

本题考查 IE 浏览器的基础知识。

IE（Internet Explorer）浏览器是微软公司推出的一款网页浏览器。浏览器是用来显示在万维网或局域网内的文字、图像及其他信息的软件，它还可以让用户与这些文件进行交互操作，是浏览 Internet 上 Web 页面经常使用的应用软件。HTTP 通信协议是超文本传输协议的简称，它是属于浏览器和 Web 服务器之间的通信协议，建立在 TCP/IP 基础之上，用于传输浏览器到服务器之间的 HTTP 请求和响应。

因此，IE 浏览器本质上是一个浏览 Internet 上 Web 页面的客户程序。

参考答案

（47）D

试题（48）

下列与电子邮件安全无关的是　(48)　。

（48）A．用户身份认证　　　　　　　　B．传输加密
　　　 C．存储加密　　　　　　　　　　D．邮箱地址保密

试题（48）分析

本题考查电子邮件安全方面的基础知识。

安全电子邮件需要解决几个核心问题：

（1）身份认证问题：防止"用户名+口令"的弱认证机制被脱库、撞库、字典攻击等；

（2）传输加密问题：邮件内容及附件不再以明文方式传输，并不改变用户使用习惯；

（3）邮件存储安全：加密存储电子邮件，保证邮件系统数据库存储的电子邮件的安全。

基于上述三点，电子邮件安全需要考虑的基础技术问题是用户身份认证、传输加密和存储加密所使用的密钥管理问题。

参考答案

（48）D

试题（49）

电子邮件发送多媒体文件附件时采用　(49)　协议来支持邮件传输。

（49）A．MIME　　　　B．SMTP　　　　C．POP3　　　　D．IMAP4

试题（49）分析

本题考查电子邮件的基础知识。

常用的电子邮件协议有 SMTP、POP3、IMAP4，它们都隶属于 TCP/IP 协议簇，默认状态下，分别通过 TCP 端口 25、110 和 143 建立连接。

MIME（Multipurpose Internet Mail Extensions，多用途互联网邮件扩展类型）是设定某种扩展名的文件用一种应用程序来打开的方式类型，当该扩展名文件被访问的时候，浏览器会自动使用指定应用程序来打开。它是一个互联网标准，扩展了电子邮件标准，使其能够支持：非 ASCII 字符文本；非文本格式附件（二进制、声音、图像等）；由多部分（multiple parts）组成的消息体；包含非 ASCII 字符的头信息（Header information）。

因此，电子邮件发送多媒体文件附件时采用 MIME 协议来支持邮件传输。

参考答案

（49）A

试题（50）

FTP 文件传输用于建立连接的端口号是　（50）　。

（50）A．20　　　　　　B．21　　　　　　C．23　　　　　　D．25

试题（50）分析

本题考查 FTP 的基础知识。

FTP（File Transfer Protocol，文件传输协议）是 TCP/IP 协议簇中的协议之一。默认情况下 FTP 协议使用 TCP 端口中的 20 和 21 这两个端口，其中 20 用于传输数据，21 用于传输控制信息。但是，是否使用 20 作为传输数据的端口与 FTP 使用的传输模式有关，如果采用主动模式，那么数据传输端口就是 20；如果采用被动模式，则具体最终使用哪个端口要服务器端和客户端协商决定。通过 FTP 传输文件时，FTP 客户端首先和 FTP 服务器的 TCP21 端口建立连接。

因此，FTP 用于建立连接的端口号是 21。

参考答案

（50）B

试题（51）

启动 IE 浏览器，在地址栏中输入 ftp://ftp.tsinghua.edu.cn，进行连接时浏览器使用的协议是　（51）　。

（51）A．HTTP　　　　B．HTTPS　　　　C．FTP　　　　D．TFTP

试题（51）分析

本题考查浏览器协议的基础知识。

常见的浏览器协议有：

①HTTP/HTTPS 协议，它是属于浏览器和 Web 服务器之间的通信协议，建立在 TCP/IP 基础之上，用于传输浏览器到服务器之间的 HTTP 请求和响应。

②FTP 协议（File Transfer Protocol，文件传输协议），用于 Internet 上控制文件的双向传输。在 IE 浏览器地址栏中输入如下格式的 URL 地址：ftp://[用户名:口令@]ftp 服务器域名:[端口号]，即可通过浏览器发起 FTP 连接。

③File 协议，主要用于访问本地计算机中的文件，就如同在 Windows 资源管理器中打开文件一样。

因此，在 IE 浏览器地址栏中输入 ftp://ftp.tsinghua.edu.cn，会使用 FTP 协议发起连接。

参考答案

（51）C

试题（52）

在　（52）　上，监控一个端口就能捕获其他所有端口的通信流量。

（52）A．二层交换机　　B．三层交换机　　C．集线器　　　D．路由器

试题（52）分析

本题考查网络互连设备的基础知识。

集线器、中继器是具有"共享冲突域、共享广播域"的物理层互连设备，二层交换机、网桥是具有"隔离冲突域、共享广播域"的数据链路层互连设备，路由器、三层交换机是具

有"隔离冲突域、隔离广播域"的网络层互连设备。

参考答案

（52）C

试题（53）

防火墙不能实现的功能有　（53）　。

（53）A．包过滤　　　　B．端口阻止　　　　C．病毒检测　　　　D．IP 阻止

试题（53）分析

本题考查防火墙的基础知识。

防火墙技术是通过有机结合各类用于安全管理与筛选的软件和硬件设备，帮助计算机网络于其内、外网之间构建一道相对隔绝的保护屏障，以保护用户资料与信息安全性的一种技术。

防火墙的主要功能包括入侵检测、网络地址转换、网络操作的审计与监控和强化网络安全服务等功能，一般不具有病毒检测功能。

参考答案

（53）C

试题（54）

以下关于综合布线的描述中，错误的是　（54）　。

（54）A．多介质信息插座用于连接光缆和铜缆

　　　　B．干线线缆铺设采用点对点方式

　　　　C．终端有高速率要求时，水平子系统可以采用光纤到桌面

　　　　D．双绞线可以减少电磁干扰

试题（54）分析

本题考查综合布线的基础知识。

干线线缆铺设可以采用点对点结合和分支结合两种方式。

参考答案

（54）B

试题（55）

若有 12 个 10/100Mbps 电口和 2 个 1000Mbps 光口的交换机，所有端口都工作在全双工下，交换机的总带宽是　（55）　Gbps。

（55）A．3.2　　　　B．4.8　　　　C．6.4　　　　D．12.8

试题（55）分析

本题考查交换机的基础知识。

交换机总带宽的计算方法是各个端口的最大带宽之和的两倍。

参考答案

（55）C

试题（56）

不属于路由器性能指标的是　（56）　。

（56）A．吞吐量　　　　B．丢包率　　　　C．最大堆叠数　　　　D．延时与抖动

试题（56）分析

本题考查路由器的基础知识。

评价路由器的性能指标一般包括吞吐量、背板能力、丢包率、路由表容量、延时与延时抖动等内容。

参考答案

（56）C

试题（57）

故障管理是指 ___（57）___ ，建立和维护差错日志并进行分析。

（57）A．发现故障　　　　　　　　B．接收差错报告并做出反应
　　　 C．通知用户　　　　　　　　D．恢复故障

试题（57）分析

本题考查网络故障处理的相关知识。

故障管理的功能包括：接收差错报告并做出反应、建立和维护差错日志并进行分析。

参考答案

（57）B

试题（58）

下列不属于交换机参数指标的是 ___（58）___ 。

（58）A．背板带宽　　　B．包转发率　　　C．交换方式　　　　D．故障率

试题（58）分析

本题考查交换机的基础知识。

背板带宽是指交换机接口处理器或者接口卡和数据总线之间所能吞吐的最大数据量；包转发率是指交换机转发数据包能力的大小；交换方式是指交换机在传送源与目的端口的数据包时采用的方式，一般交换机采用的是存储转发方式。交换机的故障率会随着设备使用时间的长短而变化，不是评价交换机性能的指标。

参考答案

（58）D

试题（59）

基于主机的入侵防护系统一般部署在 ___（59）___ 。

（59）A．受保护的主机系统中　　　　B．受保护的主机系统前端
　　　 C．网络出口处　　　　　　　　D．网络核心交换机上

试题（59）分析

本题考查入侵防护系统的相关知识。

IPS 一般分为基于主机的入侵防护系统、基于网络的入侵防护系统、基于应用的入侵防护系统。基于主机的入侵防护系统需要读取主机上的日志，并进行异常检测，一般随主机系统部署。

参考答案

（59）A

试题（60）

交换机的默认 VLAN 是　（60）　。

（60）A．VLAN0　　　　B．VLAN10　　　　C．VLAN1024　　　D．VLAN1

试题（60）分析

本题考查 VLAN 的基础知识。

默认 VLAN 指的是交换机初始就有的，通常 ID 为 1，所有接口都处于这个 VLAN 下，因此交换机默认配置下各个端口间就能互相通信。

参考答案

（60）D

试题（61）

防火墙不能阻断的攻击是　（61）　。

（61）A．DoS　　　　B．SQL 注入　　　C．Land 攻击　　　D．SYN FLooding

试题（61）分析

本题考查防火墙的相关知识。

本题中给出的各种网络攻击除 SQL 注入外都是拒绝服务攻击，防火墙对这类攻击具有良好的阻断功能。而 SQL 注入主要是针对 Web 应用程序提交数据库查询请求的攻击，与正常的用户访问没有什么区别，所以能够绕过防火墙直接访问数据库。

参考答案

（61）B

试题（62）

可以显示主机路由表内容的命令是　（62）　。

（62）A．nbtstat-r　　　B．netstat-r　　　C．net view　　　D．route-f

试题（62）分析

本题考查网络管理命令。

可以显示主机路由表内容的命令是 netstat-r。

参考答案

（62）B

试题（63）

在 Windows Server 2008 R2 中创建和管理虚拟机的组件是　（63）　。

（63）A．Hyper-V　　　B．MMC　　　　C．IIS　　　　D．Active Directory

试题（63）分析

本题考查操作系统的基础知识。

Hyper-V 是 Windows Server 2008 R2 中创建和管理虚拟机的组件。

参考答案

（63）A

试题（64）

在 Linux 中，配置 DNS 服务器地址的文件是　（64）　。

（64）A．inetd.conf　　　　B．lilo.conf　　　　C．httpd.conf　　　　D．resolv.conf

试题（64）分析

本题考查 Linux 的基础知识。

在 Linux 中，配置 DNS 服务器地址的文件是 resolv.conf。

参考答案

（64）D

试题（65）

在 Linux 中，存放可选安装文件的目录是　　（65）　　。

（65）A．/etc　　　　B．/dev　　　　C．/boot　　　　D．/opt

试题（65）分析

本题考查 Linux 的基础知识。

/boot 目录主要存放启动 Linux 系统所必需的文件，包括内核文件、启动菜单配置文件等；/etc 目录主要存放系统配置文件；/dev 目录用于存放设备信息文件；/lib 目录主要存放的是一些库文件；/root 目录用于存放根用户的数据、文件等；/opt 目录存放可选安装文件。

参考答案

（65）D

试题（66）

在 Windows 中，要查看到目标主机 Alice 的路径，可使用　　（66）　　命令。

（66）A．tracert　　　　B．traceroute　　　　C．route　　　　D．net

试题（66）分析

本题考查 Windows 命令的基础知识。

查看到达目标主机的路径是进行故障检测和排除时的常用手段。在 Windows 中，可以使用 tracert 命令加目标主机的地址或者域名来跟踪到达目标主机的数据包。在到达目标主机的路径中，每经过一个节点，将会返回该节点的地址和所用时间。

参考答案

（66）A

试题（67）

在 Windows 中，执行　　（67）　　命令可以查看域名信息。

（67）A．arp -a　　　　B．netstat　　　　C．nbtstat　　　　D．nslookup

试题（67）分析

本题考查 Windows 命令的基础知识。

在 Windows 中，查看域名信息应使用 nslookup 命令。

nslookup 最简单的用法就是查询域名对应的 IP 地址，包括 A 记录和 CNAME 记录，如果查到的是 CNAME 记录还会返回别名记录的设置情况。其用法是：nslookup 域名。

nslookup -qt=类型目标域名，其中 qt 必须小写。

类型可以是以下字符，不区分大小写：

A 地址记录（IPv4）；

AAAA 地址记录（IPv6）；

AFSDB Andrew 文件系统数据库服务器记录；

ATMA ATM 地址记录；

CNAME 别名记录；

HINFO 硬件配置记录，包括 CPU、操作系统信息；

ISDN 域名对应的 ISDN 号码；

MB 存放指定邮箱的服务器；

MG 邮件组记录；

MINFO 邮件组和邮箱的信息记录；

MR 改名的邮箱记录；

MX 邮件服务器记录；

NS 名字服务器记录；

PTR 反向记录，即从 IP 地址解释域名；

RP 负责人记录；

RT 路由穿透记录；

SRV TCP 服务器信息记录；

TXT 域名对应的文本信息；

X25 域名对应的 X.25 地址记录。

参考答案

（67）D

试题（68）

下列关于 ping 命令的描述中，说法错误的是＿＿（68）＿＿。

（68）A．ping 127.0.0.1 检查 TCP/IP 协议有没有设置好

　　　　B．ping 本机 IP 地址检查本机的 IP 地址设置和网卡安装配置是否正常

　　　　C．ping 192.168.1.1 -l 1000 检查连续 ping 1000 次的丢包率

　　　　D．ping 远程 IP 地址检查本机与外部的连接是否正常

试题（68）分析

本题考查 ping 命令的基础知识。

127.0.0.1 是本地回送地址，ping 127.0.0.1 检查 TCP/IP 协议有没有设置好；ping 本机 IP 地址检查本机的 IP 地址设置和网卡安装配置是否正常；ping 192.168.1.1 -l 1000 检查连通性，说明响应报文的大小为 1000 字节；ping 远程 IP 地址检查本机与外部的连接是否正常。

参考答案

（68）C

试题（69）

可以通过电子邮件发送的文件类型有＿＿（69）＿＿。

①视频文件　②音频文件　③图片文件　④文本文件

（69）A．①②　　　　B．①②③　　　　C．②③④　　　　D．①②③④

试题（69）分析

本题考查电子邮件的基础知识。

可以通过电子邮件发送的文件类型有视频文件、音频文件、图片文件和文本文件。

参考答案

（69）D

试题（70）

电子邮件系统中，发送邮件协议为 SMTP 协议，使用的端口号是　（70）　。

（70）A．23　　　　B．25　　　　　　C．55　　　　　　D．80

试题（70）分析

本题考查电子邮件的基础知识。

SMTP 协议使用的端口号是 25。

参考答案

（70）B

试题（71）～（75）

ICMP is short for Internet 　（71）　 Message Protocol, and is an integral part of the Internet 　（72）　 suite (commonly referred to as TCP/IP). It is a 　（73）　 layer protocol used by network devices to diagnose network communication issues. IP is not designed to be absolutely reliable. ICMP is to provide feedback about problems in the communication environment, not to make IP 　（74）　. One of the most well-known and useful messages in an ICMP datagram is the Destination 　（75）　 message which is generated for several reasons, including unable to reach a network, a host, a port, or a protocol.

（71）A．Confirm　　　B．Control　　　C．Communicate　　D．Command

（72）A．Protocol　　　B．Public　　　C．Private　　　　D．Port

（73）A．physical　　　B．data link　　　C．network　　　　D．transport

（74）A．reliable　　　B．available　　　C．reachable　　　D．usable

（75）A．Unreliable　　B．Unavailable　　C．Unreachable　　D．Unusable

参考译文

ICMP 是 Internet 控制消息协议的缩写，是 Internet 协议套件（通常称为 TCP/IP）的组成部分。它是网络设备用来诊断网络通信问题的网络层协议。IP 的设计并不是绝对可靠的。ICMP 是为通信环境中的问题提供反馈，而不是使 IP 变得可靠。ICMP 数据报中最著名和最有用的消息之一是目的地不可到达消息，该消息由以下几个原因生成，包括无法到达网络、主机、端口或协议。

参考答案

（71）B　　（72）A　　（73）C　　（74）A　　（75）C

第 12 章　2019 下半年网络管理员下午试题分析与解答

试题一（共 20 分）

阅读以下说明，回答问题 1 至问题 4，将解答填入答题纸对应的解答栏内。

【说明】

某企业组网方案如图 1-1 所示。

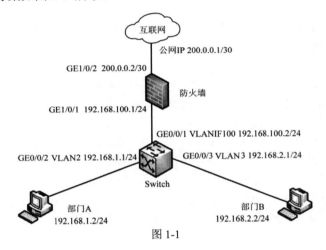

图 1-1

【问题 1】（8 分）

在该网络中，Switch 作为用户 PC 的网关，若要拓展网络，接入更多的计算机，在 Switch 的 GE0/0/2、GE0/0/3 接口上可以采用的技术有____(1)____、____(2)____、____(3)____，连接计算机的交换机接口类型一般不设置成____(4)____模式。

【问题 2】（6 分）

在 Switch 设备上配置如下命令片段，作用是____(5)____、____(6)____、____(7)____。

```
[Switch] vlan batch 100
[Switch] interface gigabitethernet 0/0/1
[Switch-GigabitEthernet0/0/1] port link-type access
[Switch-GigabitEthernet0/0/1] port default vlan 100
[Switch-GigabitEthernet0/0/1] quit

[Switch] interface vlanif 100
[Switch-Vlanif100] ip address 192.168.100.2 24
[Switch-Vlanif100] quit
[Switch] ip route-static 0.0.0.0 0.0.0.0 192.168.100.1
```

【问题 3】（2 分）

对于不经常变动的办公场所，通过限制 MAC 地址学习，防止黑客伪造大量不同源 MAC 地址的报文来耗尽设备的 MAC 地址表项资源。如果一个 VLAN 内有多个接口需要限制 MAC 地址学习数时，那么应该在　__(8)__　中配置规则。

（8）备选答案：

　　A．VLAN　　　　　　B．端口

【问题 4】（4 分）

要保证用户正常上网，需要在防火墙上配置地址转换和路由，其中配置 PAT 策略的转换地址是　__(9)__　，需要配置的出口路由命令是　__(10)__　。

试题一分析

本题通过小型网络组网方案，考查简单网络组网需要具备的基础知识，包括网络互连技术、基本的网络配置命令、MAC 地址管理、网络出口策略配置等内容。

【问题 1】

随着计算机数量的增加、网络规模的扩大，多台交换机互连取代单台交换机是一种必然的趋势，在多交换机的局域网环境中，交换机的级联、堆叠和集群是三种重要的技术。级联技术可以实现多台交换机之间的互连；堆叠技术可以将多台交换机组成一个单元，从而提供更大的端口密度和更高的性能；集群技术可以将相互连接的多台交换机作为一个逻辑设备进行管理，从而大大降低了网络管理成本，简化管理操作。

通常交换机的三种接口模式分别是 Access 接口模式、Trunk 接口模式和 Hybrid 接口模式。

Access 接口加入某一 VLAN（这也是默认所有接口都属于 VLAN1 的原因），且该接口只能允许一个 VLAN 流量通行，且不打 VLAN 标签，用于连接 PC、服务器、路由器（非单臂路由）等设备。

Trunk 接口默认允许所有 VLAN 通行，且对每个 VLAN 通过打不同标识加以区分，主要用于连接交换机等设备。

Hybrid 接口既可以实现 Access 接口的功能，也可以实现 Trunk 接口的功能，可以在没有三层网络设备（路由器、三层交换机）的情况下实现跨 VLAN 通信和访问控制。相对于 Access 接口和 Trunk 接口具有更高的灵活性与可控性。

【问题 2】

从题目给出的命令片段分析，该小型网络中 Switch 设备在网络中实现的功能较为单一，主要是接入计算机、转发用户数据。为了实现这样的功能，对交换机接口类型的接口地址进行了配置，并且配置了默认路由。

【问题 3】

交换机控制 MAC 地址学习数使用的方式有两种：基于 VLAN 限制 MAC 地址学习数和基于接口限制 MAC 地址学习数。在客户端不经常变动的办公场所中，通过限制 MAC 地址学习控制用户的接入，防止黑客伪造大量不同源 MAC 地址的报文发送到设备后，耗尽设备的 MAC 地址表项资源。当 MAC 地址表项资源满后，会导致正常 MAC 地址无法学习，报文进行广播转发，浪费带宽资源。

【问题 4】

PAT 地址转换属于 NAT 地址转换的一种方式，PAT 也叫动态地址转换，在私有网络地址和外部网络地址之间建立多对一映射，达到内部网多台主机共用同一个公网地址访问外部网络的目的，小型网络应用中多数采用这种方式。

参考答案

【问题 1】

（1）级联

（2）堆叠

（3）集群

（4）Trunk

注：（1）～（3）答案可以互换

【问题 2】

（5）配置接口类型

（6）配置接口 IP 地址

（7）缺省路由

注：（5）～（7）答案可以互换

【问题 3】

（8）A

【问题 4】

（9）200.0.0.2

（10）ip route-static 0.0.0.0 0.0.0.0 200.0.0.1

试题二（共 20 分）

阅读以下说明，回答问题 1 至问题 4，将解答填入答题纸对应的解答栏内。

【说明】

某单位在内部局域网采用 Windows Server 2008 R2 配置 DHCP 服务器。可动态分配的 IP 地址范围是 192.168.81.10～192.168.81.100 和 192.168.81.110～192.168.81.240；DNS 服务器的 IP 地址固定为 192.168.81.2。

【问题 1】（4 分）

在 DHCP 工作原理中，DHCP 客户端第一次登录网络时向网络发出一个　（1）　广播包；DHCP 服务器从未租出的地址范围内选择 IP 地址，连同其他 TCP/IP 参数回复给客户端一个　（2）　包；DHCP 客户端根据最先抵达的回应，向网络发送一个　（3）　包，告知所有 DHCP 服务器它将指定接收哪一台服务器提供的 IP 地址；当 DHCP 服务器接收到客户端的回应之后，会给客户端发出一个　（4）　包，以确认 IP 租约正式生效。

（1）～（4）备选答案：

A．Dhcpdiscover　　B．Dhcpoffer　　　C．Dhcprequest　　D．Dhcpack

【问题 2】（4 分）

　　DHCP 服务器具有三种 IP 地址分配方式：第一种是手动分配，即由管理员为少数特定客户端静态绑定固定的 IP 地址；第二种是　(5)　，即为客户端分配租期为无限长的 IP 地址；第三种是　(6)　，即为客户端分配一定有效期限的 IP 地址，到达使用期限后，客户端需要重新申请 IP 地址。

【问题 3】（9 分）

　　在 Windows Server 2008 R2 上配置 DHCP 服务，图 2-1 所示配置 IP 地址范围时"起始 IP 地址"处应填　(7)　，"结束 IP 地址"处应填　(8)　；图 2-2 所示添加排除和延迟时"起始 IP 地址"处应填　(9)　，"结束 IP 地址"处应填　(10)　。默认客户端获取的 IP 地址使用期限为　(11)　天；图 2-3 所示的结果中实际配置的租约期限是　(12)　秒。

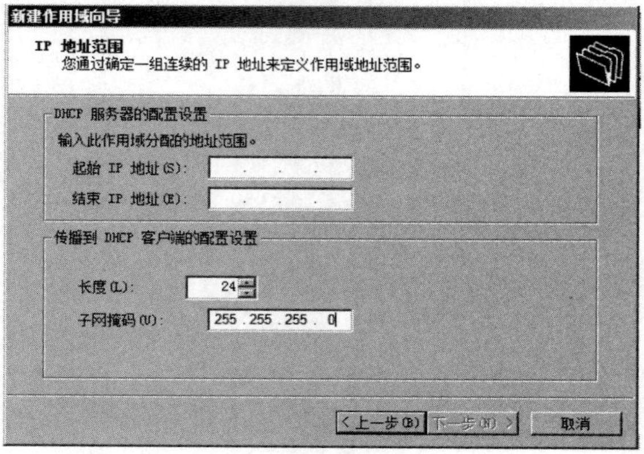

图 2-1

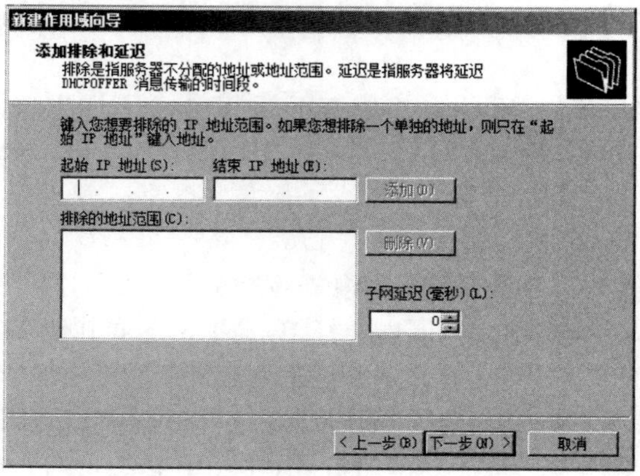

图 2-2

图 2-3

【问题 4】（3 分）

通过创建 DHCP 的 IP 保留功能，使静态 IP 地址的设备管理自动化。如果正在为新的客户端保留 IP 地址，或者正在保留一个不同于当前地址的新 IP 地址，应验证 DHCP 服务器是否租出该地址。如果地址已被租出，在该地址的客户端的命令提示符下键入 ipconfig/ （13） 命令来释放它；DHCP 服务器为客户端保留 IP 地址后，客户端需在命令提示符下键入 ipconfig/ （14） 命令重新向 DHCP 服务器申请地址租约。使用 ipconfig/ （15） 命令可查看当前地址租约等全部信息。

（13）～（15）备选答案：

  A．all   B．renew   C．release   D．setclassid

试题二分析

本题考查基于 Windows Server 2008 R2 操作系统的 DHCP 服务器配置过程。

此类题目要求考生认真阅读题目对现实问题的描述，根据给出的配置界面进行相关配置。

【问题 1】

本问题考查 DHCP 交互过程及报文信息。

DHCP 协议采用 UDP 作为传输协议，详细的交互过程如下：

①DHCP Client 以广播的方式发出 DHCP Discover 报文。

②所有的 DHCP Server 都能够接收到 DHCP Client 发送的 DHCP Discover 报文，所有的 DHCP Server 都会给出响应，向 DHCP Client 发送一个 DHCP Offer 报文。 DHCP Offer 报文中的 "Your（Client）IP Address" 字段就是 DHCP Server 能够提供给 DHCP Client 使用的 IP 地址，且 DHCP Server 会将自己的 IP 地址放在 "option" 字段中以便 DHCP Client 区分不同的 DHCP Server。DHCP Server 在发出此报文后会存在一个已分配 IP 地址的记录。

③DHCP Client 只能处理其中的一个 DHCP Offer 报文，一般的原则是处理最先收到的

DHCP Offer 报文。DHCP Client 会发出一个广播的 DHCP Request 报文，在选项字段中会加入选中的 DHCP Server 的 IP 地址和需要的 IP 地址。

④DHCP Server 收到 DHCP Request 报文后，判断选项字段中的 IP 地址是否与自己的地址相同。如果不相同，DHCP Server 不做任何处理，只清除相应 IP 地址分配记录；如果相同，DHCP Server 就会向 DHCP Client 响应一个 DHCP ACK 报文，并在选项字段中增加 IP 地址的使用租期信息。

⑤DHCP Client 接收到 DHCP ACK 报文后，检查 DHCP Server 分配的 IP 地址是否能够使用。如果可以使用，则 DHCP Client 成功获得 IP 地址并根据 IP 地址使用租期自动启动续延过程；如果 DHCP Client 发现分配的 IP 地址已经被使用，则 DHCP Client 向 DHCP Server 发出 DHCP Decline 报文，通知 DHCP Server 禁用这个 IP 地址，然后 DHCP Client 开始新的地址申请过程。

基于上述 DHCP 交互过程，可解答问题 1。

【问题 2】

DHCP 支持三种 IP 地址分配方法：

- 手动分配：由网络管理员为客户机分配一个永久 IP 地址，DHCP 仅用于将手动分配的地址传送给客户机。
- 自动分配：服务器为客户机分配一个永久的 IP 地址。
- 动态分配：服务器在一个有限的时间段内，为客户机分配一个 IP 地址，在使用完毕后予以回收。

【问题 3】

本问题考查在 Windows Server 2008 R2 上配置 DHCP 服务的过程。

如图 2-1 和图 2-2 所示，DHCP 服务配置过程采用 IP 地址范围加排除的方式。根据题干要求，动态分配的 IP 地址范围是 192.168.81.10～192.168.81.100 和 192.168.81.110～192.168.81.240。因此，图 2-1 所示 IP 地址范围应为 192.168.81.10～192.168.81.240。由于实际可分配的 IP 地址范围分为两段，应该把中断的部分添加到排除项中。因此，图 2-2 所示的排除 IP 地址范围应为 192.168.81.101～192.168.81.109。

默认客户端获取的 IP 地址使用期限为 8 天。图 2-3 中所示的获得租约的时间为 2019 年 7 月 9 日 9:46:36，租约过期的时间是 2019 年 7 月 9 日 10:46:36，因此实际配置的租约期限是 3600 秒。

【问题 4】

ipconfig 是调试计算机网络的常用命令。使用 ipconfig 命令时可以传入参数，例如：

- ipconfig/all：显示本机 TCP/IP 配置的详细信息，如图 2-3 所示，包含 DHCP 地址租约信息；
- ipconfig/renew：DHCP 客户端手工向服务器刷新请求；
- ipconfig/release：DHCP 客户端手工释放 IP 地址；
- ipconfig/setclassid：设置网络适配器的 DHCP 类别。

参考答案

【问题 1】

（1）A

　　（2）B

　　（3）C

　　（4）D

【问题 2】

　　（5）自动分配

　　（6）动态分配

【问题 3】

　　（7）192.168.81.10

　　（8）192.168.81.240

　　（9）192.168.81.101

　　（10）192.168.81.109

　　（11）8

　　（12）3600

【问题 4】

　　（13）C

　　（14）B

　　（15）A

试题三（共 20 分）

　　阅读以下说明，回答问题 1 至问题 4，将解答填入答题纸对应的解答栏内。

【说明】

　　某公司业务网络拓扑结构如图 3-1 所示，区域 A 和区域 B 通过四台交换机相连。为了能够充分地使用带宽，网络管理员计划在区域 A 和区域 B 之间的数据通信使用负载均衡来提高网络的性能。网络接口及 VLAN 划分如图 3-1 所示。

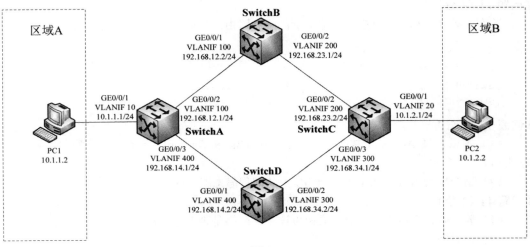

图 3-1

【问题 1】（11 分）

在 SwitchA 上配置的命令片段如下，请将命令补充完整。

```
<HUAWEI>  (1)
[HUAWEI]  (2)  SwitchA
[SwitchA] vlan  (3)  10 100 400
[SwitchA] interface gigabitethernet 0/0/1
[SwitchA-GigabitEthernet0/0/1] port  (4)  access
[SwitchA-GigabitEthernet0/0/1] port default  (5)
[SwitchA-GigabitEthernet0/0/1] quit

[SwitchA] interface gigabitethernet 0/0/2
[SwitchA-GigabitEthernet0/0/2] port link-type  (6)
[SwitchA-GigabitEthernet0/0/2] port trunk allow-pass vlan  (7)
[SwitchA-GigabitEthernet0/0/2] quit

[SwitchA] interface gigabitethernet 0/0/3
[SwitchA-GigabitEthernet0/0/3] port link-type trunk
[SwitchA-GigabitEthernet0/0/3] port trunk allow-pass vlan  (8)
[SwitchA-GigabitEthernet0/0/3] quit

[SwitchA] interface vlanif 10
[SwitchA-Vlanif10] ip address  (9)
[SwitchA-Vlanif10] quit
[SwitchA] interface vlanif 100
[SwitchA-Vlanif100] ip address  (10)
[SwitchA-Vlanif100] quit
[SwitchA] interface vlanif 400
[SwitchA-Vlanif400] ip address  (11)
[SwitchA-Vlanif400] quit
```

【问题 2】（4 分）

若在 SwitchA 和 SwitchC 上配置等价的静态路由，请将下列配置补充完整。

```
[SwitchA] ip route-static  (12)  192.168.12.2
[SwitchA] ip route-static 10.1.2.0 24  (13)

[SwitchC] ip route-static  (14)  192.168.23.1
[SwitchC] ip route-static 10.1.1.0 24  (15)
```

【问题 3】（3 分）

（1）若以区域 A→区域 B 为去程，在 SwitchB 和 SwitchD 上是否需要配置回程的静态路由？

（2）请分别给出 SwitchB 和 SwitchD 上的回程静态路由配置。

【问题 4】（2 分）

（1）若在四台交换机上开启生成树协议，该网络是否能够正常工作？

（2）请说明（1）中回答结果的理由。

试题三分析

本题考查交换机、路由器的基本配置。

对于该类题目，考生应认真阅读题目的具体要求，并对拓扑结构仔细研究，结合拓扑结构中所提供的所有信息，完成题目要求的功能配置。

【问题 1】

本问题考查考生对交换机基本配置代码和基本配置方法的掌握程度。

一般是完成交换机或路由器的基本配置，例如交换机名、接口 IP 地址等。可根据拓扑结构中所提供的信息完成基本配置。

【问题 2】

本问题考查静态路由的配置方法。

要求考生掌握静态路由的基本配置代码的格式和使用方法。

【问题 3】

本问题考查路由配置的基本逻辑。

路由器必须有去程路由，也必须有回程路由，数据包才能够成功到达目的地并返回确认消息，若只有去程或只有回程路由，则通信双方将无法进行正常的通信。

【问题 4】

本问题考查在物理上具有环路的拓扑结构中，生成树协议的工作状态。

在该题目中，由于使用的是负载均衡，则要求两条到达目的地的路径均能够在逻辑上联通。若在交换机中启用了生成树协议，则交换机会对某接口自动设置为阻塞状态，以使网络在逻辑上不存在回路，若如此，则负载均衡的作用将不能实现。

参考答案

【问题 1】

（1）system-view

（2）sysname

（3）batch

（4）link-type

（5）vlan 10

（6）trunk

（7）100

（8）400

（9）10.1.1.1 24

（10）192.168.12.1 24

（11）192.168.14.1 24

【问题 2】

（12）10.1.2.0 24

（13）192.168.14.2

（14）10.1.1.0 24

（15）192.168.34.2

【问题 3】

（1）需要

（2）

[SwitchB]ip route-static 10.1.1.0 24 192.168.12.1

[SwitchD]ip route-static 10.1.1.0 24 192.168.14.1

【问题 4】

（1）不能

（2）如果开启生成树协议，则会使交换机某个端口处于阻塞状态。

试题四（共 15 分）

阅读以下说明，回答问题 1 和问题 2，将解答填入答题纸对应的解答栏内。

【说明】

某学生成绩信息管理系统可以实现考试成绩录入保存、根据学号查询指定学生的成绩等功能。文件描述如表 4-1 所示。所有数据均存储在 Access 数据库中，数据库文件名为 stuInfoSystem.mdb。学生成绩表数据结构如表 4-2 所示。

表 4-1　部分文件描述表

文件名	功能描述
conn.asp	数据库连接定义
stuExamInsert.asp	学生考试成绩录入
stuExamSave.asp	学生考试成绩保存
stuExamView.asp	学生考试成绩查询显示

表 4-2　学生成绩信息表结构（表名：stuExam）

字段名	数据类型	说明
stuExamId	自动编号	主键
studentId	文本	学号
classId	文本	班级
chinese	数字	语文成绩
maths	数字	数学成绩
english	数字	英语成绩

学生成绩录入

学号 ▭
语文 ▭
数学 ▭
英语 ▭

提交

图 4-1

【问题 1】（8 分）

以下所示为数据库定义、成绩录入、成绩保存的功能实现。图 4-1 为成绩录入页面截图。请仔细阅读下列代码片段，将（1）～（8）的空缺代码补齐。

conn.asp 代码片段：

```
dim rs,conn
set rs=Server.CreateObject("ADODB.Recordset")
```

```
DBPath =Server.MapPath("__(1)__")
conn.Open"driver={Microsoft Access Driver (*.mdb)};dbq=" &DBPath
```

stuExamInsert.asp 代码片段：

```
<form name="form" method="post" action="__(2)__">
    <div class="title_top">
        <div class="top_cont">
        <div>
    </div>
    <div class="cont_title">
        <p>__(3)__</p>
    </div>
    <div class="box">
    <div class="text">
        <div>
            <span>学号</span>
        <input type="__(4)__"name="studentId"/>
        </div>
        <div>
            <span>语文</span>
        <input type="text"name="chinese"/>
        </div>
        <div>
            <span>数学</span>
        <input type="text"name="__(5)__"/>
        </div>
        <div>
            <span>英语</span>
        <input type="text"name="english"/>
        </div>
        <div class="c">
<input type="__(6)__"id="button"name="button"value="提交"/>
</div>
    </div>
    </div>
    </form>
```

stuExamSave.asp 代码片段（其中班级数据更新等其他代码略去）：

```
studentId=request.form("__(7)__")
chinese=request.form("chinese")
maths=request.form("maths")
english=request.form("english")
sql="insert into(8)
(studentId,chinese,maths,english)values('"&studentId&"','"&chinese&",
"&maths&","&english&")"
conn.execute(sql)
```

（1）～（8）备选答案：

    A．stuExam   B．学生成绩录入   C．submit   D．maths

    E．studentId F．stuExamSave.asp   G．text   H．stuInfoSystem.mdb

【问题 2】（7 分）

下列是根据班级查询某班级所有学生的各科目平均成绩，平均分小数点后保留 2 位。图 4-2 为执行查询后的页面截图。请仔细阅读该段代码，将（9）～（15）的空缺代码补齐。

查询结果				
班级	语文平均分	数学平均分	英语平均分	总平均分
三年级 2 班	87.32	91.61	93.07	272.00

图 4-2

stuExamView.asp 代码片段：

```
<!--#include file="__(9)__"-->'引入数据库连接定义
......
<%
classId=request.form("classId");
sql="select classId,round(avg(chinese),__(10)__)as avg_chinese,
round(avg(maths),2) as avg_maths,round(avg(english),2) as avg_english from
stuExamwhere classId='"&classId&"' group by __(11)__"
rs.opensql,conn
chinese=0
maths=0
english=0
total=0
If Not rs.eof Then
chinese=rs("avg_chinese")
maths=rs("avg_maths")
english=rs("__(12)__")
End If
total=chinese+maths+english
rs.close
%>
......
<table width="80%"border="1" align="center" cellpadding="0"cellspacing="0">
    <tr>
        <td  colspan="__(13)__"  height="30" align="center">查询结果</td>
    </tr>
    <tr>
        <td width="20%" height="30" align="center">班级</td>
        <td width="20%" height="30" align="center">语文平均分</td>
        <td width="20%" height="30" align="center">数学平均分</td>
        <td width="20%" height="30" align="center">英语平均分</td>
        <td width="20%" height="30" align="center">总平均分</td>
    </tr>
```

```
    <tr>
        <td width="20%" height="30" align="center"><%=classId%></td>
        <td width="20%" height="30" align="center"><%=chinese%></td>
        <td width="20%" height="30" align="center"><%=  (14)  %></td>
        <td width="20%" height="30" align="center"><%=english%></td>
        <td width="20%" height="30" align="center"><%=  (15)  %></td>
    </tr>
</table>
```

（9）～（15）备选答案：

A．classId	B．total	C．5	D．2
E．avg_english	F．conn.asp	G．maths	H．avg_maths

试题四分析

本题考查 HTML、ASP 和 SQL 查询的应用。

此类题目要求考生熟练使用 ASP、HTML 和 Access 进行网站设计和开发。

【问题 1】

本问题由 3 个页面组成，conn.asp 页面中创建数据库记录集对象 ADODB.Recordset 和定义数据库连接；stuExamInsert.asp 为学生成绩录入页面；stuExamSave.asp 页面将学生成绩保存到数据库中。上述页面中包含常用的 form、input、div 等 HTML 标签和创建数据库连接、获取 form 表单数据、保存数据到数据库等操作。

Server.MapPath 方法的作用是将相对路径转换为绝对路径，根据上下文可知，conn.asp 页面中需要与 access 数据库文件 stuInfoSystem.mdb 建立连接，以供其他操作访问数据库使用，此处的作用就是获取 stuInfoSystem.mdb 文件的绝对路径，故空（1）处应填写 "stuInfoSystem.mdb"。

<form name="form" method="post" action="_(2)_" >为 HTML 的 form 标签，action 属性为表单提交时向何处发送表单数据，根据表 4-1 的描述，stuExamSave.asp 为成绩保存页面，所以，stuExamInsert.asp 页面录入学生成绩后，需要提交跳转至 stuExamSave.asp 页面完成数据保存，故空（2）处应填 "stuExamSave.asp"。

HTML 的 p 标签作用是定义一个段落，根据图 4-1 可知，此处定义的段落内容为 "学生成绩录入"，故空（3）处应填写 "学生成绩录入"。

从图 4-1 可知，学号对应的 input 标签类型为文本输入框，故空（4）处应填写 "text"。

从 stuExamSave.asp 页面的 maths=request.form("maths")可知，form 表单中录入数学成绩的 input 标签 name 为 "maths"，故空（5）处应填写 "maths"。

input 标签的 type 属性值为 submit 时，会把表单数据发送到服务器。此处需要将录入的学生成绩信息提交给服务器，故空（6）处应填写 "submit"。

根据表 4-2 的描述，结合 stuExamSave.asp 上下文，此处 studentId 表示学生的学号，而在 stuExamInsert.asp 页面的成绩录入表单中学号对应的 input 标签 name 属性为 "studentId"，故空（7）处应填写 "studentId"。

根据表 4-2 的描述可知，保存学生成绩的数据库表名为 stuExam，故空（8）处应填写 "stuExam"。

【问题 2】

本问题由 1 个页面组成，stuExamView.asp 页面中根据班级信息，查询并显示该班级的平均成绩，该页面中包含常用的 HTML 标签和引用文件、计算平均成绩等操作。

根据注释可知，<!--#include file="__（9）__"-->的作用是引入数据库连接定义到本页面，从表 1 描述可知，conn.asp 实现了数据库连接定义功能，故空（9）处应填写"conn.asp"。

round(avg(chinese),__（10）__)的作用是将语文成绩平均并四舍五入，小数点后保留指定位数，从图 4-2 可知，语文平均成绩小数点后保留了 2 位，故空（10）处应填写"2"。

在 SQL 语句中，进行 avg()分组统计，需要使用 Group By 关键字指定分组字段，此处要求计算本班级所有学生的平均成绩，所有，需要按照班级进行分组统计，故空（11）处填写"classId"。

根据 SQL 语句中"round(avg(english),2) as avg_english"可知，英语成绩的平均分设置别名为"avg_english"，故空（12）所在语句从记录集中获取英语平均成绩时应填写"avg_english"。

td 标签的 colspan 属性定义单元格可横跨的列数，从图 4-2 可知，td 标签内容为"查询结果"的行横跨了 5 列，故空（13）处应填写"5"。

<%=__（14）__%></td>对应的为数学成绩，根据 maths=rs("avg_maths")可知，此空应填写"maths"。

<%=__（15）__%></td>对应的是总平均分，根据"total=chinese+maths+english"可知，此空应填写"total"。

参考答案

【问题 1】

（1）H

（2）F

（3）B

（4）G

（5）D

（6）C

（7）E

（8）A

【问题 2】

（9）F

（10）D

（11）A

（12）E

（13）C

（14）G

（15）B

第 13 章　2020 下半年网络管理员上午试题分析与解答

试题（1）

　　字符串的长度是指 ___（1）___ 。

　　（1）A．串中含有不同字母的个数　　　　B．串中所含字符的个数

　　　　　C．串中所含不同字符的个数　　　　D．串中所含非空格字符的个数

试题（1）分析

　　本题考查字符串数据的基础知识。

　　字符串的长度是指串中所含字符的个数。

参考答案

　　（1）B

试题（2）

　　若串="abcdef"，其子串的数目是 ___（2）___ 。

　　（2）A．12　　　　　　B．22　　　　　　C．23　　　　D．42

试题（2）分析

　　本题考查字符串数据的基础知识。

　　字符串"abcdef"的子串如下，其个数为 1+6+5+4+3+2+1=22。

　　①长度为 0 的子串，即空串：""；

　　②长度为 1 的子串："a""b""c""d""e""f"；

　　③长度为 2 的子串："ab""bc""cd""de""ef"；

　　④长度为 3 的子串："abc""bcd""cde""def"；

　　⑤长度为 4 的子串："abcd""bcde""cdef"；

　　⑥长度为 5 的子串："abcde""bcdef"；

　　⑦长度为 6 的子串："abcdef"。

参考答案

　　（2）B

试题（3）

　　对表进行折半查询，表必须 ___（3）___ 。

　　（3）A．以顺序方式存储，关键字随机排列

　　　　　B．以顺序方式存储，按关键字大小排序

　　　　　C．以链接方式存储，关键字随机排列

　　　　　D．以链接方式存储，按关键字大小排序

试题（3）分析

　　本题考查数据的查找运算的基础知识。

　　折半查找也称为二分查找，查找过程中首先是与中间位置的元素比较，若不相等，则下一次在前半部分继续进行折半查找，否则在后半部分继续进行折半查找。折半查找过程中需要元素序列已经排序，且可以直接定位至表的中间位置，所以查找表应采用顺序存储方式（即数组方式存储）。

参考答案

　　（3）B

试题（4）

　　关系型数据库是指通常采用关系模型创建的数据库，下列不属于关系模型的是___（4）___。

　　（4）A．一对一　　　　　B．一对多　　　　　C．多对多　　　　　D．列模型

试题（4）分析

　　本题考查数据库的基础知识。

　　关系型数据库是建立在关系模型基础上的数据库，借助于几何代数等数学概念和方法来处理数据库中的数据。E-R 图也称实体-联系图（Entity Relationship Diagram），提供了表示实体类型、属性和联系的方法，用来描述现实世界的概念模型。实体之间的关系有一对一、一对多和多对多。

参考答案

　　（4）D

试题（5）、（6）

　　将十进制的 123 转换成二进制是___（5）___，将十六进制的 AC 转换成二进制是___（6）___。

　　（5）A．1111011　　　　B．1110111　　　　C．1111111　　　　D．1111110

　　（6）A．10101100　　　B．11001100　　　C．10101010　　　D．11110000

试题（5）、（6）分析

　　本题考查数据表示的基础知识。

　　$123 = 64 + 32 + 16 + 8 + 2 + 1 = 1111011$。

　　十六进制数字与二进制数的对应关系如下表所示。

十六进制符号	0	1	2	3	4	5	6	7
二进制表示	0000	0001	0010	0011	0100	0101	0110	0111
十六进制符号	8	9	A	B	C	D	E	F
二进制表示	1000	1001	1010	1011	1100	1101	1110	1111

　　因此，十六进制的 AC 即二进制的 1010 1100。

参考答案

　　（5）A　　（6）A

试题（7）

　　不属于计算机外部存储的是___（7）___。

（7）A．光盘　　　　　　B．SSD　　　　　　C．硬盘　　　　　　D．Cache

试题（7）分析

本题考查计算机系统存储部件的基础知识。

光盘、SSD 固态硬盘、硬盘是常见的外部存储器。Cache（高速缓冲存储器）位于 CPU 和主存储器 DRAM（Dynamic Random Access Memory）之间，是容量较小但速度很快的存储器。

参考答案

（7）D

试题（8）

家用计算机的 CPU 通常采用 Intel 和 AMD 等品牌，其中性能较好的是　(8)　。

（8）A．G4600　　　　　B．i5-7500　　　　C．R5-2600　　　　D．TR 2950X

试题（8）分析

本题考查对微处理器的了解。

Intel 奔腾 G4600 是一款双核心 4 线程的台式计算机 CPU，制作工艺为 14 纳米。Intel Core i5-7500 是 Intel 的 4 核 4 线程处理器。R5-2600 属于 AMD 的 6 核 12 线程微处理器产品。TR 2950X 是 AMD 的 16 核 32 线程的处理器产品。

参考答案

（8）D

试题（9）

以下属于计算机操作系统的是　(9)　。

（9）A．Linux　　　　　B．WPS　　　　　C．SQLite　　　　D．ESET NOD32

试题（9）分析

本题考查计算机系统的基础知识。

Linux 是一种操作系统；WPS 是金山办公软件出品的 Office 软件；SQLite 是一款轻型的、遵守 ACID 的关系型数据库管理系统；ESET NOD32 是由 ESET（1992 年建立，是一个全球性的安全防范软件公司）出品的杀毒防毒软件产品。

参考答案

（9）A

试题（10）

学校中的学生作为一个实体，与其学习的课程（另一个实体）之间的联系是　(10)　。

（10）A．一对多　　　B．多对一　　　C．一对一　　　D．多对多

试题（10）分析

本题考查数据库系统的基础知识。

学校中的一名学生通常要学习多门课程，每门课程可以被多个学生学习，因此学生实体与课程实体之间的联系类型是多对多。

参考答案

（10）D

试题（11）

软件测试的对象不包括　　(11)　　。

(11) A. 程序　　　　　B. 数据　　　　　C. 文档　　　　　D. 环境

试题（11）分析

本题考查软件测试的基础知识。

软件测试贯穿于软件定义和开发的整个期间，软件测试的对象不包括环境。

参考答案

(11) D

试题（12）

C 语言源程序文件的扩展名是　　(12)　　。

(12) A. C　　　　　B. OBJ　　　　　C. ASM　　　　　D. EXE

试题（12）分析

本题考查程序语言的基础知识。

C 语言源程序文件的扩展名为"C"，将源程序编译后形成目标文件（扩展名为"OBJ"），经链接后形成可执行程序（Windows 系统下扩展名为"EXE"）。对 C 语言源程序进行翻译的过程中，也可以生成其汇编代码形式的表示，扩展名为"ASM"。

参考答案

(12) A

试题（13）

关于进程与程序描述错误的是　　(13)　　。

(13) A. 进程是正在运行的程序的实例

　　　B. 同一个程序可以对应多个进程

　　　C. 运行中的进程有两种基本状态，即就绪状态和运行状态

　　　D. 程序是指令和数据的有序集合

试题（13）分析

本题考查操作系统的基础知识。

程序是指令、数据及其组织形式的描述，进程是程序的实体。

进程的概念主要有两点：第一，进程是一个实体。每一个进程都有它自己的地址空间，一般情况下，包括文本区域、数据区域和堆栈。文本区域存储处理器要执行的代码，数据区域存储变量和进程执行期间使用的动态分配的内存，堆栈区域存储活动过程调用的本地变量和控制信息。第二，进程是一个"执行中的程序"。程序是一个没有生命的实体，只有处理器赋予程序生命时（即操作系统执行程序），它才能成为一个活动的实体，我们称其为进程。

运行中的进程具有就绪、运行和阻塞三种基本状态。

参考答案

(13) C

试题（14）

以下关于 SmartArt 功能的说法中，错误的是　（14）　。

（14）A．SmartArt 是 Microsoft Office 2007 中新加入的特性

　　　B．SmartArt 图形是信息和观点的视觉表示形式

　　　C．用户只能在 Word 中使用该特性创建各种图形图表

　　　D．SmartArt 图形类型包括"流程""层次结构""循环""关系"等

试题（14）分析

本题考查计算机应用的基础知识。

SmartArt 是 Microsoft Office 2007 中新加入的特性，用户可在 PowerPoint、Word、Excel 中使用该特性创建各种图形图表。

SmartArt 图形是信息和观点的视觉表示形式。可以通过从多种不同布局中进行选择来创建 SmartArt 图形，从而快速、轻松、有效地传达信息。

参考答案

（14）C

试题（15）

在 Excel 的工作表中有如下图所示的数据，假设用户在 A3 单元格里输入公式 =SUMIF(A1:D2,">20",A1:D2)，并按下回车键后，那么在 A3 中显示的数值是　（15）　。

	A	B	C	D
1	20	30	40	50
2	20	30	40	50
3				

（15）A．120　　　　B．240　　　　　　C．260　　　　　　D．280

试题（15）分析

本题考查计算机应用的基础知识。

SUMIF 函数的语法格式如下：

SUMIF（条件区域，求和条件，实际求和区域），实际求和区域包括在第一个条件区域里。

公式"=SUMIF(A1:D2,">20",A1:D2)"的含义是将 A1、A2、B1、B2、C1、C2、D1 和 D2 单元格中大于 20 的单元格内容求和，结果为 240。

参考答案

（15）B

试题（16）

Word 2010 文档不能另存为　（16）　文件类型。

（16）A．PDF　　　　B．纯文本　　　　　　C．网页　　　　　　D．PSD

试题（16）分析

本题考查计算机应用的基础知识。

Word 2010 文档可以另存为"PDF""TXT""HTML"等文件类型。

　　PSD 是 Adobe 公司的图像处理软件 Photoshop 的专用格式,这种格式可以存储 Photoshop 中所有的图层、通道、参考线、注解和颜色模式等信息。Word 2010 文档不能另存为 PSD 文件类型。

参考答案

（16）D

试题（17）

　　磁盘碎片整理的作用是＿＿（17）＿＿。

　　（17）A. 修复文件系统错误,恢复坏扇区

　　　　　B. 清除临时文件,释放磁盘空间

　　　　　C. 重新划分盘区,改变磁盘格式

　　　　　D. 连接碎片成连续区域,提高系统效率

试题（17）分析

　　本题考查计算机系统的基础知识。

　　磁盘碎片是因为磁盘文件被分散保存到整个磁盘的不同地方,而不是保存在磁盘连续的簇中形成的。文件碎片一般不会在系统中引起问题,但文件碎片过多会使系统在读文件的时候来回寻找,引起系统性能下降,严重的还会缩短硬盘寿命。

　　磁盘碎片整理就是通过系统软件或者专业的磁盘碎片整理软件,对计算机磁盘在长期使用过程中产生的碎片和凌乱文件重新整理,可提高计算机的整体性能和运行速度。

参考答案

（17）D

试题（18）

　　标准是对重复性事物和概念所做的统一规定,它以科学、技术和＿＿（18）＿＿的综合为基础,经过有关方面协商一致,由主管机构批准,以特定的形式发布,作为共同遵守的准则和依据。

　　（18）A. 组织　　　　　B. 实践经验　　　　　C. 工艺　　　　　D. 先进思想

试题（18）分析

　　本题考查标准化的基础知识。

　　标准是对重复性事物和概念所做的统一规定。规范（specification）、规程（code）都是标准的一种形式。

　　标准化（standardization）是在经济、技术、科学及管理等社会实践中,以改进产品、过程和服务的适用性,防止贸易壁垒,促进技术合作,促进最大社会效益为目的,对重复性事物和概念通过制定、发布和实施标准达到统一,获得最佳秩序和社会效益的过程。

参考答案

（18）B

试题（19）、（20）

　　某信道信号传输频率为 100～3400Hz,信噪比为 30dB,则该信道带宽为＿＿（19）＿＿Hz,支持的最大数据速率约为＿＿（20）＿＿b/s。

（19）A. 30　　　　　　B. 100　　　　　　C. 3300　　　　　D. 3400

（20）A. 1000　　　　　B. 16 500　　　　　C. 33 000　　　　D. 34 000

试题（19）、（20）分析

本题考查信道带宽及信道容量的基础知识。

信道带宽为频带频率的宽度，故带宽 B=f_{max}–f_{min}=3400–100=3300Hz。

信道容量即信道支持的最大数据速率，有 2 个定理，理想信道采用奈奎斯特定理，有噪信道采用香农定理。本试题为有噪信道，故采用香农定理，计算方法如下：

信噪比 SNR_{DB}=10$\log_{10}$SNR=30，故 SNR=1000。

信道容量 C=B$\log_2$(1+SNR)≈3300×10=33 000bps。

参考答案

（19）C　　（20）C

试题（21）

HFC 网络中，从运营商到小区采用的连接介质为＿＿（21）＿＿。

（21）A. 双绞线　　　　B. 红外线　　　　C. 同轴电缆　　　　D. 光纤

试题（21）分析

本题考查接入网相关的基础知识。

HFC 网络即混合光纤同轴网络，进小区是光纤，小区入户是同轴电缆。

参考答案

（21）D

试题（22）

6 个速率为 64Mb/s 的用户按照统计时分多路复用技术复用到一条干线上，若每个用户效率为 80%，干线开销为 4%，则干线速率为＿＿（22）＿＿Mb/s。

（22）A. 160　　　　　B. 307.2　　　　　C. 320　　　　　D. 384

试题（22）分析

本题考查统计时分多路复用相关的基础知识。

统计时分多路复用依据用户需求分配资源，计算方法如下：

用户总需求：6×64×80%=307.2Mb/s；

干线速率：307.2/(1–4%)=320Mb/s。

参考答案

（22）C

试题（23）、（24）

在 TCP/IP 协议栈中，ARP 协议工作在＿＿（23）＿＿，其报文封装在＿＿（24）＿＿中传送。

（23）A. 网络层　　　　B. 数据链路层　　　C. 应用层　　　　D. 传输层

（24）A. 帧　　　　　　B. 数据报　　　　　C. 段　　　　　　D. 消息

试题（23）、（24）分析

本题考查 TCP/IP 协议栈及相关协议。

ARP 协议工作在网络层，其报文封装在帧中进行传送。

参考答案

（23）A　（24）A

试题（25）

以下关于 IP 协议的叙述中，错误的是 ___（25）___。

（25）A．IP 是无连接不可靠的网络层协议

　　 B．IP 数据报的大小需小于等于 1500 字节

　　 C．IP 协议的主要功能是通过路由选择将报文传送到指定网络

　　 D．当 IP 报文经过 MTU 较小的网络时需要进行分片

试题（25）分析

本题考查 IP 协议的基础知识。

IP 是无连接不可靠的网络层协议，其报文最大可达 65 535 字节，如果在以太网中，受以太网 MTU 限制，其报文大小需小于等于 1500 字节。IP 协议的主要功能是通过路由选择将报文传送到指定网络，若经过 MTU 较小的网络时需要进行分片，在目的网络或目的主机进行重装。

参考答案

（25）B

试题（26）

以下关于存储转发式二层交换机的叙述中，错误的是 ___（26）___。

（26）A．交换机识别目的 MAC 地址，进行帧的转发

　　 B．交换机需要消除环路，防止学习到错误的地址

　　 C．交换机需要进行差错检测，避免坏帧传播

　　 D．交换机需要进行分片和重装，以适应不同大小的帧长

试题（26）分析

本题考查二层交换机的原理及基础知识。

二层交换机目前主要有存储转发式和直通式两种。其中存储转发式二层交换机识别目的 MAC 地址，进行帧的转发；环路会影响地址学习，故需要消除环路；需要进行差错检测，避免坏帧传播。分片和重装是网络层功能。

参考答案

（26）D

试题（27）

RIP 协议 ___（27）___ 进行路由抉择。

（27）A．仅利用自身节点的信息

　　 B．利用邻居的信息

　　 C．利用网络所有节点的信息

　　 D．不需要网络信息

试题（27）分析

本题考查 RIP 协议的基础知识。

RIP 协议即路由信息协议，采用距离矢量，利用邻居和自身节点的信息进行路由计算。

参考答案

（27）B

试题（28）、（29）

___（28）___ 是保留不使用的 IP 地址；___（29）___ 是能配置给某接口，在内网路由器中可以转发的 IP 地址。

（28）A. 248.0.0.1   B. 10.0.0.1   C. 127.0.0.1   D. 224.0.0.1

（29）A. 248.0.0.1   B. 10.0.0.1   C. 127.0.0.1   D. 224.0.0.1

试题（28）、（29）分析

本题考查 IP 地址相关的基础知识。

第 1 字节中高 4 位全 1 的是保留不使用的 IP 地址，248.0.0.1 第 1 字节最高 4 位全 1，是保留地址。10.0.0.1 是能配置给某接口并在内网路由器中可以转发的 IP 地址。127.0.0.1 是本地回送地址；224.0.0.1 是多播地址。

参考答案

（28）A   （29）B

试题（30）

两条路由 121.1.193.0/24 和 121.1.194.0/24 聚合之后的地址为 ___（30）___。

（30）A. 121.1.200.0/22   B. 121.1.192.0/23

　　　C. 121.1.192.0/22   D. 121.1.224.0/20

试题（30）分析

本题考查 IP 地址聚合的基础知识。

地址聚合是取最长的共同前缀，因此聚合后的地址为 121.1.192.0/22。

参考答案

（30）C

试题（31）

IPv4 最小首部的长度为 ___（31）___ 字节。

（31）A. 20   B. 40   C. 128   D. 160

试题（31）分析

本题考查 IPv4 首部格式的基础知识。

IPv4 最小首部的长度为 20 字节。

参考答案

（31）A

试题（32）

在 TCP 首部中，用于端到端流量控制的字段是 ___（32）___。

（32）A．SYN   B．端口号   C．窗口大小   D．紧急指针

试题（32）分析

本题考查 TCP 协议首部格式的基础知识。

SYN 用于建立连接；端口号用于进程寻址；窗口大小用于指定在未收到应答时对端还能传送的字节数，即控制对端的流量；紧急指针表明有带外数据传送。

参考答案

（32）C

试题（33）

主机 A 和主机 B 建立了一条 TCP 连接，主机 A 给主机 B 发送了 2 个连续的 TCP 段，分别包含 500 字节和 700 字节的有效字节，第 1 个段的序列号为 300，在主机 B 正确地接收到这两个段后，返回给主机 A 的确认号为　　（33）　　。

（33）A．800   B．801   C．1500   D．1501

试题（33）分析

本题考查 TCP 协议可靠传输。

TCP 连接建立后，依据序列号来进行传输管理，序列号是 TCP 段中第一个字节的编号。第 1 个段的序列号为 300、包含 500 字节，即第 1 个段传输的字节编号为 300～799；第 2 个段包含 700 字节，字节编号为 800～1499。所以在主机 B 正确地接收到这两个段后，返回给主机 A 的确认号为 1500。

参考答案

（33）C

试题（34）

安全电子交易协议通过　　（34）　　技术保证信息的完整性。

（34）A．信息摘要   B．双重签名   C．公钥加密   D．私钥加密

试题（34）分析

本题考查安全电子交易协议的基础知识。

把对一个信息的摘要称为该消息的指纹或数字签名。数字签名是保证信息的完整性和不可否认性的方法。

参考答案

（34）A

试题（35）

第一个采用分组交换技术的计算机网络是　　（35）　　。

（35）A．NSFNET   B．ARPANET   C．ALOHNET   D．INTERNET

试题（35）分析

本题考查网络的基础知识。

ARPANET 属于第二代网络，是以通信子网为中心的计算机网络，是继第一代以单计算机为中心的联机系统后首次出现的以分组交换技术为主的网络。

参考答案

（35）B

试题（36）

以太网帧格式中的 FCS 标记表示的是　（36）　。

（36）A．以太类型/长度　　　　　　　　B．帧校验序列

　　　 C．前导码　　　　　　　　　　　 D．帧起始定界符

试题（36）分析

本题考查以太网的基础知识。

帧校验序列（FCS），字段长度 4B，对接收网卡提供判断是否传输错误的一种方法，如果发现错误，则丢弃此帧。

参考答案

（36）B

试题（37）

通过 MAC 地址前 24 位可以查询到某网设备的　（37）　。

（37）A．主机名　　　　　　　　　　　　B．生产厂商信息

　　　 C．设备的 IP 地址　　　　　　　　D．所在网络信息

试题（37）分析

本题考查 MAC 地址的基础知识。

网卡 MAC 地址，被称为物理地址、硬件地址，长度是 48 比特（6 字节），分为前 24 位和后 24 位。前 24 位叫作组织唯一标志符（Organizationally Unique Identifier，OUI），是由 IEEE 的注册管理机构给不同厂家分配的代码，区分了不同的厂家。

参考答案

（37）B

试题（38）

交换机的扩展插槽不能插接的模块是　（38）　模块。

（38）A．电源　　　　　B．显卡　　　　　C．语音　　　　　D．堆叠

试题（38）分析

本题考查交换机硬件的基础知识。

交换机不提供显示输出功能，因此扩展插槽不提供显示模块。

参考答案

（38）B

试题（39）

三层交换机连接三个主机 A、B、C。要求 A 与 B 二层互通，A、B 与 C 二层不互通。要实现以上要求，需完成的相关配置包括　（39）　。

①A、B 划在同一个 VLAN

②C 划在不同于 A、B 所在 VLAN 的另一个 VLAN

③A、B 主机在同一个 IP 段

④分别给两个 VLAN 配置 IP 地址，将地址作为对应用户的默认网关

（39）A．①③④　　　　　　B．①②③　　　　　C．①②③④　　　　　D．①②

试题（39）分析

本题考查交换机配置的基础知识。

主机之间相互通信通常要求在一个网段，如果在不同的网段需要配置三层网关；不同的 VLAN 间只能通过三层互通。

参考答案

（39）C

试题（40）

删除 VLAN 的命令是　__（40）__。

（40）A．system-view　　　　　　　　　B．display this

　　　C．undo vlan　　　　　　　　　　D．interface GigabitEthernet

试题（40）分析

本题考查 VLAN 的基础知识。

华为交换机删除配置使用的命令前通常添加 undo。本题给出的其他命令与删除 VLAN 操作无关。

参考答案

（40）C

试题（41）

在 HTML 代码<ahref="/boat.txt" >轮船<a/>中，标记<a></a>用于定义　__（41）__。

（41）A．图片　　　　B．边框　　　　C．超链接　　　　D．横线

试题（41）分析

本题考查 HTML 标记的基础知识。

在 HTML 中，标记<a></a>是常用的标记，其作用是在 HTML 页面中定义一个超链接。

参考答案

（41）C

试题（42）

网页设计师编写了一个全局的 CSS 脚本 global.css，若要在多个页面中使用该全局脚本，应写在　__（42）__标记对中。

（42）A．<head></head>　　　　　　　　B．<body></body>

　　　C．<style></style>　　　　　　　　D．<p></p>

试题（42）分析

本题考查在 HTML 页面中使用 CSS 的基础知识。

在 HTML 中，可以使用 CSS 对页面中的元素进行格式排版，CSS 的使用方法可外部引用，也可以内部引用。如要在多个页面中使用该全局脚本，应该使用外部引用的方法。引用语句应该写在<head></head>标记对中。

参考答案

（42）A

试题（43）

网页设计目录如下图所示，使用 （43） 代码可在文件 wd.htm 中插入存放在 pic 文件夹中的图片 header.gif。

（43）A．<img src="header.gif">　　　　　　B．<img src="pic/header.gif">

　　　　C．<img src="/pic/header.gif">　　　　D．<img src="../header.gif">

试题（43）分析

本题考查 HTML 的基础知识。

在 HTML 设计时，可使用<img>标签在网页中插入图片，格式为：<img src="url" />。如果图片存储在其他的文件夹中，属性 src 的值可以使用 "/目录名/文件名" 的格式。

选项 A 用于图片存储在当前目录中的情况。

选项 B 用于图片存储在当前目录的子目录中的情况。

选项 D 用于图片存储在当前目录的上一级目录中的情况。

参考答案

（43）C

试题（44）

在 HTML 中，要将一个程序的源代码显示到页面上，应将源代码写在标记 （44） 中。

（44）A．<p></p>　　　B．<i></i>　　　C．<pre></pre>　　　D．<b></b>

试题（44）分析

本题考查 HTML 标记的基础知识。

<p></p>标记是段落标记，用于在页面中输出一段文字。

<i></i>标记是斜体字体样式标记，用于将字体设置为斜体。

<pre></pre>标记是原样显示标记，用于将所有字符原样显示在页面中。

<b></b>标记是加粗字体样式标记，用于将字体设置为加粗。

参考答案

（44）C

试题（45）

在 HTML 中，要在页面上设计一个提交按钮，需将 input 表单的 type 属性设置为 （45） 。

（45）A．button　　　B．submit　　　C．push　　　D．get

试题（45）分析

本题考查 HTML 表单的基础知识。

在 HTML 中，<input>元素有很多形态，根据不同的 type 属性值，表单形态不同，具体类型及描述如下表所示。

类　　型	描　　述
txt	定义常规的文本输入
submit	定义提交表单
button	定义按钮
radio	定义单选按钮
checkbox	定义多选按钮

参考答案

（45）B

试题（46）

浏览器的种类繁多，目前国内电脑端浏览器往往采用双内核架构，这些浏览器在兼容模式下采用的内核是＿＿（46）＿＿。

（46）A．IE 内核　　　　B．Webkit 内核　　　　C．Blink 内核　　　　D．Gecko 内核

试题（46）分析

本题考查浏览器内核的基础知识。

目前常见的浏览器内核可以分为四种：Trident、Gecko、Blink、Webkit。Trident 内核，也就是俗称的 IE 内核。国内很多双核浏览器的其中一核便是 Trident，称其为"兼容模式"。因此，国内双核浏览器在兼容模式下采用的内核是 Trident 内核（IE 内核）。

参考答案

（46）A

试题（47）

在浏览器输入域名进行访问时，首先执行的操作是＿＿（47）＿＿。

（47）A．域名解析　　　　　　　　　　　B．解释执行

　　　　C．发送页面请求报文　　　　　　D．建立 TCP 连接

试题（47）分析

本题考查浏览器访问方面的基础知识。

浏览器访问网页的过程，概括起来流程如下：

（1）浏览器本身是一个客户端，当用户输入 URL 的时候，首先浏览器会进行域名解析，获取域名对应的 IP；

（2）然后通过 IP 地址找到 IP 对应的服务器后，建立 TCP 连接；

（3）浏览器发送完 HTTP Request（请求报文）包后，服务器接收到请求包之后开始处理请求包；

（4）在服务器收到请求之后，服务器调用自身服务，返回 HTTP Response（响应）包；

（5）客户端收到来自服务器的响应后开始渲染这个 Response 包里的主体（body），等收到全部的内容后断开与该服务器之间的 TCP 连接。

参考答案

（47）A

试题（48）

可以使用　（48）　实现远程协助。

（48）A．TTL　　　　　　B．Telnet　　　　　　C．Tomcat　　　　　D．TFTP

试题（48）分析

本题考查远程协助方面的基础知识。

TTL 是 Time To Live 的缩写，该字段指定 IP 包被路由器丢弃之前允许通过的最大网段数量。TTL 是 IPv4 报头的一个 8 bit 字段。

Telnet 协议是 TCP/IP 协议族中的一员，是 Internet 远程登录服务的标准协议和主要方式，实现远程协助。

Tomcat 服务器是一个免费的开放源代码的 Web 应用服务器，属于轻量级应用服务器，在中小型系统和并发访问用户不是很多的场合下被普遍使用。

TFTP 是 TCP/IP 协议族中的一个用来在客户机与服务器之间进行简单文件传输的协议，提供不复杂、开销不大的文件传输服务。

参考答案

（48）B

试题（49）

邮件发送协议 SMTP 的默认服务端口号是　（49）　。

（49）A．21　　　　　　B．25　　　　　　C．110　　　　　　D．143

试题（49）分析

本题考查邮件发送协议的基础知识。

SMTP 是一种提供可靠且有效的电子邮件传输的协议。SMTP 是建立在 FTP 文件传输服务上的一种邮件服务，主要用于系统之间的邮件信息传递，并提供有关来信的通知。SMTP 独立于特定的传输子系统，且只需要可靠有序的数据流信道支持，SMTP 的重要特性之一是其能跨越网络传输邮件，即"SMTP 邮件中继"。使用 SMTP，可实现相同网络处理进程之间的邮件传输，也可通过中继器或网关实现某处理进程与其他网络之间的邮件传输。

21 是 FTP 的默认服务端口，25 是 SMTP 的默认服务端口，110 是 POP3 的默认服务端口，143 是 IMAP 的默认服务端口。

参考答案

（49）B

试题（50）

从网络下载文件的方式中，采用 P2P（点对点技术）原理的是　（50）　。

（50）A．浏览器下载　　　　　　　　　B．FTP 下载

　　　 C．BT 下载　　　　　　　　　　D．SFTP 下载

试题（50）分析

本题考查 P2P 下载的基础知识。

P2P 又称对等互联网络技术，是一种网络新技术，依赖网络中参与者的计算能力和带宽，而不是把依赖都聚集在较少的几台服务器上。

BT 下载是互联网下载方式之一。BT 是一种互联网的 P2P 传输协议，全名"BitTorrent"，已发展成一个有广大开发者群体的开放式传输协议。BT 下载是通过一个 P2P 下载软件来实现的，具有下载的人越多下载速度越快的特点。推荐使用的 BT 软件有 uTorrent、Bitcomet、Azureus 等。

FTP（File Transfer Protocol，文件传输协议）是 TCP/IP 协议族中的协议之一。FTP 协议包括两个组成部分：其一为 FTP 服务器，其二为 FTP 客户端。FTP 服务器用来存储文件，用户可以使用 FTP 客户端通过 FTP 协议访问位于 FTP 服务器上的资源。

SFTP（Secure File Transfer Protocol）是一种安全的文件传送协议，是 SSH 内含协议，通过使用加密/解密技术来保障传输文件的安全性。

参考答案

（50）C

试题（51）

网络安全基本要素中，数据完整性是指＿＿（51）＿＿。

（51）A．确保信息不暴露给未授权的实体或进程

　　　B．确保接收到的数据与发送的一致

　　　C．可以控制授权范围内信息流向及行为方式

　　　D．对出现的网络安全问题提供调查依据和手段

试题（51）分析

本题考查网络安全基本要素中数据完整性的概念。

数据完整性（Data Integrity）是信息安全的三个基本要素之一，指在传输、存储信息或数据的过程中，确保信息或数据不被未授权地篡改或在篡改后能够被迅速发现。在信息安全领域使用过程中，常常和保密性混淆。通常使用数字签名、散列函数等手段保证数据完整性。

参考答案

（51）B

试题（52）

以下关于特洛伊木马程序的描述中，错误的是＿＿（52）＿＿。

（52）A．黑客通过特洛伊木马可以远程控制别人的计算机

　　　B．其目的是在目标计算机上执行一些事先约定的操作，比如窃取口令等

　　　C．木马程序会自我繁殖、刻意感染其他程序或文件

　　　D．特洛伊木马程序一般分为服务器端（Server）和客户端（Client）

试题（52）分析

本题考查网络安全基础知识中关于计算机木马程序的概念。

特洛伊木马（Trojan Horse）简称木马，在计算机领域中指的是一种后门程序，是黑客用来盗取其他用户的个人信息（包括口令等），甚至是远程控制对方的电子设备而加密制作的，然后通过传播或者骗取目标执行该程序，以达到盗取密码等各种数据资料的目的。和病毒相似，木马程序有很强的隐秘性，会随着操作系统启动而启动。特洛伊木马程序一般分为服务器端（Server）和客户端（Client）。客户端收集信息发送给服务器端，服务器端通过客户端

控制目标主机。

木马程序不会自我繁殖，也不会刻意感染其他程序或文件。

参考答案

（52）C

试题（53）

下列选项中，___（53）___不是报文摘要算法。

（53）A．RSA　　　　　　B．MD5　　　　　C．SHA-1　　　　　D．SHA-256

试题（53）分析

本题考查信息安全中关于报文摘要算法的基础知识。

RSA 是一种非对称密码算法，在公开密钥加密和电子商业中被广泛使用。RSA 是由罗纳德•李维斯特（Ronald L. Rivest）、阿迪•萨莫尔（Adi Shamir）和伦纳德•阿德曼（Leonard M. Adleman）在 1977 年一起提出的。RSA 算法可用于构造加密算法和签名算法。

MD5（Message-Digest Algorithm 5）、SHA-1（Secure Hash Algorithm 1）以及 SHA-256（Secure Hash Algorithm 256）均为报文摘要算法。

参考答案

（53）A

试题（54）

入侵检测是对入侵行为的判定。其执行检测的第一步是___（54）___。

（54）A．信息收集　　　B．信息分析　　　C．数据包过滤　　D．数据包检查

试题（54）分析

本题考查入侵检测的基础知识。

入侵检测是防火墙的合理补充，帮助系统对付网络攻击，扩展了系统管理员的安全管理能力（包括安全审计、监视、进攻识别和响应），提高了信息安全基础结构的完整性。它从计算机网络系统中的若干关键点收集信息，并分析这些信息，看看网络中是否有违反安全策略的行为和遭到袭击的迹象。入侵检测被认为是防火墙之后的第二道安全闸门，在不影响网络性能的情况下能对网络进行监测，从而提供对内部攻击、外部攻击和误操作的实时防护。

数据包过滤和数据包检查是（包过滤）防火墙的主要功能，不符合入侵检测（系统）的描述。

参考答案

（54）A

试题（55）

某病毒攻击用户并加密文件。受害用户必须支付赎金（如 Bitcoin）后才可获得解密密钥，恢复这些文件。该病毒是___（55）___。

（55）A．冲击波　　　B．熊猫烧香　　　C．灰鸽子　　　　D．勒索病毒

试题（55）分析

本题考查关于勒索病毒的知识。

勒索病毒是一种新型电脑病毒，主要以邮件、程序木马、网页挂马的形式进行传播。该

病毒性质恶劣、危害极大,一旦感染将给用户带来无法估量的损失。这种病毒利用各种加密算法对文件进行加密,被感染者一般无法解密,必须支付赎金才能拿到解密的私钥。

冲击波病毒是利用在 2003 年 7 月 21 日公布的 RPC 漏洞进行传播的,该病毒于当年 8 月爆发。病毒运行时会不停地利用 IP 扫描技术寻找网络上系统为 Windows 2000 或 XP 的计算机,找到后就利用 DCOM/RPC 缓冲区漏洞攻击该系统,一旦攻击成功,病毒体将会被传送到对方计算机中进行感染,使系统操作异常、不停重启,甚至导致系统崩溃。另外,该病毒还会对系统升级网站进行拒绝服务攻击,导致该网站堵塞,使用户无法通过该网站升级系统。

灰鸽子(Huigezi)原本是适用于公司和家庭管理的软件,其功能十分强大,不但能监视摄像头、键盘记录、监控桌面、文件操作等,还可以运行后自删除、毫无提示安装等,因早年采用反弹链接这种缺陷设计,使得使用者拥有最高权限,一经破解即无法控制,最终导致被黑客恶意使用。

熊猫烧香是一款拥有自动传播、自动感染硬盘能力和强大的破坏能力的病毒,它不但能感染系统中 exe、com、pif、src、html、asp 等文件,还能终止大量的反病毒软件进程,并且会删除扩展名为 gho 的文件(该类文件是系统备份工具"GHOST"的备份文件,删除后会使用户的系统备份文件丢失)。

题目描述符合勒索病毒的特征。

参考答案

(55) D

试题(56)

常见的漏洞扫描分为基于规则匹配式扫描和模拟攻击类型扫描。下列基于规则匹配式扫描的描述中,错误的是 __(56)__。

(56) A. 通过程序来自动完成安全检测,减轻管理者的工作负担

  B. 可扫描出弱口令漏洞

  C. 可以对 Web 站点、主机操作系统、系统服务以及防火墙的漏洞进行扫描

  D. 根据已知的安全漏洞来推理,有一定局限性

试题(56)分析

本题考查漏洞扫描中基于规则匹配式的漏洞扫描方法。

基于规则匹配式的漏洞扫描方法首先需要构造规则库,即根据安全专家的分析、黑客攻击的分析和系统管理员关于网络系统安全配置的实际经验,形成一套标准的系统漏洞库。然后在此基础上构成相应的匹配规则,由程序自动进行系统漏洞扫描的分析工作。因此,选项 A 描述正确。

所谓基于规则是基于一套由专家经验事先定义的规则的匹配系统。例如在对 TCP 80 端口的扫描中,如果发现/cgi-bin/phf 或/cgi-bin/count.cgi,根据专家经验以及 CGI 程序的共享性和标准化,可以推测这个 WWW 服务存在两个 CGI 漏洞。类似地,可以利用规则匹配对主机操作系统、系统服务以及防火墙的漏洞进行扫描。因此,选项 C 描述也正确。

基于规则匹配式的漏洞扫描方法的局限性在于,规则只能针对已知漏洞生成,对于未知特征的漏洞,其检测扫描能力不足。因此,选项 D 描述也正确。

B 选项弱口令漏洞一般依赖于自动化暴力破解口令在线尝试攻击才能发现，不能通过基于规则匹配式的漏洞扫描方法发现。因此，选项 B 描述错误。

参考答案

（56）B

试题（57）

综合布线系统包括 6 个子系统：工作区子系统、水平布线子系统、管理子系统、垂直干线子系统、设备间子系统和建筑群干线子系统。下列描述属于工作区子系统的是___（57）___。

（57）A．将楼层内的每个信息点与楼层配线架相连

　　　　B．将用户终端连接到房间的信息插座

　　　　C．由每层配线设备至信息插座的水平电缆等组成

　　　　D．将干线系统延伸到用户工作区的部分

试题（57）分析

本题考查综合布线系统中工作区子系统的基础知识。

工作区子系统指建筑物内水平范围的个人办公区域，是放置应用系统终端设备的地方，它将用户的通信设备（即用户终端）连接到综合布线系统的信息插座上。该系统所包含的硬件包括信息插座、插座盒（或面板）、连接软线以及适配器或连接器等连接附件。

因此，选项 B 的描述符合工作区子系统的特征。

参考答案

（57）B

试题（58）

关于 ARP 命令的描述中，错误的是___（58）___。

（58）A．arp -a 显示 ARP 缓存表的内容

　　　　B．arp -a -N 10.0.0.99 显示接口的 ARP 缓存表

　　　　C．arp -s 10.0.0.80 00-AA-00-4F-2A-9C 添加一条静态表项

　　　　D．arp -c 清空 ARP 缓存表项

试题（58）分析

本题考查地址解析协议 ARP 及命令的相关知识。

arp -a 命令用于查看高速缓存中的所有项目。

arp-a-N 即 arp-a-Ninterface_address，如果我们有多个网卡，可以使用 arp-a-Ninterface_address 显示指定网络接口的 ARP 信息。B 选项即显示接口 10.0.0.99 的 ARP 缓存表。

arp -s internet_address ethernet_address 用于添加主机并且将 Internet 地址 internet_address 与物理地址 ethernet_address 相关联。物理地址是用连字符分隔的 6 个十六进制字节。

清空 ARP 缓存表项需要用到 arp-d *命令。

参考答案

（58）D

试题（59）

某主机连接 QQ 正常，甚至某些在线游戏也可正常进行，但用浏览器访问 www.163.com

及其他大部分域名时，提示无法连接。导致该主机当前故障的可能原因是___（59）___。

（59）A．无法连接 DHCP 服务器　　　　B．网关设置不正确

　　　C．DNS 服务器工作不正常　　　　D．www.163.com 服务器故障

试题（59）分析

本题考查网络故障分析与检测的基础知识。

本题选项的设计较为开放。因为题干询问"导致该主机当前故障的可能原因是"，因此可以采用排除法来找到正确答案。

无法连接 DHCP 服务器将会导致该主机无法获得正确的 IP 地址及其他网络参数，不可能正常连接 QQ。选项 A 排除。

网关设置不正确也将导致该主机无法与不同 IP 子网的主机通信，也不能正常连接 QQ。选项 B 也排除。

在正常的网络环境下，www.163.com 服务器出现故障是极小概率事件。因此，选项 D 也排除。

参考答案

（59）C

试题（60）

若要解析域名 www.test.com 所对应的 IP 地址，通过命令 ___（60）___ 不能得到该域名的 IP 地址。

（60）A．ping www.test.com　　　　　　B．Tracert www.test.com

　　　C．nslookup www.test.com　　　　D．Ipconfig www.test.com

试题（60）分析

本题考查对常用网络工具的使用和熟悉程度。

ping 命令在发出 echorequest 消息之前，如果目标主机是域名，将首先发出 DNS 请求，得到目标主机的 IP 地址。

tracert 命令用于追踪到目标主机之间的路由路径。如果目标主机是域名，同样将首先发出 DNS 请求，得到目标主机的 IP 地址，然后才向该 IP 地址发出消息。

nslookup 命令就是用于解析目标域名对应的 IP 地址。

ipconfig 是 Windows 平台用于查看和配置主机网络接口相关参数的命令。通过执行 ipconfig www.test.com 不能得到对应的 IP 地址。

参考答案

（60）D

试题（61）

用户访问某 Web 网站时，服务器方返回的代码是"404"，表明___（61）___。

（61）A．连接正常，请求文件正确　　　B．请求文件不存在

　　　C．请求文件被永久移除　　　　　D．请求文件版本错误

试题（61）分析

本题考查 HTTP 协议的基础知识。

HTTP 协议规定，如果被请求的文件不存在，将在 response 报文的状态行返回状态代码

"404"，状态短语 "Notfound" 用于指示客户端浏览器。

参考答案

（61）B

试题（62）

SNMPv1 支持 4 种操作：get、get-next、set 和 trap。其中 get-next　（62）　。

（62）A. 用于获取特定对象的值，提取指定的网络管理信息

　　　　B. 通过遍历 MIB 树获取对象的值，提供扫描 MIB 树和依次检索数据的方法

　　　　C. 用于修改对象的值，对管理信息进行控制

　　　　D. 用于通报重要事件的发生,代理使用它发送非请求性通知给一个或多个预配置的管理工作站，用于向管理者报告管理对象的状态变化

试题（62）分析

本题考查简单网络管理协议 SNMP 的基础知识。

在 SNMPv1 中，各操作的功能如下：

get 操作：从代理进程处提取一个或多个参数值。用于获取特定对象的值，提取指定的网络管理信息。

get-next 操作：从代理进程处提取紧跟当前参数值的下一个参数值。通过遍历 MIB 树获取对象的值，提供扫描 MIB 树和依次检索数据的方法。

set 操作：设置代理进程的一个或多个参数值。用于修改对象的值，对管理信息进行控制。

trap 操作：代理进程主动发出的报文，通知管理进程有某些事情发生。用于通报重要事件的发生，代理使用它发送非请求性通知给一个或多个预配置的管理工作站，用于向管理者报告管理对象的状态变化。

参考答案

（62）B

试题（63）

在 Linux 系统中，mkdir 命令的作用是　（63）　。

（63）A. 创建文件夹　　　　　　　　　B. 创建文件

　　　　C. 查看文件类型　　　　　　　　D. 列出目录信息

试题（63）分析

本题考查 Linux 的基本命令。

在 Linux 中，mkdir 命令的作用是创建目录。

参考答案

（63）A

试题（64）、（65）

在 Linux 系统中，要在局域网络中实现文件和打印机共享，需安装　（64）　软件，该软件是基于　（65）　协议实现的。

（64）A. Ser_U　　　　　B. Samba　　　　　C. firefox　　　　　D. VirtualBox

（65）A. SMB　　　　　B. TCP　　　　　C. SMTP　　　　　D. SNMP

试题（64）、（65）分析

本题考查 Linux 的基本服务。

- Samba 服务器向 Linux 或 Windows 系统客户端提供 Windows 风格的文件和打印机共享服务，实现安装在 Samba 服务器上的打印机和文件系统的共享；
- 支持 WINS 名字服务器解析及浏览；
- 提供 SMB 客户功能，利用 Samba 提供的 SMBClient 程序可以从 Linux 下以类似于 FTP 的方式访问 Windows 的资源；
- 备份 PC 上的资源；
- 支持 Windows 域控制器和 Windows 成员服务器对使用 Samba 资源的用户进行认证；
- 支持安全套接层协议。

参考答案

（64）B　　（65）A

试题（66）

在 Linux 系统中，DNS 搜索顺序及 DNS 服务器地址配置信息存放在__（66）__文件中。

（66）A．inetd.conf　　　　B．lilo.conf　　　　C．httpd.conf　　　　D．resolv.conf

试题（66）分析

本题考查 Linux 的应用服务器的基础知识。

在 Linux 中，/etc/resolv.conf 文件配置 DNS 客户端，它包含了主机的域名搜索顺序和 DNS 服务器的地址，每一行包含一个关键字和一个或多个由空格隔开的参数。

例如：

```
search mudomain.edu.cn
nameserver 210.34.0.14
nameserver 210.34.0.13
```

参考答案

（66）D

试题（67）

在 Linux 系统中，要修改系统配置，可在__（67）__目录中对相应文件进行修改。

（67）A．/etc　　　　　B．/dev　　　　　C．/root　　　　　D．/boot

试题（67）分析

本题考查 Linux 系统的基础知识。

Linux 使用标准的目录结构，在系统安装时，就为用户创建了文件系统和完整而固定的目录组成形式。Linux 文件系统采用多级目录的树型层次结构管理文件。树型结构的最上层是根目录，用"/"表示，其他的所有目录都是从根目录出发生成的。Linux 在安装时会创建一些默认的目录，这些目录都有其特殊的功能，用户不能随意删除或修改，如/bin、/etc、/dev、/root、/usr、/tmp、/var 等目录。

其中，/bin 目录（bin 是 Binary 的缩写）存放 Linux 系统命令；

/etc 目录存放系统的配置文件；

/dev 目录存放系统的外部设备文件；

/root 目录存放超级管理员的用户主目录。

参考答案

（67）A

试题（68）

要使用 Windows 操作系统使用域名解析服务，需在系统中安装　（68）　组件。

（68）A. DNS　　　　　　B. IIS　　　　　　C. FTP　　　　　　D. DHCP

试题（68）分析

本题考查 Windows 系统网络相关处理的基础知识。

DNS 提供域名解析服务。

IIS 是在 Windows 平台下的 Web 服务组件。

FTP 用于提供文件传输服务。

DHCP 用于提供动态主机地址配置服务。

参考答案

（68）A

试题（69）

在 Windows 系统中，管理员发现无法访问 www.aaa.com，若要跟踪该数据包的传输过程，可以使用的命令是　（69）　。

（69）A. nslookup www.aaa.com　　　　　B. arp www.aaa.com

　　　 C. tracert www.aaa.com　　　　　　D. route www.aaa.com

试题（69）分析

本题考查 Windows 网络命令的基础知识。

根据题干的描述，在 Windows 平台下，要对数据包进行跟踪，可使用 tracert 命令。

nslookup 命令用于查看当前域名系统信息。

arp 命令用于查看或显示当前系统中的 IP 地址和 MAC 地址的映射关系。

route 命令用于查看当前系统的路由信息。

参考答案

（69）C

试题（70）

管理员在使用 ping 命令时得到以下结果，出现该结果的原因不可能是　（70）　。

```
C:\WINDOWS\system32>ping www.bbb.com
Pinging www.bbb.com [96.45.82.198] with 32 bytes of data:
Request timed out.
Request timed out.
Request timed out.
Request timed out.

Ping statistics for 96.45.82.198:
```

```
Packets: Sent = 4, Received = 0, Lost = 4 (100% loss),
```

（70）A. 目标主机域名解析错误　　　　B. 目标主机关机

　　　　C. 目标主机无响应　　　　　　D. 目标主机拒绝接收 ping 数据包

试题（70）分析

本题考查 Windows 网络命令的基础知识。

ping 命令用于测试网络的连通性。根据题干的描述，ping 命令返回的结果为 "Request timed out"，表示响应超时。该结果表明 ping 数据包已送达目标主机，但未收到返回信息。从 ping 命令的返回结果可知，其域名未得到成功的解析。

参考答案

（70）A

试题（71）～（75）

Network Address ＿＿（71）＿＿ (NAT) is the process where a network device assigns a public address to a computer (or group of computers) inside a private network. The main use of NAT is to limit the number of public IP addresses that an organization or company must use, for both economy and ＿＿（72）＿＿ purposes. When a packet traverses outside the local network, NAT converts the private IP address to a public IP address. If NAT runs out of public addresses, the packets will be dropped and ＿＿（73）＿＿ "host unreachable" packets will be sent. Multiple private IP addresses are mapped to a pool of public IP addresses in ＿＿（74）＿＿ NAT. In contrast, many private IP addresses can also be translated to a single public IP address, and ＿＿（75）＿＿ are used to distinguish the traffics. This is most frequently used as it is cost effective as thousands of users can be connected to the Internet by using only one public IP address.

（71）A. Translation　　B. Transfer　　　C. Transform　　　D. Transition

（72）A. political　　　B. fairness　　　C. efficiency　　　D. security

（73）A. BGP　　　　　B. IGMP　　　　C. ICMP　　　　　D. SNMP

（74）A. static　　　　B. dynamic　　　C. manual　　　　D. adaptive

（75）A. port numbers　B. IP pairs　　　C. client IDs　　　D. MAC addresses

参考译文

网络地址转换（NAT）是一个网络设备给私有网络中的一台或一组主机分配一个公网 IP 的过程。NAT 的主要用途就是，以经济和安全为目的，限制一个组织或公司必须使用的公网 IP 地址的个数。当一个数据包从局域网传输出去时，NAT 把私有 IP 地址转换为公网 IP 地址。如果 NAT 用完了公网 IP 地址，数据包会被丢弃，并发送一个 ICMP 主机不可达报文。在动态 NAT 中，多个私有 IP 地址被映射到一个公网 IP 地址池中。相反，多个私有 IP 地址也可被转换到一个公网 IP 地址，端口号被用来区分不同的传输流。这是一种被频繁使用的划算的转换方式，因为上千个用户可以只通过一个公网 IP 接入 Internet。

参考答案

（71）A　　（72）D　　（73）C　　（74）B　　（75）A

第 14 章　2020 下半年网络管理员下午试题分析与解答

试题一（共 20 分）

阅读以下说明，回答问题 1 至问题 4，将解答填入答题纸对应的解答栏内。

【说明】

某小企业网络需求及位置示意图如图 1-1 所示。该企业网络设备安装在会议室的 24U 机柜中，包括一台 24 口三层交换机，一台出口路由器。每个房间均有两个 RJ45 接口面板连接网线到机柜，每个房间按用户人数放置 1~2 台 8 口交换机，8 口交换机采用默认配置。用户端从三层交换机配置的 DHCP 获得地址。

财务服务器一台与研发服务器两台分别放在各自的办公区域。

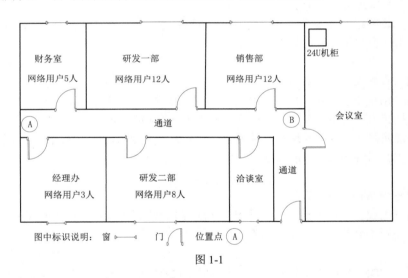

图 1-1

【问题 1】（4 分）

该网络主干的拓扑是 __(1)__ 结构，按需求说明最少需要 __(2)__ 台 8 口交换机。

【问题 2】（8 分）

该企业通过路由器为内网用户分配 192.168.0.1/24 网络地址，用户访问外网需要在路由器上开启 __(3)__ 功能。

某天，研发二部一位用户发现自己的计算机不能上网，管理员发现该用户获得来自 __(4)__ 分配的 169.254 地址段地址，该地址属于 __(5)__ 地址。处理该问题的基本思路是 __(6)__ 。

【问题 3】（4 分）

该企业有基本的无线上网需求，管理员在各办公室安装配置 __(7)__ 设备后，员工在各自的办公室通过手机 Wi-Fi 查找到指定的___(8)___，连接后即可实现上网。

【问题 4】（4 分）

该企业有基本的视频监控需求，管理员在位置点 A 和 B 可以监控和记录到楼道中的情况。选购视频监控摄像头时，CDD 的性能指标决定显示图像___(9)___。一般来说，通过降低___(10)___可以降低网络摄像机的带宽消耗。

试题一分析

本问题是关于一个小型网络规划的相关案例，主要考查网络拓扑、网络用户硬件配置以及相关基础知识及应用。

【问题 1】

本问题中的网络拓扑符合（基本符合）星型或者树型结构的特征。

星型拓扑的主要特征是以中央节点为中心，并用单独的线路使中央节点与其他各节点相连，相邻节点之间的通信都要通过中央节点。

树型拓扑的主要特征是分级的集中控制网络，像一棵倒置的树，顶端是树根，树根以下带分支，每个分支还可带子分支。

为了计算该网络需要多少台 8 口交换机，可以根据每个房间的用户数量或者服务器占用端口数量得出，但需要注意的是上联口要单独计算。

【问题 2】

本问题考查私有地址的相关知识。

私有地址用户不能直接访问互联网，用户访问互联网需要将私有地址转换成公有地址，通常的转换是在出口设备上配置；当用户获取到 169.254 的地址段时，说明用户的 Windows 系统无法正常获得动态分配的地址，系统会自动分配一个专用地址。这通常是由于用户计算机连线故障或者网络接口故障所导致。

【问题 3】

本问题考查 Wi-Fi 相关基础知识。

用户通过无线上网，需要上网的区域有无线 AP，进行无线网络连接时需要连接指定的 SSID（也称作网络名或者服务集标识符）。

【问题 4】

本问题中 CDD 指的是摄像头的图像传感器，通常它的性能影响图像清晰程度。在网络监控中经常会使用到码率、帧率和分辨率等指标。在不降低图像质量的情况下，帧率的减少可以降低带宽的消耗。

参考答案

【问题 1】

（1）星型或树型

（2）8

【问题 2】

（3）NAT 或代理或映射

（4）Windows 系统或客户机

（5）专用或 APIPA 专用

（6）检查该用户计算机连接的网线或设备接口是否存在故障

【问题 3】

（7）AP

（8）SSID

【问题 4】

（9）清晰程度

（10）帧率

试题二（共 20 分）

阅读以下说明，回答问题 1 至问题 4，将解答填入答题纸对应的解答栏内。

【说明】

某单位的内部局域网采用 Windows Server 2008 R2 配置 DHCP 服务器。网络规划设计方案如图 2-1 所示。其中，路由器符合 RFC 1542 规范，可以将 DHCP 消息转发到不同的网段。

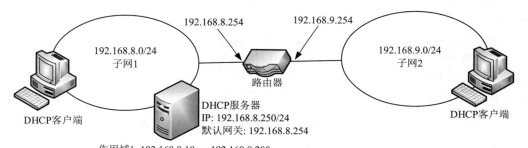

图 2-1

【问题 1】（8 分）

随着子网 1 内计算机数量的增加，现计划增加一个新的作用域，IP 地址范围为 192.168.8.210～192.168.8.240。由于一台 DHCP 服务器内，一个子网只能有一个作用域。为了达到增加 IP 地址范围的目的，网络管理员采用了对作用域 1 的 IP 地址范围进行扩容并新建除排除范围的实现方式。在该实现方式下，图 2-2 所示的作用域属性中"起始 IP 地址"应配置为__（1）__，"结束 IP 地址"应配置为__（2）__；图 2-3 所示的添加排除对话框中"起始 IP 地址"应配置为__（3）__，"结束 IP 地址"应配置为__（4）__。

图 2-2

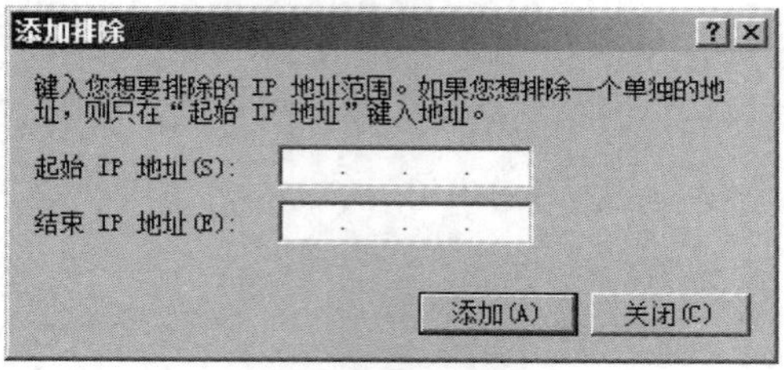

图 2-3

【问题 2】（4 分）

在图 2-1 所示的网络中，DHCP 服务器为子网 2 分配作用域 2 中的 IP 地址。若 DHCP 服务器收到路由器转发来自子网 2 内主机发送的 DHCP DISCOVER 报文，数据包内的 GIADDR（即转发代理网关 IP 地址）字段的 IP 地址应为 __(5)__。相应地，DHCP 服务器收到的子网 1 内主机发送的 DHCP DISCOVER 报文时，数据包内的 GIADDR 字段的 IP 地址应为 __(6)__。

【问题 3】（4 分）

在子网 1 中新增加一台 FTP 服务器，采用 DHCP 形式获取固定 IP 地址 192.168.8.100。为了实现该功能，网络管理员在作用域 1 中新建保留，保留特定 IP 地址给 FTP 服务器。如图 2-4 所示新建保留的过程，"IP 地址"应填 __(7)__。从图 2-4 所示的配置过程可以看出，DHCP 服务器根据客户端的 __(8)__ 来分配保留 IP。

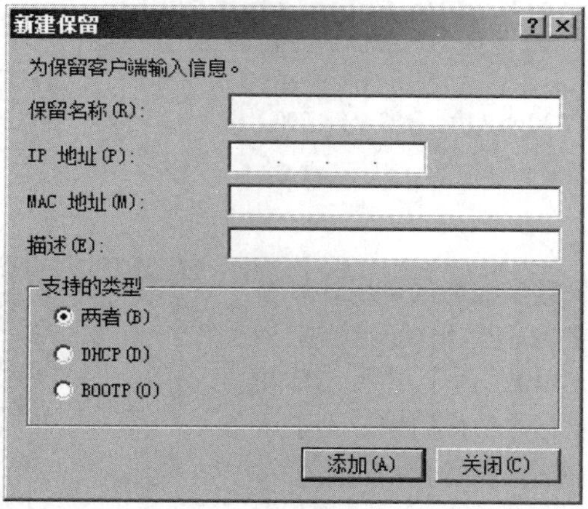

图 2-4

【问题 4】（4 分）

DHCP 客户端租到 IP 地址后，必须在租约到期之前更新租约，以便继续使用此 IP 地址。客户端用户可以利用 __(9)__ 命令手动更新租约，该命令发送的 DHCP 报文是 __(10)__。

试题二分析

本题考查基于 Windows Server 2008 R2 操作系统的 DHCP 服务器配置过程。

　　此类试题要求考生认真阅读试题对现实问题的描述，根据给出的配置界面进行相关配置。

【问题 1】

　　本问题考查在 Windows Server 2008 R2 上配置 DHCP 服务的过程。

　　如图 2-2 和图 2-3 所示，DHCP 服务配置过程采用 IP 地址范围加排除的方式。根据题干要求，动态分配的 IP 地址范围是 192.168.8.10～192.168.8.200 和 192.168.8.210～192.168.8.240。因此，图 2-2 所示 IP 地址范围应为 192.168.8.10～192.168.8.240。由于实际可分配的 IP 地址范围分为两段，应该把中断的部分添加到排除项中。因此，图 2-3 所示的排除 IP 地址范围应为 192.168.8.201～192.168.8.209。

　　基于上述分析，问题 1 的答案是（1）192.168.8.10、（2）192.168.8.240、（3）192.168.8.201、（4）192.168.8.209。

【问题 2】

　　本问题考查 DHCP 协议报中 GIADDR（即转发代理网关 IP 地址）字段的用法。

　　GIADDR 是 DHCP 中继的 IP 地址（注意不是网关地址）。当客户端发出 DHCP 请求时，GIADDR 默认为 0.0.0.0。如果服务器和客户端不在同一个网络中，那么第一个 DHCP 中继在转发这个 DHCP 请求报文时会把自己的 IP 地址填入此字段。服务器会根据此字段判断出网段地址，从而选择为用户分配地址的地址池。服务器还会根据此地址将响应报文发送给此DHCP 中继，再由 DHCP 中继将此报文转发给客户端。

　　基于上述分析，DHCP 服务器收到路由器转发来自子网 2 内主机发送的 DHCP DISCOVER 报文，数据包内的 GIADDR 字段的 IP 地址应为路由器在子网 2 内的 IP，即 192.168.9.254。相应地，DHCP 服务器收到的子网 1 内主机发送的 DHCP DISCOVER 报文时，数据包内的 GIADDR 字段的 IP 地址应为 0.0.0.0。

【问题 3】

　　本问题考查在 Windows Server 2008 R2 上配置 DHCP 时保留 IP 的过程。

　　根据题干，在子网 1 中新增加一台 FTP 服务器，采用 DHCP 形式获取固定 IP 地址 192.168.8.100。因此，如图 2-4 所示新建保留的过程，"IP 地址"应填 192.168.8.100。如图 2-4 所示，在新建保留时除了输入要保留的 IP 地址外，还应输入 IP 地址对应的 MAC 地址，DHCP 服务器根据客户端的 MAC 地址来分配保留 IP。

【问题 4】

　　ipconfig 是调试计算机网络的常用命令。使用 ipconfig 命令时可以传入参数，例如：

- ipconfig/all：显示本机 TCP/IP 配置的详细信息，包含 DHCP 地址租约信息；
- ipconfig/renew：DHCP 客户端手动向服务器刷新请求更新租约；
- ipconfig/release：DHCP 客户端手动释放 IP 地址；
- ipconfig/setclassid：设置网络适配器的 DHCP 类别。

　　DHCP 一共有 8 种报文，分别为 DHCP DISCOVER、DHCP OFFER、DHCP REQUEST、DHCP ACK、DHCP NAK、DHCP RELEASE、DHCP DECLINE、DHCP INFORM。

　　DHCP Client 以广播的方式发出 DHCP DISCOVER 报文。所有的 DHCP Server 都能够接收到 DHCP Client 发送的 DHCP DISCOVER 报文，所有的 DHCP Server 都会给出响应，向

DHCP Client 发送一个 DHCP OFFER 报文。DHCP Client 只能处理其中的一个 DHCP OFFER 报文，一般的原则是 DHCP Client 处理最先收到的 DHCP OFFER 报文。DHCP Client 会发出一个广播的 DHCP REQUEST 报文，在选项字段中会加入选中的 DHCP Server 的 IP 地址和需要的 IP 地址。DHCP Server 收到 DHCP REQUEST 报文后，判断选项字段中的 IP 地址是否与自己的地址相同。如果相同，DHCP Server 就会向 DHCP Client 响应一个 DHCP ACK 报文，并在选项字段中增加 IP 地址的使用租期信息。

另外，DHCP 客户端在成功获取 IP 地址后，在地址使用租期过去 1/2 时，会向 DHCP 服务器发送单播 Request 请求报文请求续延租约，如果没有收到 ACK 报文，在租期过去 3/4 时，会再次发送广播的 Request 请求报文以请求续延租约。

基于上述信息，问题 4 的答案是（9）ipconfig/renew，（10）DHCP REQUEST 或 REQUEST 或请求报文。

参考答案

【问题 1】

（1）192.168.8.10

（2）192.168.8.240

（3）192.168.8.201

（4）192.168.8.209

【问题 2】

（5）192.168.9.254

（6）0.0.0.0

【问题 3】

（7）192.168.8.100

（8）MAC 地址或物理地址

【问题 4】

（9）ipconfig/renew

（10）DHCP REQUEST 或 REQUEST

试题三（共 20 分）

阅读以下说明，回答问题 1 至问题 4，将解答填入答题纸对应的解答栏内。

【说明】

某公司网络中的一台 24 口的接入交换机因运行时间过长而损坏，导致部分用户无法连接网络，现需更换。原交换机配置了 3 个 VLAN，分别为 VLAN 10、VLAN 15 和 VLAN 20，管理 VLAN 为 VLAN 100，管理 IP 为 192.168.100.24。

【问题 1】（4 分）

某工作人员使用一台曾在其他网络中使用过的交换机准备直接接线通电使用，请回答下面问题。

（1）这样的做法是否可行？

（2）存在哪些风险？

【问题 2】(3 分)

管理员计划使用本地配置方式对交换机进行配置。需使用配置线连接交换机的 __(3)__ 接口。配置工具使用 SecureCRT，请将下面的配置参数补充完整。

表 3-1

参　　　数	缺　省　值
传输速率	__(4)__
流控方式	不进行流控
校验方式	AAA
停止位	1
数据位	__(5)__

【问题 3】(5 分)

下面是对交换机进行基本信息配置和认证信息配置的代码，请为下面的配置代码选择正确的注释。

```
<HUAWEI> clock timezone BJ add 08:00:00          //  (6)
<HUAWEI> clock datetime 10:10:00 2020-07-26      //  (7)
<HUAWEI> system-view
[HUAWEI] sysname Switch-d821                      //  (8)
[Switchd821] user-interface console 0
[Switchd821-ui-console0] authentication-mode aaa  //  (9)
[Switchd821-ui-console0] quit
[Switchd821] aaa
[Switchd821-aaa]  local-user  admin007  password  irreversible-cipher
admin@007                              //创建本地用户及密码
    [Switchd821-aaa] local-user admin007 privilege level 15
                                       //配置用户级别为 15 级
    [Switchd821-aaa] local-user admin007 service-type terminal //  (10)
    [Switchd821-aaa] quit
```

(6) ~ (10) 备选答案：

 A. 设置 Console 用户认证方式为 AAA 认证

 B. 配置接入类型为 terminal

 C. 设置当前本地时间和日期

 D. 配置交换机名称为 Switch-d821

 E. 配置时区

【问题 4】(8 分)

下面是对交换机进行管理信息及远程 Telnet 功能的配置代码，请选择正确的代码或注释。

```
[Switchd821]  (11)
[Switchd821-vlan100] interface  (12)      //配置 VLANIF100 作为管理接口
```

```
[Switchd821-Vlanif100] ip address  (13)
[Switchd821-Vlanif100] quit
[Switchd821] interface gigabitethernet 0/0/23
                              //GE0/0/23 为使用 Web 网管的登录端口
[Switchd821-GigabitEthernet0/0/23] port link-type access  // (14)
[Switchd821-GigabitEthernet0/0/23] port default vlan 100
                              //配置接口 GE0/0/23 加入 VLAN 100
[Switchd821-GigabitEthernet0/0/23] quit

# 配置 Telnet 功能
[Switchd821]telnet server enable  // (15)
[Switchd821] (16) vty 0 4  //进入 VTY 0～VTY 4 用户界面视图
[Switchd821-ui-vty0-4]user privilege level 15
                              //配置 VTY 0～VTY 4 的用户级别为 15 级
[Switchd821-ui-vty0-4]authentication-mode aaa
                              //配置 VTY 0～VTY 4 的用户认证方式为 AAA 认证
[Switchd821-ui-vty0-4]quit
[Switchd821] aaa
[Switchd821-aaa]local-user  admin008  password  irreversible-cipher
admin@008    // (17)
[Switchd821-aaa]local-user admin008 privilege level 15
                              //配置用户级别为 15 级
[Switchd821-aaa]local-user admin008 service-type  (18)
                              //配置接入类型为 telnet
[Switchd821-aaa]quit
```

（11）～（18）备选答案：

A. vlanif 100   B. vlan 100

C. 开启 Telnet 功能   D. 192.168.100.24 24

E. user-interface   F. 配置接口类型为 access

G. telnet   H. 创建 VTY 用户名和密码

试题三分析

本题考查交换机的基本配置方法。

考生需了解和掌握交换机的基本配置方法和配置命令。

【问题 1】

根据题干的描述，要将一台使用过的旧交换机使用在现有网络中，考虑到该交换机是一台旧交换机，其中包含了原有网络中的配置，直接使用在现有网络中存在风险。因为其原有的 VLAN 配置有可能会破坏现有网络中的 VLAN 信息，导致网络大面积瘫痪。

【问题 2】

本问题考查配置交换机的基本方法。

使用配置工具 SecureCRT 对交换机进行配置，需要使用配置线连接交换机的 console 端口，并设置 SecureCRT 的配置参数。配置参数默认使用缺省值。

【问题 3】

本问题考查通过管理端口对交换机配置时的认证方式。

认证方式采用 AAA 方式，并配置交换机的时区、时间信息和交换机名称。

【问题 4】

本问题考查以远程登录方式配置交换机的方法。

首先开启远程登录的配置方式，在 VTY 接口的认证方式采用 AAA 认证，并配置登录密码。

参考答案

【问题 1】

（1）不可行，存在风险。

（2）因为交换机为旧交换机，可能在其中存在 VLAN 自动配置信息，如冒然接入，有可能会破坏现有网络中的 VLAN 配置，使得网络大面积瘫痪。

【问题 2】

（3）console

（4）9600bit/s

（5）8

【问题 3】

（6）E

（7）C

（8）D

（9）A

（10）B

【问题 4】

（11）B

（12）A

（13）D

（14）F

（15）C

（16）E

（17）H

（18）G

试题四（共 15 分）

阅读以下说明，回答问题 1 和问题 2，将解答填入答题纸对应的解答栏内。

【说明】

某公司人力资源信息管理系统可以实现员工基本信息、工资、部门等信息管理功能，开发语言为 ASP，部分程序文件功能描述如表 4-1 所示。所有数据均存储在 Access 数据库中，数据库文件名为 erpInfoSystem.mdb，其中员工工资表数据结构如表 4-2 所示。

表 4-1　部分文件描述表

文　件　名	功能描述
salaryEdit.asp	工资调整录入
salarySave.asp	工资调整保存
salarySearch.asp	工资详情查询显示

表 4-2　员工工资表结构（表名：**employeeSalary**）

字　段　名	数据类型	说　　明
ID	自动编号	主键
empID	文本	工号
empName	文本	姓名
department	文本	部门
salary	数字	工资/月

【问题 1】（8 分）

以下所示代码为实现员工工资调整的代码片段，当公司决定为工号 A001002 的员工每月工资增加 300 元时，图 4-1 为输入操作页面截图。请将（1）～（8）的空缺代码补齐。

图 4-1

salaryEdit.asp 代码片段：

```
<form name="form" method="post" action="  (1)  "/>
    <div class="cont_title">
        <p>员工工资调整</p>
    </div>
    <div>
        <span>工号</span>
        <input type="text" name="  (2)  "/>
    </div>
    <br>
    <div>
        <span>额度</span>
        <input type="text" name="number"/>
```

```
    (3)
<br>
<div>
<span>类型</span>
<select name="change_type">
<option value="add">增加</option>
    <option value="dec">减少</option>
    (4)
</div>
</br>
<div class="c">
<input  type="submit"  id="button"  name="button"  value="提交"/>
</div>
</form>
```

salarySave.asp 代码片段：

```
empID=request.form("empID")
change_num=request.form("  (5)  ")   '注释：获取调整额度
change_type=request.form("change_type")
if change_type="  (6)  " then   '注释：当类型选择增加时
sql="update  (7)  set salary=salary+"&  (8)  &"where empID='"&empID&"'"
end if
conn.execute(sql)'注释：执行数据更新
```

说明：其他代码省去

（1）～（8）备选答案：

A. </div>	B. number	C. salarySave.asp
D. change_num	E. add	F. </select>
G. empID	H. employeeSalary	I. A001002
J. 300		

【问题 2】（7 分）

以下所示是根据员工工号查询工资并显示的程序代码片段，调整完工号为 A001002 的员工工资后，根据工号查询并显示该员工的详细工资信息，如表 4-3 所示。请将（9）～（15）的空缺代码补齐。

表 4-3

员工工资查询结果			
工号	姓名	部门	工资/月
A001002	张三	行政部	4500

salarySearch.asp 代码片段：

说明：rs 为结果集对象，conn 为数据库连接对象，定义和获取省去。

```
<%
condition=request.form("condition")   '注释：获取查询条件，即工号
sql="select empID as id ,empName,department ,salary  from employeeSalary
where empID ='"&  (9)  &"'"
rs.open sql,conn
If Not rs.eof Then
empID=rs("  (10)  ")
    empName=rs("empName")
    department=rs("department")
    salary=rs("salary")
    (11)
rs.close
%>
……
<table width="80%" border="1" align="center" cellpadding="0"cellspacing="0">
  <tr>
      <td  colspan=" (12) " height="30" align=" (13) ">员工工资查询结果
</td>
    </tr>
    <tr>
        <td width="25%" height="30" align="center">工号</td>
        <td width="25%" height="30" align="center">姓名</td>
        <td width="25%" height="30" align="center">部门</td>
        <td width="25%" height="30" align="center"> (14) </td>
    </tr>
    <tr>
        <td width="25%" height="30" align="center"><%=  (15) %></td>
        <td width="25%" height="30" align="center"><%=empName%></td>
        <td width="25%" height="30" align="center"><%=department%></td>
        <td width="25%" height="30" align="center"><%=salary%></td>
    </tr>
</table>
……
```

（9）～（15）备选答案：

A．工资/月　　　　　B．end if　　　　　C．empID　　　　　D．center
E．id　　　　　　　　F．4　　　　　　　　G．left　　　　　　H．condition

试题四分析

本题考查 HTML、ASP 和 SQL 查询的基本知识。

此类题目要求考生熟练使用 ASP、HTML 和 ACCESS 进行网站设计和开发。

【问题 1】

本问题由 2 个页面组成，salaryEdit.asp 为员工工资调整录入页面，salarySave.asp 页面将员工工资调整结果保存到员工工资表 employeeSalary。上述页面中包含常用的 form、input、 div 等 HTML 标签和获取 form 表单数据、保存数据到数据库等操作。

　　<form name="form" method="post" action="__（1）__" >为 HTML 的 form 标签，action 属性设置表单提交时向何处发送表单数据，根据表 4-1 的描述，salarySave.asp 为工资调整保存页面，所以，salaryEdit.asp 页面录入调整工资数后，需要提交跳转至 salarySave.asp 页面完成数据保存，故（1）处应填"salarySave.asp"。

　　从 salarySave.asp 页面的 empID =request.form("empID")可知，form 表单中录入工号的 input 标签 name 为"empID"，故工号　<input type="text" name="__（2）__" />处应填写"empID"。

　　HTML 的 div 标签常用于定义块，<div>表示块开始，</div>表示块结束，故（3）处应填写"</div>"。

　　HTML 的 select 标签可以创建带选项的选择列表，<select>表示开始，</select>表示结束，salaryEdit.asp 页面中 select 标签的代码缺少</select>，故（4）处应填写"</select>"。

　　salaryEdit.asp 页面中输入调整工资额度的 input 标签的 name 为 number，因此，在 salarySave.asp 页面获取 salaryEdit.asp 页面提交的 form 表单的调整工资额度时，（5）处应填写"number"。

　　从 salaryEdit.asp 页面中 select 类型选择列表选项<option value="add">增加</option>可知，当选择增加时，获取的 form 表单中 change_type 的 value 值为 add，因此，当判断类型选择为增加时，（6）处应填写"add"。

　　salarySave.asp 页面中，sql="update __（7）__ set salary=salary+"& __（8）__ &" where empID=' "&empID&" ' "SQL 语句为指定工号的员工增加工资，需要更新的是员工工资表 employeeSalary，因此，（7）" ' "处应填写"employeeSalary"；代码 change_num=request.form("__（5）__")的注释已经说明该行代码获取调整额度，因此，（8）处应填写"change_num"，表示增加的工资额度。

【问题 2】

　　本问题由 1 个页面组成，salarySearch.asp 页面中根据员工工号查询并显示该员工的工号、姓名、部门、工资等信息，该页面中包含常用的 HTML 标签和从数据库查询并显示等操作。

　　salarySearch.asp 页面中，代码 condition=request.form("condition")的注释已经说明该行代码获取查询条件，即工号，则 condition 的值为需要查询的工号。因此，根据工号进行查询的 SQL 语句中，（9）处应填写"condition"。

　　查询的 SQL 语句中，字段 empID 设置别名 id，故在结果集中获取该字段数据时，（10）处应填写"id"。

　　ASP 的 if 条件判断语句必须以 end if 结尾，故（11）处应填写"end if"。

　　由表 4-3 可知，该表格内容为"员工工资查询结果"的行由 4 列合并而成，且左右对齐方式为居中，故（12）处应填写"4"，（13）处应填写"center"。

　　由表 4-3 可知，该表格第二行第四列单元格内容为"工资/月"，故设置该单元格内容的代码（14）处应填写"工资/月"。

　　由表 4-3 可知，该表格第三行第一列单元格内容为该员工工号，该页面中，empID 的值为从数据库查询结果中获取的员工工号,故设置该单元格内容的代码（15）处应填写"empID"。

参考答案
【问题 1】
　　　　（1）C
　　　　（2）G
　　　　（3）A
　　　　（4）F
　　　　（5）B
　　　　（6）E
　　　　（7）H
　　　　（8）D
【问题 2】
　　　　（9）H
　　　　（10）E
　　　　（11）B
　　　　（12）F
　　　　（13）D
　　　　（14）A
　　　　（15）C

第 15 章　2021 上半年网络管理员上午试题分析与解答

试题（1）

以下关于互联网的叙述中，不正确的是　 (1) 　。

（1）A．传统互联网以 PC 为核心终端

　　 B．移动互联网以智能设备为核心终端

　　 C．智能互联网可把相关设备和物件作为终端

　　 D．物联网将全球所有物件用互联网连接起来形成一个统一的网络

试题（1）分析

本题考查信息技术的基础知识。

物联网并不是全球的统一网络，而是针对特定应用把相关物件通过传感器和互联网连接起来形成的网络。

参考答案

（1）D

试题（2）

企业信息化的作用不包括　 (2) 　。

（2）A．优化企业资源配置　　　　　　 B．实现规范化的流程管理

　　 C．延长产品的开发周期　　　　　　 D．提高生产效率，降低运营成本

试题（2）分析

本题考查信息技术的基础知识。

企业信息化将缩短产品的开发周期，加快产品更新换代。

参考答案

（2）C

试题（3）

以下关于企业数字化转型的叙述中，不正确的是　 (3) 　。

（3）A．数字化转型不是简单的技术问题，而是业务模式与管理模式的重塑

　　 B．数字化转型就是从手工记录企业运营信息转变为用计算机记录这些信息

　　 C．数字化转型的核心价值是连接协同（打破组织边界）和决策优化

　　 D．数字化不只是效率工具，更将重塑组织能力，推动组织变革

试题（3）分析

本题考查信息技术的基础知识。

企业数字化初期需要从手工记录企业运营信息转变为用计算机记录这些信息，但目前，企业数字化转型的目标和任务已大大拓展和深化。

参考答案

（3）B

试题（4）

在计算机的 CPU 中，用来存储待执行指令地址的是 ___(4)___ 。

（4）A. 累加器　　　　B. 程序计数器　　　C. 状态寄存器　　　D. 指令寄存器

试题（4）分析

本题考查计算机系统中指令寻址的基础知识。

在 CPU 中至少要有六类寄存器：指令寄存器、程序计数器、地址寄存器、数据寄存器、累加寄存器、状态字寄存器。

指令寄存器（Instruction Register，IR）用来保存当前正在执行的一条指令。程序计数器（Program Counter，PC）用来指出下一条指令在主存储器中的地址。地址寄存器（Address Register，AR）用来保存 CPU 当前所访问的主存单元的地址。数据寄存器（Data Register，DR）又称数据缓冲寄存器，其主要功能是作为 CPU 和主存、外设之间信息传输的中转站，用以弥补 CPU 和主存、外设之间操作速度上的差异。累加寄存器（Accumulator，AC）简称累加器，用来储存计算产生的中间结果。程序状态字（Program Status Word，PSW）也称状态字寄存器，用来表征当前运算的状态及程序的工作方式。

参考答案

（4）B

试题（5）

在主存与 Cache 的地址映射中，___(5)___ 是指主存中的任意一块可映射到 Cache 内的任一块位置上。

（5）A. 直接映射　　　　B. 全相联映射　　　C. 组相联映射　　　D. 混合映射

试题（5）分析

本题考查计算机系统的基础知识。

Cache 和主存被划分为很多块，块（Cache Block）作为映射的最小单元，块大小（Cache Block size）反映块内所包含的字节数。

直接映射是指每个主存块只与一个缓存块相对应，映射关系为 $i = j \bmod C$，其中 i 为缓存块号，j 为主存块号，C 为缓存块数。

全相联映射允许 Main Memory 中的每一个 Block 映射到 Cache 中的任何一个位置上面，只有当 Cache 中的 Block 全部被占用时，才考虑替换。

组相联映射是直接映射和全相联映射的一种折中方法。组相联映射是映射到 Cache 中唯一的组（Group，一组包含若干 Block），在组内则可映射到任一块。

参考答案

（5）B

试题（6）

计算机中的 ___(6)___ 直接反映了机器的速度，其值越高表明机器速度越快。

（6）A. 总线宽度　　　　B. 时钟频率　　　C. 存取速度　　　D. 内存容量

试题（6）分析

本题考查计算机性能评价的基础知识。

计算机的时钟频率直接反映了机器的速度，通常主频越高其速度越快。但是，相同频率、不同体系结构的机器，其速度可能会相差很多倍，因此还需要用其他方法来测定机器性能。

参考答案

（6）B

试题（7）

以下选项中，___(7)___ 是指在硬盘中寻找目标数据时，将读写头移动到目标磁道所用的时间。

（7）A．磁盘响应时间 　　　　　　　　 B．平均等待时间

　　　C．数据传输时间 　　　　　　　　 D．平均寻道时间

试题（7）分析

本题考查计算机性能的基础知识。

硬盘平均访问时间=平均寻道时间+平均等待时间。其中：平均寻道时间（Average seek time）是指硬盘在盘面上移动读写头至指定磁道以寻找相应目标数据所用的时间，它描述硬盘读取数据的能力，单位为毫秒；平均等待时间也称平均潜伏时间（Average latency time），是指当磁头移动到数据所在磁道后，等待所要的数据块继续转动到磁头下的时间。

参考答案

（7）D

试题（8）

以下关于矢量图的叙述中，错误的是 ___(8)___ 。

（8）A．矢量图是根据几何特性来绘制图形

　　　B．矢量图是通过数学公式计算得到的

　　　C．矢量图在放大缩小时不失真

　　　D．矢量图是一种点阵图像

试题（8）分析

本题考查多媒体的基础知识。

矢量图使用直线和曲线来描述图形，这些图形的元素是一些点、线、矩形、多边形、圆和弧线等，它们都是通过数学公式计算获得的。矢量文件中的图形元素称为对象。每个对象都是一个自成一体的实体，它具有颜色、形状、轮廓、大小和屏幕位置等属性，因此在维持它原有清晰度和弯曲度的同时，多次移动和改变它的属性也不会影响图例中的其他对象。矢量图形最大的优点是无论放大、缩小或旋转等都不会失真，最大的缺点是难以表现色彩层次丰富的逼真图像效果。

位图也称为点阵图，由像素构成，通过数码相机拍摄的、扫描仪生成的都是位图图片。位图可以很好地表现出颜色的变化和细微地过渡，效果十分逼真，而且可以在不同的软件中交换使用。分辨率是位图不可逾越的壁垒，在对位图进行缩放、旋转等操作时，无法生产新的像素，因此会放大原有的像素填补空白，这样会让图片显得不清晰。

参考答案

（8）D

试题（9）

在微型计算机系统中，显示器属于一种__（9）__。

（9）A. 表现媒体　B. 传输媒体　　　C. 交换媒体　　　D. 存储媒体

试题（9）分析

本题考查多媒体的基础知识。

显示器属于表现媒体。

参考答案

（9）A

试题（10）

根据著作权法规定，当著作权属于公民时，著作权人署名权的保护期为__（10）__。

（10）A. 20 年　　　B. 50 年　　　　C. 100 年　　　　D. 永久

试题（10）分析

本题考查知识产权的基础知识。

根据《中华人民共和国著作权法》第十条的规定，署名权表明作者的身份，在作品上署名的权利只能由作者享有。只有参加了作品的实质性创作，对作品的最后形成具有实质性的贡献的人才是作者，才享有署名权。署名权也是人身权利，保护期不受限制。

参考答案

（10）D

试题（11）

公司要统计每位销售人员每个月销售额的平均值，应该使用 Excel 中的__（11）__功能最方便。

（11）A. 排序　　　B. 分类汇总　　　C. 条件格式　　　　D. 筛选

试题（11）分析

本题考查计算机应用的基础知识。

根据统计、销售额、平均值等关键词，显然应使用分类汇总功能。

参考答案

（11）B

试题（12）

在操作系统的文件管理子系统中，文件目录是由__（12）__组成的。

（12）A. 汇编程序　B. 文件控制块　　　C. 进程控制块　　　D. 线程控制块

试题（12）分析

本题考查操作系统的基础知识。

操作系统文件管理中为了实现"按名存取"，系统必须为每个文件设置用于描述和控制文件的数据结构，它至少要包括文件名和存放文件的物理地址，这个数据结构称为文件控制块（FCB），文件控制块的有序集合称为文件目录。换句话说，文件目录是由文件控制块组成的，专门用于文件的检索。

参考答案

（12）B

试题（13）

目前应用于数据分析和人工智能领域的热门语言为　（13）　。

（13）A．Verilog　　　　　B．C　　　　　　　C．Python　　　　　D．SQL

试题（13）分析

本题考查程序语言的基础知识。

Python 是一种面向对象的、解释型的、通用的、开源的脚本编程语言。该语言最大的特点就是简单，初学者很容易上手，其标准库和第三方库众多，功能强大，既可以开发小工具，也可以开发企业级应用。Python 在人工智能领域的数据挖掘、机器学习、神经网络、深度学习等方面都是主流的编程语言，得到广泛的支持和应用。通过爬虫获取的海量数据需要进行清洗、去重、存储、展示、分析等，Python 通过许多优秀的类库（如 NumPy、Pandas、Matplotlib）实现数据分析的要求。

参考答案

（13）C

试题（14）

以下程序设计语言中，将其源程序翻译成可执行程序来运行的是　（14）　。

（14）A．Python　　　　B．C/C++　　　　C．Java　　　　　D．JavaScript

试题（14）分析

本题考查程序语言的基础知识。

计算机只能识别某些特定的二进制指令，在程序真正运行之前必须将源代码转换成二进制指令（机器指令）。

有的编程语言要求必须提前将所有源代码一次性转换成二进制指令，也就是生成一个可执行程序（例如 Windows 系统下的.exe），如 C/C++、Golang、Pascal（Delphi）等，这种编程语言称为编译型语言，使用的转换工具称为编译器。

有的编程语言可以一边执行一边转换，需要哪些源代码就转换哪些源代码，不会生成可执行程序，如 Python、JavaScript、PHP、MATLAB 等，这种编程语言称为解释型语言，使用的转换工具称为解释器。

Java 是半编译半解释型的语言，源代码需要先转换成一种中间文件（字节码文件），然后再由虚拟机执行中间文件，以满足跨平台需求并兼顾执行效率。

参考答案

（14）B

试题（15）

在面向对象方法中，将现实世界中的每个实体都看作是对象，如电视机、学生等，每个对象都有其属性和操作。　（15）　之间是对象和属性的关系。

（15）A．汽车和颜色　　B．汽车和加速　　C．汽车和校车　　D．汽车和乘客

试题（15）分析

本题考查面向对象的基础知识。

在面向对象方法中，类是对象之上的抽象，用类来表示应用领域中的概念。有些类之间存在一般和特殊的关系，一些类是某个类的特殊情况，某个类是一些类的一般情况，即特殊类是一般类的子类，一般类是特殊类的父类。例如，"汽车"类、"火车"类、"轮船"类、"飞机"类都是一种"交通工具"类。"汽车"类还可以有更特殊的子类，如"轿车"类、"卡车"类等；"火车"类按速度有更特殊的子类，如"普快"类、"特快"类、"动车"类和"高铁"类等；"学生"类可以更具体地分为"研究生"类、"本科生"类、"中学生"类等；"电话"类可以有"固定电话"类、"手机（移动电话）"类等。

参考答案

（15）A

试题（16）

影响软件可维护性的因素不包括　__（16）__　。

（16）A．可理解性　　　B．可分析性　　　C．互操作性　　　D．可扩展性

试题（16）分析

本题考查软件维护的基础知识。

可理解性表明人们通过阅读源代码和相关文档，了解程序功能及其如何运行的容易程度。

可分析性指分析定位问题的难易程度。

互操作性是指产品与产品之间交互数据的能力，属于软件功能性方面的质量属性。

可扩展性是指软件设计与实现考虑到未来的发展，并被视为扩展系统的能力和实现扩展所需的工作水平的系统度量。

参考答案

（16）C

试题（17）

编制计算机软件文档的基本原则不包括　__（17）__　。

（17）A．文档应立足于读者的角度，而不是作者的角度

　　　　B．文档行文要确切、清晰、一致，避免歧义误解

　　　　C．内容应避免重复，必要时可指明参阅其他文档

　　　　D．注意前后开发阶段文档的衔接，及时更新文档

试题（17）分析

本题考查软件工程的基础知识。

软件的多种文档之间会有一部分相同的内容，如果用"参阅**文档"来代替这部分内容，则会给使用者带来不便。软件文档不是教科书，是供使用者在需要时查阅的，每个文档都应自成一体。

参考答案

（17）C

试题（18）

以下关于数据流图的叙述中，不正确的是　(18)　。

(18) A. 数据流图描述了软件的功能模型，描述了数据流动和加工处理的逻辑过程

B. 数据字典定义了数据流图中各种元素的名称、编号、类别、描述和位置等

C. 绘制数据流图的原则是：自内向外，自底向上，逐层简化，提炼求精

D. 数据流图中不需要考虑怎样具体实现有关的功能

试题（18）分析

本题考查软件工程的基础知识。

绘制 DFD 的原则是：自外向内，自顶向下，逐层细化。

参考答案

(18) C

试题（19）

在 TCP/IP 协议栈中，应用层协议数据单元为　(19)　。

(19) A. 消息　　　　B. 段　　　　　C. 用户数据报　　　　D. 帧

试题（19）分析

本题考查 TCP/IP 协议的相关知识。

在 TCP/IP 协议栈中，应用层协议数据单元为消息；传输层协议数据单元为段；网络层协议数据单元为数据报；数据链路层协议数据单元为帧。

参考答案

(19) A

试题（20）

在 TCP/IP 协议栈中，ARP 报文封装在　(20)　中传送。

(20) A. UDP 报文　　　B. 帧　　　　　C. IP 分组　　　　D. TCP 段

试题（20）分析

本题考查 ARP 协议的相关知识。

在 TCP/IP 协议栈中，将 ARP 报文封装在数据链路层的数据帧中进行传送。

参考答案

(20) B

试题（21）

在综合布线系统中，信息插座是设计　(21)　应考虑的内容。

(21) A. 工作区子系统　　　　　　　　B. 水平子系统

C. 垂直子系统　　　　　　　　D. 管理子系统

试题（21）分析

本题考查综合布线系统的相关知识。

在综合布线系统中，信息插座是设计工作区子系统应考虑的内容。

参考答案

(21) A

试题（22）

采用 4 相 DPSK 调制，每个码元承载 __（22）__ bit 的数据。

（22）A．1   B．2   C．3   D．4

试题（22）分析

本题考查信号编码的相关知识。

采用 4 相 DPSK 调制，每个码元承载 2bit 的数据。

参考答案

（22）B

试题（23）

ADSL 采用的多路复用技术为 __（23）__ 。

（23）A．TDM   B．STDM   C．FDM   D．CDMA

试题（23）分析

本题考查 ADSL 的相关知识。

ADSL 采用的多路复用技术为 FDM。

参考答案

（23）C

试题（24）、（25）

IP 报文传输前默认使用 __（24）__ 协议查找 MAC 地址；出现报文传输错误时使用 __（25）__ 协议来报告差错。

（24）A．ARP   B．ICMP   C．IGMP   D．TCP

（25）A．ARP   B．ICMP   C．IGMP   D．TCP

试题（24）、（25）分析

本题考查 ARP、ICMP 等协议的相关知识。

IP 报文传输前默认使用 ARP 协议查找 MAC 地址；出现报文传输错误时使用 ICMP 协议来报告差错。

参考答案

（24）A   （25）B

试题（26）

下列 OSPF 路由信息更新的说法中，正确的是 __（26）__ 。

（26）A．固定每 30 秒向邻居发送更新信息

     B．固定每 30 秒向整个区域发送更新信息

     C．当路由信息有变化时向邻居发送更新信息

     D．当路由信息有变化时向整个区域发送更新信息

试题（26）分析

本题考查 OSPF 协议的相关知识。

OSPF 路由中，当路由信息有变化时向整个区域发送更新信息。

参考答案

（26）D

试题（27）

路由器收到一个 IP 数据包,其目标地址为 121.71.17.4,与该地址匹配的子网是 __(27)__ 。

（27）A．121.71.4.0/21　　　　　　　B．121.71.16.0/20

　　　C．121.71.8.0/22　　　　　　　D．121.71.20.0/22

试题（27）分析

本题考查 IP 地址及子网的相关知识。

地址 121.71.17.4 的二进制表示为：01111001 01000111 00010001 00000100；

地址 121.71.4.0/21 的二进制表示为：**01111001 01000111 00000**100 00000000；

地址 121.71.16.0/20 的二进制表示为：**01111001 01000111 0001**0000 00000000；

地址 121.71.8.0/22 的二进制表示为：**01111001 01000111 000010**00 00000000；

地址 121.71.20.0/22 的二进制表示为：**01111001 01000111 000101**00 00000000；

取共同前缀可知匹配的子网是 121.71.16.0/20。

参考答案

（27）B

试题（28）、（29）

__(28)__ 是私网 IP 地址；__(29)__ 是组播地址。

（28）A．248.0.0.1　　　　　　　　B．172.16.0.1

　　　C．127.0.0.1　　　　　　　　D．224.0.1.1

（29）A．122.0.0.3　　　　　　　　B．10.0.0.23

　　　C．169.254.2.2　　　　　　　D．224.0.0.5

试题（28）、（29）分析

本题考查 IP 地址的相关知识。

对于试题（28），这 4 个地址中，248.0.0.1 是保留地址，172.16.0.1 是私网地址，127.0.0.1 是本地回送地址，224.0.1.1 是组播地址。

对于试题（29），组播地址使用 D 类 IP 地址，其使用范围是 224.0.0.0 至 239.255.255.255。

参考答案

（28）B　　（29）D

试题（30）

IPv6 地址长度为 __(30)__ bit。

（30）A．16　　　　　B．32　　　　　C．64　　　　　D．128

试题（30）分析

本题考查 IPv6 地址的相关知识。

IPv6 地址空间对 IPv4 进行了扩展，长度达 128bit。

参考答案

（30）D

试题（31）

IP 分组头中标识符字段的作用是___（31）___。

（31）A．使分段后的数据包能够按顺序重装

　　　 B．标识不同的上层协议

　　　 C．指明发送的主机

　　　 D．报告应用数据类型

试题（31）分析

本题考查 IP 分组首部格式的相关知识。

IP 分组头中标识符字段唯一地标识了 IP 分组，其主要作用是使分段后的数据包能够按顺序重装。

参考答案

（31）A

试题（32）

在浏览器地址栏中输入 www.abc.com，浏览器默认的应用层协议是___（32）___。

（32）A．HTTP　　　　　 B．DNS　　　　　 C．TCP　　　　　 D．FTP

试题（32）分析

本题考查浏览器、HTTP 协议的相关知识。

在浏览器地址栏中输入 www.abc.com，默认使用的应用层协议是 HTTP。

参考答案

（32）A

试题（33）

无线设备加入无线局域网服务区时首先进行___（33）___。

（33）A．重关联　　　　 B．关联　　　　　 C．扫频　　　　　 D．漫游

试题（33）分析

本题考查无线设备的工作原理。

无线设备加入无线局域网服务区后先进行扫频；找到控制设备后进行关联；进入到另一区域后进行重关联；跨注册区域时需要漫游。

参考答案

（33）C

试题（34）

企业对消费者的电子商务模式是___（34）___。

（34）A．B2B　　　　　 B．B2C　　　　　 C．C2C　　　　　 D．B2G

试题（34）分析

本题考查电子商务的相关知识。

电子商务模式是指在网络环境和大数据环境中基于一定技术基础的商务运作方式和盈

利模式。包括企业与消费者之间的电子商务（Business to Consumer，B2C）、企业与企业之间的电子商务（Business to Business，B2B）、线下商务与互联网之间的电子商务（Online To Offline，O2O）等多种类型。

参考答案

（34）B

试题（35）

WLAN 的含义是　（35）　。

（35）A．无线局域网　　　　　　　B．无线广域网

　　　C．有线网络　　　　　　　　D．共享网络

试题（35）分析

本题考查无线局域网的概念。

WLAN 是由无线网卡、接入控制器设备（Access Controller，AC）、无线接入点（Access Point，AP）、计算机和有关设备组成的无线网络。

参考答案

（35）A

试题（36）

网络中使用 NAT 的主要目的是　（36）　。

（36）A．将域名解析成 IP 地址

　　　B．将 IPv4 地址解析为 MAC 地址

　　　C．向网络设备提供 IP 配置

　　　D．将内部私有地址转换为外部公有地址

试题（36）分析

本题考查 NAT 的基础知识。

NAT（Network Address Translation），即网络地址转换。通常情况下，内部网络的主机使用的私有地址与因特网上的主机使用的公有地址进行通信时可以使用 NAT 方法。

参考答案

（36）D

试题（37）

在因特网协议族中，下列位于网络层和应用层之间的协议是　（37）　。

（37）A．HTTP　　　　B．ICMP　　　　C．ARP　　　　D．TCP

试题（37）分析

本题考查互联网协议的相关知识。

在网络 OSI 的七层模型中，HTTP 在应用层，ICMP 在网络层，ARP 在数据链路层，TCP 在传输层。

参考答案

（37）D

试题（38）

在局域网中一般通过增加___（38）___来扩充接入终端的数量。

（38）A．交换机　　　　　B．防火墙　　　　　C．边缘路由器　　　　　D．网关

试题（38）分析

本题考查网络规划的基础知识。

通常情况下，交换机用于主机间的数据转发；防火墙用于网络资源或者网络区域的安全防护；边缘路由器部署在内部网络边界，用于内、外网之间的互联；网关部署在网段的出口，一般指一个具体的 IP 地址。

参考答案

（38）A

试题（39）

下面关于 VLAN 说法中不正确的是___（39）___。

（39）A．隔离广播域

　　　　B．可以限制计算机互相访问

　　　　C．跨 VLAN 通信要通过路由器

　　　　D．只能在一台交换机上逻辑分组

试题（39）分析

本题考查 VLAN 的概念。

VLAN 是虚拟局域网技术，VLAN 之间的通信是通过第 3 层的路由器来完成的。

参考答案

（39）D

试题（40）

某企业各个车间的计算机分布在同一个局域网内，在不改变网络拓扑结构的情况下，可以通过___（40）___技术将各车间相同业务的计算机进行虚拟组网。

（40）A．LACP　　　　　　　　　　　B．Proxy Server

　　　　C．VLAN　　　　　　　　　　　D．IS-IS

试题（40）分析

本题考查 VLAN 的概念。

LACP 是链路聚合技术；Proxy Server 是代理服务器技术；VLAN 是虚拟局域网技术；IS-IS 是内部网关路由协议。

参考答案

（40）C

试题（41）

在 HTML 中，要对文本进行加粗显示，应使用___（41）___标记对。

（41）A．<a></a>　　　　B．<b></b>　　　　C．<c></c>　　　　D．

试题（41）分析

本题考查 HTML 的基础知识。

在 HTML 中，使用标记对文本进行格式化，选项中的各项标记的作用分别是：

\<a>\</a>：在文本中设置锚或者连接；

\\：加粗显示文本；

\<c>\</c>：无该标签；

\<d>\</d>：无该标签。

参考答案

（41）B

试题（42）

网页设计师要使用外部样式表 global.css，下列的代码中正确的是　　(42)　　。

（42）A．\<css rel="stylesheet" type="text/css" href="global.css"/>

　　　　B．\<style rel="stylesheet" type="text/css" href="global.css"/>

　　　　C．\<link rel="stylesheet" type="text/css" href="global.css"/>

　　　　D．\<head rel="stylesheet" type="text/css" href="global.css"/>

试题（42）分析

本题考查 HTML 中外部样式表的使用方法。

在 HTML 中，要使用样式表有三种方法：使用外部样式表、使用内部样式表和在行内使用样式表。

外部样式在 HTML 页面 \<head> 部分内的 \<link> 元素中进行定义。

例如：

```
<head>
<link rel="stylesheet" type="text/css" href="mystyle.css">
</head>
```

内部样式表在 head 部分的 \<style> 元素中进行定义。

例如：

```
<head>
<style>
body {
  background-color: linen;
}

h1 {
  color: maroon;
  margin-left: 40px;
}
</style>
</head>
```

行内样式表在相关元素的"style"属性中定义。

例如：

```
<h1 style="color:blue;text-align:center;">This is a heading</h1>
<p style="color:red;">This is a paragraph.</p>
```

参考答案

（42）C

试题（43）

在 HTML 中有如下代码：

```
<pre>
<a herf="www.ccc.com">网上购物</a>
</pre>
```

在浏览器地址栏中显示正确的是　（43）　。

（43）A．网上购物

　　　B．<a herf= "www.ccc.com" >网上购物</a>

　　　C．<pre>

　　　　　<a herf= "www.ccc.com" >网上购物</a>

　　　　　</pre>

　　　D．www.ccc.com 网上购物

试题（43）分析

本题考查 HTML 的标签功能。

在 HTML 中，<pre></pre>标签是预处理标签，pre 元素可定义预格式化的文本。被包围在 pre 元素中的文本通常会保留空格和换行符，而文本也会呈现为等宽字体。

<pre>标签的一个常见应用就是用来表示计算机的源代码。

在该标签内，<p>、<address>标签等内容不能出现在该标记对内，会造成段落的断开。

参考答案

（43）A

试题（44）、（45）

在 H1TML 中，网页设计师要设计一个关于"性别"的选项，需使用　（44）　表单元素，其 type 属性设置为　（45）　。

（44）A．input　　　　　B．form　　　　　C．push　　　　　D．get

（45）A．checkbox　　　B．radio　　　　　C．text　　　　　D．submit

试题（44）、（45）分析

本题考查 HTML 中表单的使用方法。

在 HTML 中，<input>元素有很多形态，根据不同的 type 属性值，表单形态不同，具体类型及描述如下表所示。

类型	描述
txt	定义常规的文本输入
submit	定义提交表单
button	定义按钮
radio	定义单选按钮
checkbox	定义多选按钮

参考答案

（44）A　（45）B

试题（46）

目前浏览器普遍使用的内嵌视频播放器是＿＿（46）＿＿。

（46）A．HTML5 播放器　　　　　　B．RealPlayer 播放器

　　　C．QQ 影音　　　　　　　　　D．暴风影音

试题（46）分析

本题考查浏览器方面的基础知识。

①HTML5 播放器会逐步取代 Flash 播放器，成为 Web 端主流的视频播放器；

②RealPlayer 播放器、QQ 影音、暴风影音属于视频播放软件，需要单独安装。

综上所述，本题答案选 A。

参考答案

（46）A

试题（47）

在浏览器地址栏中输入 URL 访问 Web 站点，下列叙述中正确的是＿＿（47）＿＿。

（47）A．地址栏只能输入 IP 地址

　　　B．地址栏只能输入域名

　　　C．地址栏需同时输入 IP 地址和域名

　　　D．地址栏可以输入 IP 地址或域名

试题（47）分析

本题考查浏览器访问方面的基础知识。

浏览器访问 Web 站点时，地址栏输入的 URL 可以是域名地址，此时浏览器需要先进行域名解析，再向解析出的服务器 IP 地址发起 TCP 连接；URL 也可以直接是 IP 地址，此时浏览器不需要再进行域名解析，可直接发起 TCP 连接。不管是输入域名地址还是 IP 地址，都必须是完整有效的地址。

参考答案

（47）D

试题（48）

下列协议中，属于安全远程登录协议的是＿＿（48）＿＿。

（48）A．TLS　　　　　　B．TCP　　　　　　C．SSH　　　　　　D．TFTP

试题（48）分析

本题考查远程登录方面的基础知识。

传输层安全性（Transport Layer Security，TLS）协议的目的是为互联网通信提供安全及数据完整性保障。传输控制协议（Transmission Control Protocol，TCP）是一种面向连接的、可靠的、基于字节流的传输层通信协议，是为了在不可靠的互联网络上提供可靠的端到端字节流而专门设计的一个传输协议。SSH（Secure Shell）由 IETF 的网络小组（Network Working Group）所制定，SSH 为建立在应用层基础上的安全协议，它是较可靠的专为远程登录会话和其他网络服务提供安全性的协议。简单文件传输协议（Trivial File Transfer Protocol，TFTP）是 TCP/IP 协议族中的一个用来在客户机与服务器之间进行简单文件传输的协议，提供不复杂、开销不大的文件传输服务。

参考答案

（48）C

试题（49）

使用电子邮件客户端向服务器发送邮件的协议是　（49）　。

（49）A．SMTP　　　　　　B．POP3　　　　　C．IMAP4　　　　　D．MIME

试题（49）分析

本题考查电子邮件协议的基础知识。

电子邮件发送协议是一种基于"推"的协议，主要包括 SMTP；邮件接收协议则是一种基于"拉"的协议，主要包括 POP 协议和 IMAP 协议。

①SMTP 是一种提供可靠且有效的电子邮件传输的协议。SMTP 是建立在 FTP 文件传输服务上的一种邮件服务，主要用于系统之间的邮件信息传递，并提供有关来信的通知。

②POP3（Post Office Protocol - Version 3）即"邮局协议版本 3"，是 TCP/IP 协议族中的一员，由 RFC1939 定义。本协议主要用于支持使用客户端远程管理服务器上的电子邮件。

③ IMAP4（Internet Message Access Protocol 4）即交互式数据消息访问协议第四个版本。IMAP4 协议弥补了 POP3 协议的很多缺陷，由 RFC3501 定义。本协议用于客户机远程访问服务器上的电子邮件，它是邮件传输协议新的标准。

④MIME（Multipurpose Internet Mail Extensions，多用途互联网邮件扩展类型）是设定某种扩展名的文件用一种应用程序来打开的方式类型，当该扩展名文件被访问的时候，浏览器会自动使用指定应用程序来打开。多用于指定一些客户端自定义的文件名，以及一些媒体文件打开方式。

参考答案

（49）A

试题（50）

下列协议中，不属于应用层协议是　（50）　。

（50）A．HTTP　　　　　　B．FTP　　　　　　C．Telnet　　　　　D．UDP

试题（50）分析

本题考查 TCP/IP 协议栈的基础知识。

常用的应用层协议包括：

①域名系统（Domain Name System，DNS）：用于实现网络设备名字到 IP 地址映射的网络服务。

②文件传输协议（File Transfer Protocol，FTP）：用于实现交互式文件传输功能。

③简单邮件传送协议（Simple Mail Transfer Protocol，SMTP）：用于实现电子邮箱传送功能。

④超文本传输协议（Hyper Text Transfer Protocol，HTTP）：用于实现 WWW 服务。

⑤简单网络管理协议（Simple Network Management Protocol，SNMP）：用于管理与监视网络设备。

⑥远程登录协议（Telnet）：用于实现远程登录功能。

传输层协议有两种，分别是 TCP 和 UDP。TCP（Transmission Control Protocol，传输控制协议）是可靠的、面向连接的协议，传输效率低。UDP（User Datagram Protocol，用户数据报协议）提供不可靠的、无连接的服务，传输效率高。

参考答案

（50）D

试题（51）

下列攻击类型中，　__（51）__　是以被攻击对象不能继续提供服务为首要目标。

（51）A．跨站脚本　　　B．拒绝服务　　　C．信息篡改　　　D．口令猜测

试题（51）分析

本题考查常见网络攻击的基础知识。

题干描述的攻击目标是典型的拒绝服务攻击的目标。

参考答案

（51）B

试题（52）

SQL 是一种数据库结构化查询语言，SQL 注入攻击的首要目标是__（52）__。

（52）A．破坏 Web 服务

　　　 B．窃取用户口令等机密信息

　　　 C．攻击用户浏览器，以获得访问权限

　　　 D．获得数据库的权限

试题（52）分析

本题考查 SQL 注入攻击的基本知识。

所谓 SQL 注入，就是通过把 SQL 命令插入到 Web 表单递交或输入域名或页面请求的查询字符串，最终达到欺骗服务器执行恶意 SQL 命令的目的，因此其首要目标是获得数据库的存取权限。

参考答案

（52）D

试题（53）

防火墙的主要功能不包括 　(53)　。

（53）A．包过滤 　　　　　　　　　　B．访问控制

　　　　C．加密认证 　　　　　　　　　D．应用层网关

试题（53）分析

本题考查防火墙的基础知识。

防火墙的主要功能包括包过滤、访问控制、应用层网关等，但不包括加密认证。

参考答案

（53）C

试题（54）

下列算法中属于非对称加密算法的是 　(54)　。

（54）A．DES 　　　　　B．RSA 　　　　　C．AES 　　　　　D．MD5

试题（54）分析

本题考查加密算法的基础知识。

DES 和 AES 是对称加密算法；MD5 是消息摘要算法；RSA 加密算法是公钥算法，即非对称加密算法。

参考答案

（54）B

试题（55）

WPS 文档中，最常见的病毒类型是 　(55)　。

（55）A．木马病毒 　　　B．脚本病毒 　　　C．蠕虫病毒 　　　D．宏病毒

试题（55）分析

本题考查病毒方面的基础知识。

备选答案中，只有宏病毒专门针对 WPS、Word 等文档，是针对此类文档最常见的病毒类型。

参考答案

（55）D

试题（56）

以下不属于计算机病毒特征的是 　(56)　。

（56）A．免疫性 　　　B．潜伏性 　　　C．传染性 　　　D．破坏性

试题（56）分析

本题考查病毒的基本特征。

计算机病毒的特征包括潜伏性、传染性、破坏性、隐蔽性、多样性、触发性等。免疫性是干扰项。

参考答案

（56）A

试题（57）

两机构之间相距 5000 米，应该使用的通信线缆类型是　(57)　。

（57）A．单模光纤　　B．多模光纤　　　　C．同轴电缆　　　　D．6 类 UTP

试题（57）分析

本题考查通信媒体的基本知识。

6 类 UTP 双绞线单段最大传输距离是 100 米。不同级别的同轴电缆最大传输距离为 200～1000 米。5/125 多模光纤传输距离不超过 275 米，50/125 多模光纤传输距离不超过 550 米。单模光纤的传输距离取决于具体的光纤和具体的设备，一般都能达到几十千米到上百千米。

参考答案

（57）A

试题（58）

在 Windows 操作系统中，若要连续不断地 ping 目标主机，则需要用到的参数是　(58)　。

（58）A．-n　　　　　　　B．-6　　　　　　　C．-t　　　　　　　D．-h

试题（58）分析

本题考查网络命令 ping 的基础知识。

符合题干要求的参数是-t。-n 用于指定发送 ping 包的个数，-6 用于 ping IPv6 地址，-h 用于指定 TTL 的初值。

参考答案

（58）C

试题（59）

若访问某服务器的延迟很大，可以使用　(59)　命令定位瓶颈链路。

（59）A．ipconfig　　　B．ifconfig　　　　C．tracert　　　　D．arp

试题（59）分析

本题考查 tracert 网络命令的基础知识。

tacert 命令可以追踪主机到目标服务器的网络路径，并通过探测分组的往返时间度量并定位整个路径中的瓶颈链路。

参考答案

（59）C

试题（60）

为获得域名所对应的 IP 地址，主机需要请求的服务是　(60)　。

（60）A．DNS　　　　　B．DHCP　　　　　C．HTTP　　　　　D．ICMP

试题（60）分析

本题考查 DNS 协议的基本概念。

DNS 服务中最重要的一项服务就是解析域名所对应的 IP 地址。DHCP 用于自动分配网络参数，HTTP 用于支撑 Web 应用，ICMP 负责提供网络差错报告等。

参考答案

（60）A

试题（61）

以下措施不能用于预防 ARP 攻击的是__(61)__。

(61) A. 上网用户使用动态获得 IP 地址的方案

　　　　B. 在交换机上配置防网关 ARP 欺骗功能

　　　　C. 在接入交换机配置端口隔离和广播风暴抑制

　　　　D. 在用户主机和交换机上均配置 IP 地址与 MAC 地址的静态绑定

试题（61）分析

本题考查 ARP 攻击的基本概念。

在交换机上配置防网关 ARP 欺骗功能、在接入交换机配置端口隔离和广播风暴抑制以及在用户主机和交换机上均配置 IP 地址与 MAC 地址的静态绑定都是常见的预防 ARP 攻击的手段。上网用户使用动态获得 IP 地址的方案不能有效防治 ARP 攻击。

参考答案

(61) A

试题（62）

SNMP 是一种用于__(62)__的应用层协议。

(62) A. 网络管理　　B. 路由选择　　　　C. 认证加密　　　　D. 邮件发送

试题（62）分析

本题考查 SNMP 的基本概念。

SNMP（Simple Network Management Protocol，简单网络管理协议）用于网络设备的管理。网络设备类型多种多样，不同设备厂商提供的管理接口（如命令行接口）各不相同，这使得网络管理变得愈发复杂。为解决这一问题，SNMP 应运而生。SNMP 作为广泛应用于 TCP/IP 网络的网络管理标准协议，提供了统一的接口，从而实现了不同种类和厂商的网络设备之间的统一管理。

参考答案

(62) A

试题（63）

在 Linux 系统中，使用 ls 命令查看目录内容时，可以使用__(63)__参数查看目录文件的详细信息。

(63) A. -l　　　　　　　B. -h　　　　　　　C. -g　　　　　　　D. -a

试题（63）分析

本题考查 Linux 命令的基本知识。

ls 命令运行在命令提示符终端，可以有零个或者多个选项，可以指定零个或者多个文件，如果未指定文件，默认为列出当前目录下的文件。

ls -l：以长列表的形式显示文件的详细信息；

ls -h：显示文件内存大小；

ls -g：在显示时，自动将文件大小使用方便阅读的方式表示，如：1.23K, 2.4M, 9G；

ls -a：列出所有的文件和目录，包括以 "." 号开头的文件或目录。

参考答案

（63）A

试题（64）

在 Linux 系统中，若要在局域网内实现文件和打印机共享，需安装__（64）__软件。

（64）A．Ser_U　　　　B．Samba　　　　C．firefox　　　　D．VirtualBox

试题（64）分析

本题考查 Linux 应用的基本知识。

在 Linux 中，Samba 是用于实现局域网中文件共享的免费软件。SMB（Server Messages Block，信息服务块）是在局域网上共享文件和打印机的一种通信协议，它为局域网内的不同计算机之间提供文件及打印机等资源的共享服务。SMB 协议是客户机/服务器型协议，客户机通过该协议可以访问服务器上的共享文件系统、打印机及其他资源。通过设置"NetBIOS over TCP/IP"使得 Samba 不但能与局域网络主机分享资源，还能与全世界的计算机分享资源。

参考答案

（64）B

试题（65）、（66）

在 Linux 系统中，通常使用__（65）__建立 Web 服务器，其配置信息存放在__（66）__文件中。

（65）A．Apache　　　B．IIS　　　　C．HttpServer　　D．HTTP

（66）A．inetd.conf　　B．lilo.conf　　C．httpd.conf　　D．resolv.conf

试题（65）、（66）分析

本题考查 Linux 应用服务的基础知识。

在 Linux 中，通常使用 Apache 软件来建立 Web 服务器，Apache 是一种免费的 Web 服务器软件，其配置文件为 httpd.conf。

参考答案

（65）A　　（66）C

试题（67）

在 Linux 系统中，配置文件通常存放在__（67）__目录中。

（67）A．/etc　　　　B．/dev　　　　C．/root　　　　D．/boot

试题（67）分析

本题考查 Linux 系统文件的基础知识。

Linux 使用标准的目录结构，在系统安装时，就为用户创建了文件系统和完整而固定的目录组成形式。Linux 文件系统采用多级目录的树型层次结构管理文件。树型结构的最上层是根目录，用"/"表示，其他的所有目录都是从根目录出发生成的。Linux 在安装时会创建一些默认的目录，这些目录都有其特殊的功能，用户不能随意删除或修改，如/bin、/etc、/dev、/root、/usr、/tmp、/var 等目录。

其中，/bin 目录（bin 是 Binary 的缩写）存放 Linux 系统命令；

/etc 目录存放系统的配置文件；

/dev 目录存放系统的外部设备文件；

/root 目录存放超级管理员的用户主目录。

参考答案

（67）A

试题（68）

无线终端用户连接 Wi-Fi 成功后，通过__（68）__协议获取 IP 地址。

（68）A. DNS   B. TCP   C. HTTP   D. DHCP

试题（68）分析

本题考查网络应用的基础知识。

通常情况下，无线网络终端均使用自动分配的 IP 地址来工作，因此，无线终端在初始状态下进行无线网络扫描，搜索附近的或者常用的 SSID，在认证通过后，与 AP 进行关联。关联成功之后，向网络中的 DHCP 服务器申请 IP 地址。在成功获得 IP 地址配置信息后，方能正常工作。

参考答案

（68）D

试题（69）

在 Windows 系统中，可以在"运行"对话框中输入__（69）__启动命令行窗口。

（69）A. command   B. cmd

        C. run   D. do

试题（69）分析

本题考查 Windows 命令的基础知识。

在 Windows 中，要使用命令行，可在"开始菜单"的运行框中输入"cmd"后按回车键调出命令行窗口，或者在"开始菜单"中选择"命令提示符"，单击运行。

参考答案

（69）B

试题（70）

netstat 命令不能__（70）__。

（70）A. 显示 TCP 连接   B. 修改 IP 地址

        C. 显示以太网统计信息   D. 查看 IP 路由表

试题（70）分析

本题考查 Windows 命令的基础知识。

netstat 命令用于显示与 IP、TCP、UDP 和 ICMP 协议相关的统计数据，一般用于检验本机各端口的网络连接情况。

参考答案

（70）B

试题（71）～（75）

The Address Resolution Protocol (ARP) is developed to enable communications on an internetwork and performs a required function in IP routing. ARP lies in the __（71）__ layer of the

TCP/IP model, and allows computers to introduce each other across a network prior to communication. ARP finds the 　（72）　 address of a host from its known 　（73）　 address. Before a device sends a datagram to another device, it looks in its ARP cache to see if there is a MAC address and corresponding IP address for the 　（74）　 device. If there is no entry, the device sends a 　（75）　 message to every device on the network. Only the device with the matching IP address replies with a packet containing the MAC address for the device (except in the case of "proxy ARP").

（71）A. data link B. network C. transport D. application
（72）A. IP B. logical C. hardware D. network
（73）A. IP B. physical C. MAC D. virtual
（74）A. source B. Destination C. gateway D. proxy
（75）A. unicast B. multicast C. broadcast D. point-to-point

参考译文

地址解析协议（ARP）被发展用于促进互联网络上的通信，在 IP 路由过程中发挥着必要的作用。ARP 位于 TCP/IP 模型的网络层，允许计算机在通信之前通过网络互相介绍。ARP 根据一个主机的已知 IP 地址查找该主机的硬件地址。在一个设备发送报文给另一个设备之前，它先查找自己的 ARP 缓存，看是否存在目的设备的 IP 地址及对应的 MAC 地址。如果没有相关条目，该设备就发送一个广播包给网络上的每个设备。只有 IP 地址匹配的设备回复一个报文，包含该设备的 MAC 地址（ARP 代理除外）。

参考答案

（71）B　（72）C　（73）A　（74）B　（75）C

第 16 章　2021 上半年网络管理员下午试题分析与解答

试题一（共 20 分）

阅读以下说明，回答问题 1 至问题 3，将解答填入答题纸对应的解答栏内。

【说明】

某学校拟建一个计算机机房，机房管理员设计了如图 1-1 所示的机房布局示意图，表 1-1 是设备清单。

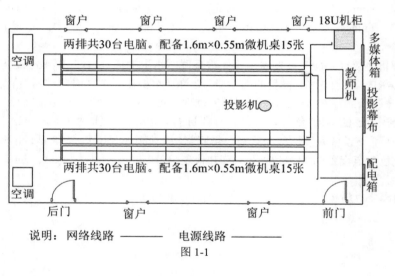

说明：网络线路 ———— 电源线路 ————

图 1-1

表 1-1　设备清单

序号	设备名称	配置和型号	数量（套）
1	计算机	主流处理器/DDR4 8G 内存/2TB 硬盘/4G 独显/21.5 英寸显示器/千兆网卡	61
2	服务器	2U 机架式/主流处理器 2 颗/16G 内存/4T 硬盘/千兆网卡	1
3	交换机柜	18U	1
4	交换机	24 口全千兆二层交换机	略
5	微机桌	1.6m×0.55m×0.75m	31
6	插排	10 孔	20
7	综合布线	含网线、电线铺设、耗材	略
8	空调	制冷功率 2500W	2
9	投影机	5000 流明	1

【问题 1】（6 分，每空 2 分）

根据机房终端数该机房最少需要配备 ___(1)___ 台交换机；若要求机房服务器不因为断电导致数据丢失，需要配备 ___(2)___ 设备；该机房应使用不低于 ___(3)___ 类规格网线才能保证与接入交换机速率匹配。

【问题 2】（6 分，每空 2 分）

若该机房的所有网络设备地址采用 10.3.30.0/24 网段。分配网络地址有两种方式，其中一种方式是 ___(4)___；另一种方式是 ___(5)___。如果机房内各终端获得正确的网络地址后仍然不能访问互联网，其原因可能是 ___(6)___（多选）。

（6）备选答案：

A．互联网络设备配置错误

B．服务器做了访问控制

C．本网段地址被网络设备限制上网

D．连接互连网的网络出口线路中断

【问题 3】（8 分，每空 2 分）

机房管理员对机房日常维护主要包括两个方面。

一是对计算机配置和维护。如果管理员需要对所有计算机的操作系统做统一部署和配置，可以采取的技术手段分别是 ___(7)___ 或 ___(8)___ 方式；

二是处理机房内网络故障。如果某台计算机不能与其他计算机互通，发生的原因可能是 ___(9)___ 和 ___(10)___ 故障。

（9）～（10）备选答案：

A．网线或接口　　　B．本机协议　　　C．交换机宕机　　　D．网关

试题一分析

本题考查小型网络部署案例，该网络需求较为简单，主要考查网络的基本配置和简单的网络维护。

【问题 1】

在含有服务器、机柜、交换机等设备的小型网络中，网线以及设备电源线路布设路径以及主机与交换机的数量及位置等内容都属于简单网络规划的范畴。

通过表 1-1 设备清单的主机数量估算出需要 24 口交换机的数量。

通过表 1-1 设备清单中交换机性能估算出该网络中使用网线的规格。

在网络中要保证服务器不断电通常需要配置 UPS 不间断电源。

【问题 2】

主机 IP 地址获取一般有两种方式，即静态或手动指定 IP 地址、通过 DHCP 服务器分配取得 IP 地址。

用户不能上网的原因通常包括用户主机配置错误、链路故障、级联设备配置错误、配置限制等原因。本题备选答案中，A、C、D 都是可能影响用户上网的原因。本题中的服务器并未指明用作网络代理，且题目中的服务器也没有承担路由或者出口网关的作用，故 B 选项应该排除。

【问题 3】

本问题考查对网络及主机的维护知识。

机房管理员对机房中的主机统一部署和配置软件，通常可以采用两种方式：一是通过部署在服务器上的多媒体教室管理平台实现软件安装与更新（软件集中管理）；二是通过 ghost 技术，实现硬盘文件镜像的一对多的分发（网络克隆）。

单个主机的网络故障通常与本机接口或者本机通信协议故障有关；依据题意，教室内的其他计算机可以互相通信，因此可以判定交换机或网关运行正常。

参考答案

【问题 1】

（1）3

（2）UPS

（3）超五 或 六

【问题 2】

（4）手动指定 或 静态分配

（5）自动分配 或 动态分配

注：（4）和（5）顺序可以互换

（6）ACD

【问题 3】

（7）网络克隆

（8）软件集中管理

注：（7）和（8）顺序可以互换

（9）A

（10）B

注：（9）和（10）顺序可以互换

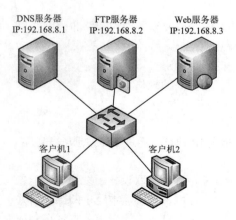

图 2-1

试题二（共 20 分）

阅读以下说明，回答问题 1 至问题 3，将解答填入答题纸对应的解答栏内。

【说明】

某公司内网结构如图 2-1 所示。在 Web 服务器上搭建办公网，域名为 oa.company.com；在 FTP 服务器上配置 FTP 服务，域名为 ftp.company.com；DNS 服务器是 Web 和 FTP 服务器的授权域名解析服务器。三种服务器均使用 Windows Server 2008 R2 操作系统进行配置。

【问题 1】（6 分，每空 2 分）

在 Web 服务器上使用 HTTP 协议及默认端口配置办公网 oa.company.com。在图 2-2 所示的"添加网站"配置界面中，"IP 地址"处应填 (1) ，"端口"处应填 (2) ，"主机名"处应填 (3) 。

图 2-2

【问题 2】（6 分，每空 1.5 分）

在 DNS 服务器上为 FTP 服务器配置域名解析服务，在创建区域时，图 2-3 所示的"区域名称"处应填 (4) 。正向查找区域创建完成后，进行域名的创建，图 2-4 所示的"新建主机"对话框中的"名称"处应填 (5) ，"IP 地址"处应填 (6) 。如果选中图 2-4 中的"创建相关的指针（PTR）记录"，则增加的功能类型为 (7) 。

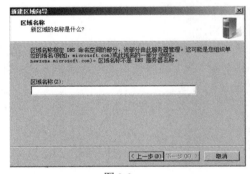

图 2-3　　　　　　　　　　　　　　　　图 2-4

（4）～（7）备选答案：

    A．ftp　　　　　　　　　　　　B．company.com

    C．ftp.company.com　　　　　　D．192.168.8.1

    E．192.168.8.2　　　　　　　　F．192.168.8.3

    G．域名解析　　　　　　　　　　H．反向域名解析

【问题 3】（8 分，每空 2 分）

在客户机 1 的浏览器地址栏中输入 ftp://ftp.company.com 进行站点连接，从服务器下载文件时使用的应用层协议是 (8) ，使用的传输层协议是 (9) 。在第一次进行站点连接前，客户机 1 会向 IP 地址 (10) 的 (11) 号端口发送消息，对 ftp.company.com 进行域名解析。

试题二分析

本题考查基于 Windows Server 2008 R2 操作系统的 Web 和 DNS 服务器配置过程。

此类题目要求考生认真阅读题目对现实问题的描述，根据给出的配置界面进行相关配置。

【问题 1】

本问题考查在 Windows Server 2008 R2 上配置 Web 服务的过程。根据图 2-1 所示，Web 服务器的 IP 地址为 192.168.8.3，因此图 2-2 所示的"添加网站"配置界面中，"IP 地址"处应填 192.168.8.3。根据题干要求，使用 HTTP 协议及默认端口配置办公网 oa.company.com，因此图 2-2 所示的"端口"处应填 80，"主机名"处应填 oa.company.com。

【问题 2】

本问题考查 DNS 服务的配置过程。根据题干要求，为 FTP 服务器配置域名解析服务，FTP 服务器的域名为 ftp.company.com，IP 地址为 192.168.8.2。因此，在创建区域时，图 2-3 所示的"区域名称"处应填 company.com。正向查找区域创建完成后，进行域名的创建，图 2-4 所示的"新建主机"对话框中的"名称"处应填 ftp，"IP 地址"处应填 192.168.8.2。DNS 配置中，正向查找区域添加主机中"创建相关的指针（PRT）记录"的作用是反向域名解析。

【问题 3】

本问题考查浏览器访问的相关知识。根据题干，在客户机 1 的浏览器地址栏中输入 ftp://ftp.company.com 进行站点连接，浏览器第一次访问时首先进行域名解析。根据图 2-1 所示的网络结构图，DNS 服务器的 IP 地址是 192.168.8.1，DNS 的默认服务端口是 53，因此客户机 1 会向 192.168.8.1 的 53 端口发送消息，对 ftp.company.com 进行域名解析。由于域名 ftp://ftp.company.com 使用的是 FTP 协议而非 HTTP 协议，因此浏览器实际连接的是 FTP 服务器而非 Web 服务器。因此，客户机 1 从服务器下载文件时使用的应用层协议是 FTP（文件传输协议），FTP 的传输层协议是 TCP（传输控制协议）。

参考答案

【问题 1】

（1）192.168.8.3

（2）80

（3）oa.company.com

【问题 2】

（4）B

（5）A

（6）E

（7）H

【问题 3】

（8）FTP 或 文件传输协议

（9）TCP 或 传输控制协议

（10）192.168.8.1

（11）53

试题三（共 20 分）

阅读以下说明，回答问题 1 至问题 2，将解答填入答题纸对应的解答栏内。

【说明】

某公司进行组网，购置了交换机，现需要对交换机进行配置。

【问题 1】（6 分，每空 1 分）

交换机的配置可以通过 Console 端口、Telnet、Stelnet 和___(1)___等四种方式实现；若对公司新购置的交换机进行配置，需使用___(2)___登录方式对交换机进行配置；使用该方式配置时，配置线缆一端接入交换机的配置接口，另一端接入计算机的 COM 接口。

考虑到目前的笔记本或台式计算机未配置 COM 接口，需使用___(3)___的转接线连接到计算机进行交换机配置。

为了能在后续的维护中对交换机进行远程管理，需要为交换机配置___(4)___。根据公司的地址规划，该地址一般与公司网络的___(5)___VLAN 地址处于同一网段。如果公司规划的管理 VLAN 网段为 192.168.200.0/28，配置时应使用的子网掩码是___(6)___。

（1）～（6）备选答案：

A．Web　　　　　　　B．USB 转串口　　　　C．管理　　　　D．管理 IP 地址

E．Console 端口　　　F．255.255.255.128　　G．255.255.255.240

【问题 2】（14 分，每空 1 分）

公司要求修改交换机的初始密码，为交换机配置时区、交换机名、IP 地址等，并将每台交换机的 gigabitethernet 0/0/10 接口作为 Web 管理接口。

请将下面的交换机配置代码补充完整。

```
Login authentication
Username: (7)           //默认用户名
Password:               //输入缺省密码 admin@huawei.com
Warning: The default password poses security risks.
The password needs to be changed. Change now? [Y/N]: y   //修改登录密码
Please enter old password:      //输入缺省密码 admin@huawei.com
Please enter new password:      //输入新密码
Please confirm new password:    //再次输入新密码
The password has been changed successfully
<HUAWEI>


<HUAWEI> clock  (8)  BJ add 08:00:00        //其中 BJ 为设置的时区名称
<HUAWEI> clock  (9)  10:10:00 2019-07-26    //设置当前时间和日期


<HUAWEI>  (10)
[HUAWEI]  (11)  Switch                      //配置交换机名称为 Switch
[Switch] user-interface console  (12)
```

```
[Switch-ui-console0] authentication-mode aaa              //设置认证方式为 AAA 认证
[Switch-ui-console0] quit
[Switch]  (13)

//创建名为 admin1234 的本地用户，设置其登录密码为 Helloworld@6789
[Switch-aaa] local-user admin1234  (14)  irreversible-cipher Helloworld@6789
[Switch-aaa] local-user admin1234 privilege  (15) 15     //配置用户级别为 15 级
[Switch-aaa] local-user admin1234 service-type terminal   //配置接入类型为 terminal
[Switch-aaa] quit


[Switch] vlan 10
[Switch-vlan10] interface  (16) 10        //配置管理 VLAN 接口
[Switch-Vlanif10] ip address 192.168.200.1  (17)
[Switch-Vlanif10] quit
[Switch] interface  (18)                  //配置 Web 网管物理接口
[Switch-GigabitEthernet0/0/10] port link-type  (19)     //配置接口类型为 access
[Switch-GigabitEthernet0/0/10] port default vlan  (20)  //将 GE0/0/10 加入 VLAN 10
[Switch-GigabitEthernet0/0/10] quit
```

（7）～（20）备选答案：

A. timezone	B. admin	C. sysname	D. system-view
E. aaa	F. 0	G. 28	H. datetime
I. vlanif	J. password	K. access	L. level
M. gigabitethernet 0/0/10		N. 10	

试题三分析

本题考查交换机初始配置的设备连接方法和基本的配置代码。

此类题目要求考生熟练掌握对交换机的初始配置方式，熟悉在配置过程中所要使用的设备和线缆，并对基本的配置命令和配置需求有一定的了解。

【问题 1】

本问题考查考生对交换机初始配置的方式、方法、使用线缆和配置设备的了解程度。在对交换机进行初始配置时，可以采用多种方式，一般分为带内和带外配置两种。所使用的配置线缆是 Console 全反线线缆，连接在计算机的 COM 接口，在无 COM 接口的计算机上，可以使用 USB 转串口线缆进行转接。

每一台网络中的生产交换机均需要有管理 IP 地址，并处在相应的管理 VLAN 中。

【问题 2】

本问题考查交换机的初始配置内容，包括交换机的初始密码、时区、交换机名、管理 IP 地址等配置内容。要求考生熟练掌握交换机的基本配置命令。

参考答案

【问题 1】

（1）A

（2）E

（3）B

（4）D

（5）C

（6）G

【问题 2】

（7）B

（8）A

（9）H

（10）D

（11）C

（12）F

（13）E

（14）J

（15）L

（16）I

（17）G

（18）M

（19）K

（20）N

试题四（共 15 分）

阅读以下说明，回答问题 1 和问题 2，将解答填入答题纸对应的解答栏内。

【说明】

某小型超市商品库存信息管理系统可以实现商品入库、商品销售出库、库存统计等管理功能。开发语言为 ASP，部分程序文件功能描述如表 4-1 所示。所有数据均存储在 Access 数据库中，数据库文件名为 commodityManage.mdb，商品库存表数据结构如表 4-2 所示。

表 4-1　部分文件描述表

文件名	功能描述
commodityAdd.asp	商品入库
commoditySave.asp	商品入库保存
commodityTotal.asp	查询统计结果显示

表 4-2　商品库存表结构（表名：commodityStock）

字段名	数据类型	说明
ID	自动编号	主键
C_Code	文本	商品编码
C_Name	文本	商品名称
C_Specification	文本	商品规格型号
C_Type	文本	商品类别
C_Sum	数字	商品库存数量

【问题 1】（8 分，每空 1 分）

　　以下所示代码为商品入库的代码片段，图 4-1 为商品入库操作界面截图。请将（1）～（8）的空缺代码补齐。

图 4-1

commodityAdd.asp 代码片段：

```
<table width="300"   (1)  ="1" align="center" cellpadding="0"
cellspacing="0">
 <td>
  <form name="form" method="post" action="commoditySave.asp">
   <div class="cont_title">
  <p>  (2)  </p>
   </div>
   <div class="cont_title">
  <span>商品编码</span>  <input type="text" name="C_Code"/>
   </div>
   <div class="cont_title">
  <span>商品名称</span>  <input type="text" name="C_Name"/>
   </div>
   <div class="cont_title">
  <span>规格型号</span>  <input type="text" name=" C_Specification"/>
   </div>
   <div class="cont_title">
  <span>商品类别</span>  <input type="text" name="  (3)  "/>
   </div>
```

```
    <div class="cont_title">
    <span>入库数量</span> <input type="text" name="C_Sum"/>
    </div>
    <div class="submit">
      <input  type="submit"  id="button"  name="button"  value="提交"
         (4)  ="width:70px;height:30px;font-size:12pt;"/>
    </div>
    <br>
  </form>
 </td>
</table>
```

commoditySave.asp 代码片段：

```
sql=""
id =request.form("  (5)  ")   '注释：获取商品编码
C_Type= request.form("C_Type")    '注释：获取商品类别
storage=request.form("C_Sum")
if storage_type="update" then    '注释：当前规格商品已存在时处理
sql="update commodityStock set C_Sum = C_Sum +"& storage &" where C_Code=
' "&  (6)  &" ' "
  (7)
conn.execute(  (8)  )    '注释：执行数据更新
```

说明：其他代码省去

（1）～（8）备选答案：

　　A．C_Type　　　　　B．C_Code　　　　C．商品入库单　　　D．end if
　　E．id　　　　　　　 F．style　　　　　　G．else　　　　　　H．border
　　I．sql　　　　　　　J．update

【问题 2】（7 分，每空 1 分）

以下是根据商品类别对库存进行分类统计并显示的程序代码片段，表 4-3 所示为商品库存类别统计结果示例。请将（9）～（15）的空缺代码补齐。

表 4-3

商品库存分类统计结果		
序号	商品类别	库存数量
1	休闲食品	262
2	干果炒货	186
3	奶制品	135
4	厨房用品	78
5	日用品	75
6	酒水饮料	64

commodityTotal.asp 代码片段：

说明：rs 为结果集对象，conn 为数据库连接对象，定义和获取省去。

```
<%
sql=" select C_Type, __(9)__  as C_Total from commodityStock"
sql= sql & " __(10)__ C_Type order by sum(C_Sum) __(11)__ "
rs.open sql,conn
%>
......
<tr>
    <td colspan=" __(12)__ " height="30" align="center">商品库存分类统计结
果</td>
</tr>
<tr>
    <td width="33%" height="30" align="center">序号</td>
    <td width="34%" height="30" align="center">商品类别</td>
    <td width="33%" height="30" align="center">库存数量</td>
</tr>
<%
i=1
while Not rs.eof
%>
<tr>
    <td height="30" align="center"><%=i%></td>
    <td height="30" align="center"><%=rs("C_Type")%></td>
    <td height="30" align=" __(13)__ "><%= __(14)__ %></td>
</tr>
<%
__(15)__
rs.movenext
Wend
rs.close
%>
......
```

（9）～（15）备选答案：

A．i=i+1　　　　　　B．group by　　　　C．3　　　　　　D．center
E．sum(C_Sum)　　　F．Desc　　　　　　G．right　　　　H．rs("C_Total")

试题四分析

本题考查 HTML、ASP 和 SQL 查询的应用知识。

此类题目要求考生熟练使用 ASP、HTML 和 ACCESS 进行网站设计和开发。

【问题 1】

本问题包含 2 个 ASP 文件，commodityAdd.asp 为商品入库录入文件，commoditySave.asp 文件将商品入库信息保存到商品库存表 commodityStock。上述页面中包含常用的 form、input、div 等 HTML 标签和获取 form 表单数据、保存数据到数据库等操作。

　　HTML 的<table>标签中，border 属性表示表格边框的宽度，border="1"表示表格边框宽度为 1 像素，根据图 4-1 所示，空（1）处应填入 border，即选择备选答案 H。

　　HTML 的<p>标签定义一个段落，使用方式为<p>段落文字内容</p>，根据图 4-1 所示，该标签内文字内容应为"商品入库单"，即选择备选答案 C。

　　HTML 的 input 标签实现用户的信息输入，是常见的 HTML 表单，类型有 button、checkbox、password、radio、submit、text 等，name 属性规定该标签的名称，对提交到服务器后的表单数据进行标识，根据 commoditySave.asp 文件中获取商品类别的语句可知，该标签规定的 name 为"C_Type"，即选择备选答案 A。

　　HTML 的全局属性 style 定义 CSS 样式，在"<input　type="submit"　id="button"　name="button"　value="提交"　(4)　="width:70px;height:30px;font-size:12pt;"/>"中，style 属性定义提交按钮的长度、宽度和字体大小样式，故选择备选答案 F。

　　ASP request 对象的 form 集合用于从使用 POST 方法的表单获取表单元素的值，其语法为 request.form(element)，element 为表单元素的名称，(5)处的注释表明，需要从表单中获取商品编码的值，在表单输入页面"商品编码　<input type="text" name="C_Code" />"中，可知输入商品编码的表单元素的名称为"C_Code"，故选择备选答案 B。

　　根据上下文可知，在"sql="update commodityStock set C_Sum = C_Sum +"& storage &" where C_Code='"&_(6)_&"'""sql 语句中，以商品编码为条件，进行商品库存更新，where 子句中，"C_Code"为数据库表中的商品编码字段，该 ASP 文件中变量"id"存储上个页面录入的商品编码值，故选择备选答案 E。

　　ASP 的 if 条件语句为

```
if <条件> then
条件为 true 时
else
 条件为 false 时
end if
```

　　其中，end if 是 if 条件语句的结束关键字，故空（7）处应选择备选答案 D。

　　ASP ADO Connection 对象的 execute 方法用于执行查询、SQL 语句，该 ASP 文件中，conn 为数据库连接对象，其注释表明该语句执行数据更新，故空（8）处应选择备选答案 I。

【问题 2】

　　该问题包含 1 个 ASP 文件，commodityTotal.asp 实现了商品查询统计功能，根据商品类别进行分类统计并以表格形式在页面上显示，该页面中包含常用的 HTML 标签、ASP ADO 对象、ASP 控制语句等操作。

　　根据问题 2 的题干描述可知，需要按照商品类别对商品数量进行统计汇总，那么需要对商品库存表 commodityStock 中的字段商品库存数量 C_Sum 进行分类统计求和，需要用到 sum( )求和函数；分类统计时由 groud by 子句描述分组的字段，故需要用到 groud by 关键字；表 4-3 示例显示统计后库存数量按照降序由多到少排列，故需要用到 desc 降序关键字。故空

（9）处应选择备选答案 E，空（10）处应选择备选答案 B，空（11）处应选择备选答案 F。

HTML 的 td 标签 colspan 属性表示可以横跨的列数，表 4-3 中，该行横跨了 3 列，故空（12）处应选择备选答案 C。

HTML 的 td 标签 align 属性设置单元格内容的水平对齐方式，可选项有 "left（左对齐）、right（右对齐）、center（居中）、justify（对行进行伸展）、char（将内容对准指定字符）"，表 4-3 中，库存数量的统计值为右对齐，故空（13）处应选择备选答案 G。

<%%>是 ASP 的标识，将 ASP 文件包含的服务器端脚本包围起来，标识符中间的 "=" 表示显示变量的值，常见用法为 "<%=变量%>"，表示在页面中显示该变量的值。根据表 4-3 中显示，空（14）处所要显示的值为按照商品类型分组统计后的商品库存数量，该值从数据库查询结果集 rs 中获取，故该空应选择备选答案 H。

表 4-3 中，序号的值每次增加 1，每行显示完后，下一行序号 i=i+1，故空（15）处应选择备选答案 A。

参考答案

【问题 1】

（1）H

（2）C

（3）A

（4）F

（5）B

（6）E

（7）D

（8）I

【问题 2】

（9）E

（10）B

（11）F

（12）C

（13）G

（14）H

（15）A

第 17 章 2021 下半年网络管理员上午试题分析与解答

试题（1）

数字经济的发展趋势不包括 ___(1)___ 。

（1）A．数字化可以使服务在线化、平台化以及可贸易

　　　B．企业数字化改变资产结构，注重数据资产与人力资本

　　　C．国民经济注重数字指标，注重各种排名，以利于竞争

　　　D．制造自动化、智能化、定制化、个性化、响应及时化

试题（1）分析

本题考查信息化和信息技术的基础知识。

数字经济是人类通过大数据（数字化的知识与信息）的识别→选择→过滤→存储→使用，引导、实现资源的快速优化配置与再生、实现经济高质量发展的经济形态，最重要的不是数字指标和排名。

参考答案

（1）C

试题（2）

云计算的特点不包括 ___(2)___ 。

（2）A．高可靠性　　　　　　　　　B．动态可扩展

　　　C．按需部署　　　　　　　　　D．免费使用

试题（2）分析

本题考查信息化和信息技术的基础知识。

云计算将依据使用量计费，不是免费。

参考答案

（2）D

试题（3）

我国正在大力推动传统制造业向智能化转型。以下关于智能制造的叙述中，错误的是 ___(3)___ 。

（3）A．智能制造是新一代信息技术与先进制造技术的深度融合

　　　B．智能制造贯穿于设计、生产、管理、服务等制造活动的各个环节

　　　C．智能制造的核心任务是制造更多的机器人来代替一线普通工人

　　　D．智能制造具有自感知、自决策、自执行、自适应、自学习等特征

试题（3）分析

本题考查信息化和信息技术的基础知识。

在特定的某些行业正在制造机器人来代替人工作，但在相当长的一段时间内不是智能制

造的核心任务。

参考答案

（3）C

试题（4）

物联网的基本特征不包括__(4)__。

（4）A．整体感知　　　　B．可靠传输　　　C．分布式存储　　　D．智能处理

试题（4）分析

本题考查信息化和信息技术的基础知识。

从通信对象和过程来看，物与物、人与物之间的信息交互是物联网的核心。物联网的基本特征可概括为整体感知、可靠传输和智能处理。分布式存储是区块链的特征。

参考答案

（4）C

试题（5）

以下关于数字货币的叙述中，错误的是__(5)__。

（5）A．数字货币就是将纸币扫描"数字化"存入智能手机作为合法货币使用

　　　B．数字货币是由央行发行的、加密的、有国家信用支撑的法定货币

　　　C．数字货币能降低流通成本，提升经济交易活动的便利性和透明度

　　　D．数字货币是基于区块链等互联网技术所推出的加密电子货币体系

试题（5）分析

本题考查信息化和信息技术的基础知识。

将纸币扫描"数字化"存入智能手机不会成为合法货币。

参考答案

（5）A

试题（6）

CPU 包括运算器、控制器等部件，其中运算器的核心部件是__(6)__。

（6）A．数据总线　　　　　　　　　B．算术逻辑单元

　　　C．状态寄存器　　　　　　　　D．累加寄存器

试题（6）分析

本题考查计算机系统的基础知识。

算术逻辑单元是指能实现多组算术运算与逻辑运算的组合逻辑电路，是 CPU 中运算器的核心部件。

参考答案

（6）B

试题（7）

在寄存器间接寻址方式下，操作数存放在__(7)__中。

（7）A．栈空间　　　　　　　　　　B．指令寄存器

　　　C．主存单元　　　　　　　　　D．通用寄存器

试题（7）分析

本题考查计算机系统的基础知识。

寄存器间接寻址是将指定的寄存器内容作为地址，由该地址所指的单元内容作为操作数，即将数据在主存（内存）单元的地址存放在寄存器中。

参考答案

（7）C

试题（8）

在下列存储器中，采用随机存取方式工作的是__(8)__。

①DRAM　②SRAM　③EEPROM　④CD-ROM　⑤DVD-ROM

（8）A．①②③　　　　　　　　　B．③④⑤

　　　C．①②④⑤　　　　　　　D．②③④⑤

试题（8）分析

本题考查计算机系统的基础知识。

随机存取是指存取时间与存储单元的物理位置无关的一种访问方式，DRAM（动态随机存储器）和 SRAM（静态随机存储器）都是随机存取方式工作的存储器。EEPROM 是采用电擦除电编程的随机存取存储器。

参考答案

（8）A

试题（9）

CPU 向外设（例如打印机）输出数据的速度很快，会导致外设不能及时处理收到的数据，采用__(9)__可解决这种工作速度不匹配的矛盾。

（9）A．并发技术　　　　　　　B．缓冲技术

　　　C．虚拟技术　　　　　　　D．流水技术

试题（9）分析

本题考查计算机系统的基础知识。

工作速度差异大的设备之间交换数据时，常采用缓冲技术解决速度不匹配的问题。

参考答案

（9）B

试题（10）

__(10)__是指 CPU 一次能并行处理的二进制位数，是 CPU 的主要技术指标之一。

（10）A．字节　　　B．带宽　　　　　C．位宽　　　　　　D．字长

试题（10）分析

本题考查计算机性能方面的基础知识。

字长是 CPU 一次能并行处理的二进制数据的位数，字长越长，数据的运算精度也就越高，计算机的处理能力就越强。

参考答案

（10）D

试题（11）

以下关于计算机系统总线的说法中，错误的是__(11)__。

（11）A．地址总线宽度决定了 CPU 能直接访问的内存单元的个数

　　　　B．数据总线的宽度决定了在主存储器和 CPU 之间数据交换的效率

　　　　C．地址总线的宽度越小，则允许直接访问主存储器的物理空间越大

　　　　D．数据总线的宽度决定了通过它能并行传递的二进制位数

试题（11）分析

本题考查计算机系统的基础知识。

在计算机中总线宽度分为地址总线宽度和数据总线宽度。其中，数据总线的宽度（传输线根数）决定了通过它一次所能传递的二进制位数。显然，数据总线越宽则每次传递的位数越多，因而，数据总线的宽度决定了在主存储器和 CPU 之间数据交换的效率。地址总线宽度决定了 CPU 能够使用多大容量的主存储器，即地址总线宽度决定了 CPU 能直接访问的内存单元的个数。

参考答案

（11）C

试题（12）

__(12)__ 是主要依靠软件生成而无法通过扫描获得的图像。

（12）A．点阵图　　　　B．位图　　　　C．像素图　　　　D．矢量图

试题（12）分析

本题考查多媒体技术的基础知识。

矢量图是根据几何特性来绘制图形，矢量可以是一个点或一条线，矢量图只能用软件生成。这种类型的图像文件包含独立的分离图像，可以无限制地重新组合，因此缩放后不失真。

参考答案

（12）D

试题（13）

__(13)__ 技术是一种采用非线性网状结构对块状多媒体信息（包括文本、图像、视频等）进行组织和管理的技术。

（13）A．超媒体　　　　B．富媒体　　　　C．自媒体　　　　D．流媒体

试题（13）分析

本题考查多媒体技术的基础知识。

超媒体是一种采用非线性网状结构对块状多媒体信息（包括文本、图像、视频等）进行组织和管理的技术。

富媒体是指具有动画、声音、视频和交互性的信息传播方式。

自媒体是指普通大众通过网络等途径向外发布自身事实和新闻的传播方式。

流媒体也称为流式媒体，是通过流式传输的方式在网络上播放媒体格式，是边传边播的媒体，实际指一种新的媒体传送方式，有声音流、视频流、文本流、图像流、动画流等，而非一种新的媒体。

参考答案

（13）A

试题（14）

以下关于著作权的叙述中，错误的是　__(14)__。

（14）A．计算机软件在我国由著作权和专利权进行双重保护

　　　 B．著作权的内容包括著作人身权和财产权

　　　 C．职务作品的著作权归属与该作品的创作是否属于作者的职责范围无关

　　　 D．受委托创作的作品，由委托人和受托人通过合同约定其著作权的归属

试题（14）分析

本题考查知识产权的基础知识。

一般职务作品的著作权由作者享有。

特殊职务作品是指根据《中华人民共和国著作权法》第十六条规定，主要是利用法人或其他组织的物质技术条件制作，并由法人或其他组织承担责任的工程设计图、产品设计图、地图、计算机软件等职务作品，或法律、行政法规规定或合同约定著作权由法人或者其他组织享有的职务作品。特殊职务作品的作者享有署名权，著作权人的其他权利由法人或者其他组织享有，法人或者其他组织可以给予作者奖励。

参考答案

（14）C

试题（15）

以下关于 C 语言与 Python 语言的叙述中，正确的是　__(15)__。

（15）A．C 程序通过编译方式运行、Python 程序通过解释方式运行

　　　 B．C 程序通过解释方式运行、Python 程序通过编译方式运行

　　　 C．C 程序和 Python 程序都通过编译方式运行

　　　 D．C 程序和 Python 程序都通过解释方式运行

试题（15）分析

本题考查程序语言的基础知识。

编译和解释是实现程序语言翻译的两种基本方式。简单来说，编译方式是将高级语言源程序翻译为目标程序后再经过链接环节生成可执行程序，再来运行可执行程序；解释则不生成源程序的目标程序，而是对源程序或其中间代码形式边翻译边执行。

C 语言是通过编译实现源程序翻译的典型编程语言。Python 在解释器系统上运行。

参考答案

（15）A

试题（16）

以下各进制正整数中，值最大的是　__(16)__。

（16）A．$(10101101)_2$　　　　　　　　B．$(264)_8$

　　　 C．$(155)_{10}$　　　　　　　　　　D．$(AE)_{16}$

试题（16）分析

本题考查数据表示和运算的基础知识。

将各进制数值统一为同一进制后进行比较，例如转为十进制。

$(10101101)_2 = 2^7 + 2^5 + 2^3 + 2^2 + 2^0 = 128 + 32 + 8 + 4 + 1 = 173$

$(264)_8 = 2 \times (8^2) + 6 \times (8^1) + 4 \times (8^0) = 128 + 48 + 4 = 180$

$(AE)_{16} = 10 \times (16^1) + 14 \times (16^0) = 160 + 14 = 174$

参考答案

（16）B

试题（17）

已知有某二进制正整数 x = 1010111，若码长为 8，则[-x]补表示为 ___（17）___ 。

（17）A. 01010111　　　B. 11010111　　　C. 10101001　　　D. 10101000

试题（17）分析

本题考查数据表示和运算的基础知识。

x 是正整数，那么-x 就是负整数。负整数的原码表示为符号位为 1，数值位为绝对值。码长为 8 时，[-x]原 = 1 1010111。

负整数的补码表示等于其原码表示的数值位部分各位取反，末位加 1。

因此，[-x]补=1 01010010。

参考答案

（17）C

试题（18）

嵌入式操作系统的特点主要包括 ___（18）___ 。

①可定制　②实时性　③可靠性　④共享性　⑤易移植性

（18）A. ①②③④　　　B. ①②③⑤　　　C. ②③④⑤　　　D. ①③④⑤

试题（18）分析

本题考查嵌入式操作系统的基本概念。

嵌入式操作系统运行在嵌入式智能芯片环境中，对整个智能芯片以及它所操作、控制的各种部件装置等资源进行统一协调、处理、指挥和控制。其主要特点包括：

（1）微型化。从性能和成本角度考虑，希望占用资源和系统代码量少，如内存少、字长短、运行速度有限、能源少（用微小型电池）。

（2）可定制。从减少成本和缩短研发周期考虑，要求嵌入式操作系统能运行在不同的微处理器平台上，能针对硬件变化进行结构与功能上的配置，以满足不同应用需要。

（3）实时性。嵌入式操作系统主要应用于过程控制、数据采集、传输通信、多媒体信息及关键要害领域需要迅速响应的场合，所以对实时性要求高。

（4）可靠性。系统构件、模块和体系结构必须达到应有的可靠性，对关键要害应用还要提供容错和防故障措施。

（5）易移植性。为了提高系统的易移植性，通常采用硬件抽象层（Hardware Abstraction Level，HAL）和板级支撑包（Board Support Package，BSP）的底层设计技术。

参考答案

（18）B

试题（19）

在幅度-相位复合调制技术中，由 4 种幅度和 8 种相位组成 16 种码元，若信号的波特率为 4800 Baud，则信道的最大数据速率为___（19）___kb/s。

（19）A．2.4　　　　　　B．4.8　　　　　　C．9.6　　　　　　D．19.2

试题（19）分析

本题考查数据编码的基础知识。

由于系统采用 16 种码元，故每个信号最大能表示的数据为 4 比特；若信号的波特率为 4800 Baud，则信道的最大数据速率为 4×4800=19.2kb/s。

参考答案

（19）D

试题（20）

若采用 WDM 多路复用技术，通常采用的介质为___（20）___。

（20）A．5 类 UTP　　　B．超 5 类 UTP　　　C．光纤　　　　　D．同轴电缆

试题（20）分析

本题考查多路复用技术的基础知识。

WDM 即波分多路复用技术，需要在光纤中依据波长进行多路复用。

参考答案

（20）C

试题（21）

ADSL 是通过在电话网采用___（21）___技术实现宽带业务的一种接入技术。

（21）A．TDM　　　　　B．STDM　　　　　C．FDM　　　　　D．WDM

试题（21）分析

本题考查 ADSL 技术的基础知识。

ADSL 依据频率划分成电话、上行和下行共 3 个信道，故 ADSL 是通过在电话网采用 FDM 技术实现宽带业务的一种接入技术。

参考答案

（21）C

试题（22）

交换机中地址转发表是通过___（22）___来建立的。

（22）A．地址学习　　　　　　　　　B．手工指定

　　　　C．最小代价算法计算　　　　　D．IP 地址

试题（22）分析

本题考查交换机的基本原理。

交换机中通过地址学习来建立地址转发表。

参考答案

（22）A

试题（23）

PING 命令使用的是__（23）__协议。

（23）A．UDP　　　　　B．ICMP　　　　　C．HTTP　　　　　D．SNMP

试题（23）分析

本题考查 ICMP 协议的基本原理。

PING 命令使用的是 ICMP 协议。

参考答案

（23）B

试题（24）

IP 首部最小长度为__（24）__字节。

（24）A．5　　　　　　B．15　　　　　　C．20　　　　　　D．40

试题（24）分析

本题考查 IP 首部的格式。

IP 首部最小长度为 20 字节。

参考答案

（24）C

试题（25）

以下关于 TCP/IP 协议栈中协议和层次的对应关系中，正确的是__（25）__。

（25）A.　　　　　　　　　　　　　　　　　B.

FTP	Telnet
UDP	
ARP	

RIP	Telnet
TCP	
ARP	

C.　　　　　　　　　　　　　　　　　D.

HTTP	SNMP
UDP	
IP	

SMTP	FTP
TCP	
IP	

试题（25）分析

本题考查 TCP/IP 协议栈的相关知识。

选项 A 中 FTP 和 Telnet 的传输层需采用 TCP 协议，且 Internet 层应为 IP 协议；选项 B 中 RIP 的传输层协议应为 UDP，且 Internet 层应为 IP 协议；选项 C 中 HTTP 的传输层应为 TCP 协议。可见，本题正确的答案为选项 D。

参考答案

（25）D

试题（26）

在 RIP 路由协议中，路由器在__（26）__广播路由消息。

（26）A．固定 30 秒后周期性地　　　　　　B．固定 60 秒后周期性地

　　　C．收到对端请求后　　　　　　　　　D．链路状态发生改变后

试题（26）分析

本题考查 RIP 路由协议的相关知识。

在 RIP 路由协议中，路由器在固定 30 秒后周期性地广播路由消息。

参考答案

（26）A

试题（27）

IPv6 地址 3001:0DB8:0000:0346:0000:ABFD:62BC:8D58 的缩写形式是　（27）　。

（27）A．3001:0DB8:0346:ABFD:62BC:8D58

　　　B．3001:0DB8:0346:0000:ABFD:62BC:8D58

　　　C．3001:DB8::0346:ABFD:62BC:8D58

　　　D．3001:0DB8::346::ABFD:62BC:8D58

试题（27）分析

本题考查 IPv6 地址的缩写。

IPv6 的 128 位地址每 16 位划分为一段，总共 8 段，每段用冒号隔开，这种表示方法叫作"冒号十六进制表示法"。 IP 地址中有好多 0，就可以把连续的一段 0 压缩为"::"，即用冒号表示，但是一个 IP 地址中只能有一个"::"。

参考答案

（27）B

试题（28）

要将 192.168.19.0/24 划分成 8 个子网,每个子网最多有30台主机,则子网掩码应为（28）。

（28）A．255.255.240.0　　　　　　　　B．255.255.255.224

　　　C．255.255.255.240　　　　　　　D．255.255.224.0

试题（28）分析

本题考查子网掩码的计算方法。

题目中 192.168.19.0/24 是一个 C 类地址段，共计 256 个 IP 地址。显然 A 项已经超过了一个 C 类地址的范围；B 项每个子网段地址有 32 个；C 项每个子网段地址有 16 个；D 项同 A，也超过了一个 C 类地址的范围。题目中要求每个子网最多有 30 台主机，显然 B 为正确选项。

参考答案

（28）B

试题（29）

IP 地址　（29）　可以分配给网段 172.0.4.0/23 中的主机。

（29）A．172.0.4.0　　　　B．172.0.4.255　　　　C．172.0.5.255　　　　D．172.0.8.0

试题（29）分析

本题考查子网掩码的相关知识。

172.0.4.0/23 的 IP 地址范围为：172.0.4.0——172.0.5.255。可用的主机地址范围是 172.0.4.1——172.0.5.254。所以选项 B 是正确的。

参考答案

（29）B

试题（30）

IP 地址为 200.200.200.201，子网掩码为 255.255.255.252 的主机与 IP 地址为 ___（30）___ 的主机通信不需要经过路由转发。

（30）A．200.200.200.1 　　　　　　　　B．200.200.200.202

　　　C．200.200.200.200 　　　　　　　D．200.200.200.203

试题（30）分析

本题考查子网内网络通信的方式。

要主机间通信不需要经过路由转发，说明这两台主机在一个子网内。根据子网掩码可以算出该子网的 IP 地址范围是 200.200.200.200——200.200.200.203。可分配的主机地址只有 200.200.200.201 和 200.200.200.202。所以选项 B 是正确的。

参考答案

（30）B

试题（31）

以下关于 IPv6 地址配置的说法中，不正确的是 ___（31）___ 。

（31）A．IPv6 地址只能手工配置

　　　B．IPv6 支持 DHCPv6 的形式进行地址配置

　　　C．IPv6 支持无状态自动配置

　　　D．IPv6 地址支持多种方式的自动配置

试题（31）分析

本题考查 IPv6 相关的基础概念。

IPv6 既支持手工配置，也支持 DHCPv6 的形式进行配置。自动配置分为有状态方式和无状态方式。可见，本题选项 A 的说法是不正确的。

参考答案

（31）A

试题（32）

DHCP 动态分配 IP 地址的租期为 8 小时，客户端会在获得 IP 地址 ___（32）___ 小时后发送续约报文。

（32）A．2 　　　　　B．4 　　　　　C．6 　　　　　D．8

试题（32）分析

本题考查 DHCP 租约半衰期的概念。

DHCP 租期达到 50%（T1）时，DHCP 客户端会自动以单播的方式向 DHCP 服务器发送 DHCP REQUEST 报文，请求更新 IP 地址租期。题目中给定租期为 8 小时，所以选项 B 是正确答案。

参考答案

（32）B

试题（33）

下列路由条目来源中，优先级最高的是　（33）　。

（33）A．Direct　　　　B．RIP　　　　　C．OSPF　　　　D．Static

试题（33）分析

本题考查常见路由协议的优先级。

实际的应用中，路由器选择路由协议的依据就是路由优先级。给不同的路由协议赋予不同的路由优先级，数值小的优先级高，具体如下表所示。

路由种类	路由优先级
Direct	0
Static	1
OSPF	110
RIP	120

参考答案

（33）A

试题（34）

用户在电子商务网站上使用网上银行支付，必须通过　（34）　在 Internet 与银行专用网之间进行数据交换。

（34）A．支付网关　　　B．防病毒网关　　C．出口路由器　　D．堡垒主机

试题（34）分析

本题考查电子商务的基础知识。

支付网关（Payment Gateway）是银行金融网络系统和 Internet 网络之间的接口，是由银行操作的将 Internet 上传输的数据转换为金融机构内部数据的一组服务器设备。因此，用户在电子商务网站上使用网上银行支付，必须通过支付网关在 Internet 与银行专用网之间进行数据交换。

参考答案

（34）A

试题（35）

无线局域网标准 802.11g 理论上可以达到的最大速率是　（35）　。

（35）A．11Mbit/s　　B．54Mbit/s　　　C．600Mbit/s　　D．1000Mbit/s

试题（35）分析

本题考查无限局域网标准。

无线局域网标准 802.11g 的接入点支持 802.11b 和 802.11g 客户设备，802.11g 是对 802.11b（Wi-Fi 标准）的提速，速度从 802.11b 的 11Mbit/s 提高到 54Mbit/s。

参考答案

（35）B

试题（36）、（37）

以太网使用的介质访问控制协议是　　(36)　　，100BASE-T 采用的介质是　　(37)　　。

（36）A. UDP　　　　　B. X.25　　　　　C. CSMA/CD　　　D. TCP/IP

（37）A. 5 类双绞线　　B. 4 类双绞线　　C. 多模光纤　　　D. 单模光纤

试题（36）、（37）分析

本题考查以太网的基础知识。

以太网采用的是 CSMA/CD，即载波监听多路访问/冲突检测协议。100Base-T 是一种以 100Mbps 速率工作的局域网（LAN）标准，它通常被称为快速以太网标准，并使用 UTP（非屏蔽双绞线）铜质电缆。

参考答案

（36）C　　（37）A

试题（38）

交换机前面板的指示灯用于显示设备的运行状态，其中表示电源指示灯的是　　(38)　　。

（38）A. PWR　　　　　B. STCK　　　　　C. SPED　　　　　D. STAT

试题（38）分析

本题考查考生对交换机的基础认知。

交换机前面板指示灯通常包括 PWR（电源指示灯）、STCK（堆叠指示灯）、SPED（速率指示灯）和 STAT（接口 Link/Active 灯）等。

参考答案

（38）A

试题（39）、（40）

划分 VLAN 有多种方法，这些方法中不包括　　(39)　　；在这些方法中属于静态划分的是　　(40)　　。

（39）A. 按端口划分　　　　　　　　B. 按交换设备划分
　　　C. 按 MAC 地址划分　　　　　D. 按 IP 地址划分

（40）A. 按端口划分　　　　　　　　B. 按交换设备划分
　　　C. 按 MAC 地址划分　　　　　D. 按 IP 地址划分

试题（39）、（40）分析

本题考查 VLAN 划分的基础知识。

VLAN 划分通常包括基于交换机端口、基于设备 MAC 地址、基于 IP 子网（或 IP 地址）以及基于网络协议层等四类。通常将基于端口的 VLAN 划分称为静态 VLAN。

参考答案

（39）B　　（40）A

试题（41）

在 HTML 中，标记对<a></a>的作用是　　(41)　　。

（41）A．设置锚　　　　B．设置段落　　　　C．设置表格　　　　D．设置字体

试题（41）分析

本题考查 HTML 标记的基础知识。

在 HTML 中，标记对<a></a>的作用是定义锚。

参考答案

（41）A

试题（42）

下面的标记对中，____（42）____用于表示网页代码的起始和终止。

（42）A．<html></html>　　　　　　　　B．<head></head>

　　　　C．<body></body>　　　　　　　　D．<meta></meta>

试题（42）分析

本题考查 HTML 的基础知识。

在 HTML 文件中，所有的代码均需要写在<html></html>标记对中。

参考答案

（42）A

试题（43）、（44）

使用 HTML 语言为某产品编制帮助文档，要求文档导航结构和内容同时显示，需要在文档中使用____（43）____，最少需要使用____（44）____个。

（43）A．文本框　　　　B．段落　　　　C．框架　　　　D．表格

（44）A．4　　　　　　B．3　　　　　　C．2　　　　　D．1

试题（43）、（44）分析

本题考查 HTML 框架的基础知识。

在 HTML 中，可以使用框架来设计在网页的多个小窗口中显示不同的网页。根据题干，要求文档导航结构和内容同时显示，至少需要 3 个网页文件。

参考答案

（43）C　　（44）B

试题（45）

在 HTML 中，有如下代码：

```
<p>性别:</p>
<p><input type="radio" name="sexual" value="male"/>男</p>
<p><input type="radio" name="sexual" value="femal" checked="checked"/>女
</p>
```

在页面中显示正确的是：____（45）____。

（45）　A.　　　　　　B.　　　　　　C.　　　　　　D.

试题（45）分析

本题考查 HTML 表单的基础知识。

在 HTML 中，<input>表单根据 type 属性的不同，可以制作文本框、单选框、复选框、提交按钮等样式。题干中展示的是单选按钮，单选按钮的默认选项使用"checked"参数来标志，默认选项为"女"。

参考答案

（45）A

试题（46）

浏览器是用来检索、展示以及传递 Web 信息资源的___（46）___。

（46）A．应用程序　　　　　　　　　　B．服务程序

　　　C．可执行脚本　　　　　　　　　D．动态链接库

试题（46）分析

本题考查浏览器的基础知识。

浏览器是用来检索、展示以及传递 Web 信息资源的应用程序。Web 信息资源由统一资源标识符（Uniform Resource Identifier，URI）所标记，它是一张网页、一张图片、一段视频或者任何在 Web 上呈现的内容。使用者可以借助超级链接（Hyperlinks），通过浏览器浏览互相关联的信息。

参考答案

（46）A

试题（47）

浏览器不使用插件时通常支持的协议不包括___（47）___。

（47）A．HTTP　　　　　B．FILE　　　　　C．SSH　　　　　D．FTP

试题（47）分析

本题考查浏览器的基础知识。

浏览器默认支持的协议包括：

（1）FTP。文件传输协议（File Transfer Protocol，FTP）用于在 Internet 上控制文件的双向传输。基于不同的操作系统有不同的 FTP 应用程序，而所有这些应用程序都遵守同一种协议以传输文件。

（2）HTTP。超文本传输协议（Hyper Text Transfer Protocol，HTTP）是一个简单的请求-响应协议，它通常运行在 TCP 之上。它指定了客户端可能发送给服务器什么样的消息以及得到什么样的响应。请求和响应消息的头以 ASCII 形式给出；而消息内容则具有类似 MIME 的格式。这个简单模型是早期 Web 成功的一个原因，因为它使开发和部署非常地直截了当。

（3）FILE。FILE 协议主要用于访问本地计算机中的文件，就如同在 Windows 资源管理器中打开文件一样。要使用 FILE 协议，基本的格式如下：file:///文件路径。比如要打开 F 盘 flash 文件夹中的 1.swf 文件，那么可以在资源管理器或 IE 地址栏中键入 file:///f:/flash/1.swf 并回车。

参考答案

（47）C

试题（48）

下列协议中，不能用于远程文件传输的是　(48)　。

（48）A．FTP　　　　　　B．SFTP　　　　　　C．TFTP　　　　　　D．ICMP

试题（48）分析

本题考查远程文件传输方面的基础知识。

FTP（File Transfer Protocol）是文件传输协议，用于在 Internet 上控制文件的双向传输。基于不同的操作系统有不同的 FTP 应用程序，而所有这些应用程序都遵守同一种协议以传输文件。

SFTP（SSH File Transfer Protocol，也称为 Secret File Transfer Protocol）是指 SSH 文件传输协议，是一种数据流连接方式，能提供文件访问、传输和管理功能的网络传输协议。

TFTP（Trivial File Transfer Protocol）是简单文件传输协议，是 TCP/IP 协议族中的一个用来在客户机与服务器之间进行简单文件传输的协议，提供不复杂、开销不大的文件传输服务。

ICMP（Internet Control Message Protocol）是 Internet 控制报文协议，它是 TCP/IP 协议族的一个用于在 IP 主机、路由器之间传递控制消息的子协议。控制消息是指网络通不通、主机是否可达、路由是否可用等网络本身的消息。这些控制消息虽然并不传输用户数据，但是对于用户数据的传递起着重要的作用。

因此，FTP、SFTP、TFTP 都可以用于远程文件传输。

参考答案

（48）D

试题（49）

在发送电子邮件时，附加多媒体数据使用的协议是　(49)　。

（49）A．SMTP　　　　　　B．POP　　　　　　C．IMAP　　　　　　D．MIME

试题（49）分析

本题考查电子邮件方面的基础知识。

SMTP 协议是一种提供可靠且有效的电子邮件传输的协议。SMTP 是建立在 FTP 文件传输服务上的一种邮件服务，主要用于系统之间的邮件信息传递，并提供有关来信的通知。

POP 协议是适用于 C/S 结构的脱机模型的电子邮件协议，已发展到第三版，称 POP3。POP3 是 TCP/IP 协议族中的一员，由 RFC1939 定义，主要用于支持使用客户端远程管理在服务器上的电子邮件。

IMAP 协议称为交互邮件访问协议，属于应用层协议。其主要作用是邮件客户端可以通过该协议从邮件服务器上获取邮件的信息、下载邮件等。

MIME（Multipurpose Internet Mail Extensions）协议也称为多用途互联网邮件扩展类型，是设定某种扩展名的文件用一种应用程序来打开的方式，当该扩展名文件被访问的时候，浏览器会自动使用指定应用程序来打开该扩展名文件。

参考答案

（49）D

试题（50）

下列不能用于远程登录或控制的是　　(50)　。

（50）A．IGMP 　　　　　B．SSH 　　　　　C．Telnet 　　　　　D．RFB

试题（50）分析

本题考查远程登录或控制方面的基础知识。

Internet 组管理协议称为 IGMP 协议（Internet Group Management Protocol），是因特网协议家族中的一个组播协议，运行在主机和组播路由器之间。IGMP 协议共有三个版本，即 IGMPv1、v2 和 v3。

SSH（Secure Shell）由 IETF 的网络小组所制定。SSH 是较可靠、专为远程登录会话和其他网络服务提供安全性的协议。利用 SSH 协议可以有效防止远程管理过程中的信息泄露问题。

Telnet 协议是 TCP/IP 协议族中的一员，是 Internet 远程登录服务的标准协议和主要方式。它为用户提供了在本地计算机上完成远程主机工作的能力。在终端使用者的计算机上使用 telnet 程序，用它连接到服务器。

RFB（Remote Frame Buffer，远程帧缓冲）协议是一个用于远程访问图形用户界面的简单协议。由于 RFB 协议工作在帧缓冲层，因此它适用于所有的窗口系统和应用程序，如 Windows 3.1/95/NT 和 Macintosh 等。

参考答案

（50）A

试题（51）

下列攻击类型中，不属于网络层攻击的是　　(51)　。

（51）A．IP 欺骗攻击 　　　　　　　　B．Smurf 攻击

　　　　C．SYN Flooding 攻击 　　　　　D．ICMP 攻击

试题（51）分析

本题考查常见网络攻击及其相关知识点。

SYN Flooding 攻击利用 TCP 协议建立连接时三次握手的缺陷发起攻击，应属于传输层攻击，其余各选项均为常见的网络层攻击。

参考答案

（51）C

试题（52）

包过滤防火墙对　　(52)　的数据报文进行检查。

（52）A．应用层 　　　　B．物理层 　　　　C．网络层 　　　　D．链路层

试题（52）分析

本题考查包过滤防火墙的相关知识。

包过滤防火墙是最简单的一种防火墙，它在网络层截获网络数据包，根据防火墙的规则

来检测攻击行为。包过滤防火墙一般作用在网络层（IP 层），故也称网络层防火墙（Network Level Firewall）或 IP 过滤器（IP filters）。

参考答案

（52）C

试题（53）

防火墙通常分为内网、外网和 DMZ 三个区域，按照受保护程度，从低到高正确的排列次序为　（53）　。

（53）A．内网、外网和 DMZ   B．外网、DMZ 和内网

　　　　C．DMZ、内网和外网   D．内网、DMZ 和外网

试题（53）分析

本题考查防火墙区域划分及其相关知识点。

防火墙通常划分为五个区域，依据安全优先级，即受保护程度从低到高，依次为 Untrust（不信任域）、DMZ（隔离区）、Trust（信任域）、Local（本地）和 Management（管理）。

参考答案

（53）B

试题（54）

下列算法中属于消息摘要算法的是　（54）　。

（54）A．SHA-1   B．DES   C．AES   D．RSA

试题（54）分析

本题考查信息安全领域各种密码算法的基本概念。

DES（Data Encryption Standard，数据加密标准）是早期常用的一种分组加密算法。AES（Advanced Encryption Standard，高级加密标准）在密码学中又称 Rijndael 加密法。AES 是典型的对称加密体制算法，是最常用的分组加密算法之一。RSA 在指密码算法时，表示基于大整数分解困难性构造的 RSA 加密算法或者 RSA 签名算法。SHA-1（Secure Hash Algorithm 1，安全散列算法 1）是一种常用的消息摘要算法。

参考答案

（54）A

试题（55）

可专门针对后缀名为.docx 文件的病毒是　（55）　。

（55）A．脚本病毒   B．宏病毒   C．蠕虫病毒   D．文件型病毒

试题（55）分析

本题考查宏病毒的基本概念。

后缀名为.docx 的文件是 Word 文档，而 Word 文档一旦启用了宏，就容易受到宏病毒的攻击。宏病毒是一种寄存在文档或模板的宏中的计算机病毒。一旦打开这样的文档，其中的宏就会被执行，于是宏病毒就会被激活，转移到计算机上，并驻留在 Normal 模板上。

参考答案

（55）B

试题（56）

以下可以有效防治计算机病毒的策略是__（56）__。

（56）A．部署防火墙　　　　　　　　B．部署入侵检测系统

　　　　C．安装并及时升级防病毒软件　　D．定期备份数据文件

试题（56）分析

本题考查病毒防治的相关知识。

安装并及时升级防病毒软件可以有效防治计算机病毒。其他选项均无法防治病毒。

参考答案

（56）C

试题（57）

建筑物综合布线系统中由终端到信息插座之间的连线系统属于__（57）__子系统。

（57）A．工作区　　　　B．水平　　　　C．垂直　　　　D．建筑群

试题（57）分析

本题考查网络工程部分综合布线的相关知识。

工作区子系统指建筑物内水平范围的个人办公区域，是放置应用系统终端设备的地方。它将用户的通信设备连接到综合布线系统的信息插座上。该系统所包含的硬件包括信息插座、插座盒（或面板）、连接软线以及适配器或连接器等连接附件。终端到信息插座之间的连线系统显然属于工作区子系统。

参考答案

（57）A

试题（58）

在 Windows 操作系统中，终止 ping 命令的执行需要使用的快捷键是__（58）__。

（58）A．Ctrl+Z　　　　B．Ctrl+C　　　　C．Alt+A　　　　D．Alt+C

试题（58）分析

本题考查常用网络命令的相关知识。

在 Windows 操作系统中，终止 ping 命令的执行需要使用的快捷键是 Ctrl+C。

参考答案

（58）B

试题（59）

使用__（59）__命令可以实现路由追踪。

（59）A．netstat　　　　B．ping　　　　C．tracert　　　　D．ipconfig

试题（59）分析

本题考查常用网络命令的相关知识。

netstat 命令是一个监控 TCP/IP 网络的非常有用的工具，它可以显示路由表、实际的网络连接以及每一个网络接口设备的状态信息。

ping 命令是工作在 TCP/IP 网络体系结构中应用层的一个服务命令，主要是向特定的目的主机发送 ICMP（Internet Control Message Protocol，因特网报文控制协议）Echo 请求报文，

测试目的站是否可达及了解其有关状态。

tracert 命令也称为 Windows 路由跟踪实用程序，在命令提示符（cmd）中使用 tracert 命令可以确定 IP 数据包访问目标时所选择的路径。

ipconfig 命令是调试计算机网络的常用命令，通常大家使用它显示计算机中网络适配器的 IP 地址、子网掩码及默认网关。

参考答案

（59）C

试题（60）

为释放来自 DHCP 分配的 IP 地址，主机需要使用的命令是 ___（60）___ 。

（60）A．dhcp/renew
B．dhcp/release
C．ipconfig/release
D．ipconfig/renew

试题（60）分析

本题考查常用网络命令的相关知识。

ipconfig/renew 用于申请重新获得 IP 地址，ipconfig/release 用于释放目前的 IP 地址。

参考答案

（60）C

试题（61）

在 Windows 中，使用 nslookup 命令可诊断的故障是 ___（61）___ 。

（61）A．域名解析故障
B．IP 地址解析故障
C．路由回路故障
D．邮件收发故障

试题（61）分析

本题考查常用网络命令的相关知识。

nslookup 用于查询 DNS 的记录，查询域名解析是否正常，在网络故障时用来诊断网络问题。

参考答案

（61）A

试题（62）

关于 SNMP 协议，下面的论述中正确的是 ___（62）___ 。

（62）A．SNMPv1 采用基于团体名的身份认证方式
B．SNMPv2c 采用了安全机制
C．SNMPv2 不支持管理器之间的通信功能
D．SNMPv3 不支持安全机制和访问控制规则

试题（62）分析

本题考查简单网络管理协议的相关知识。

关于 SNMP 协议，SNMPv1 采用基于团体名的身份认证方式。显然，本题选项 A 是正确的。

参考答案

（62）A

试题（63）

下面不属于 Linux 文件系统类型的是　　（63）　　。

（63）A．FAT32　　　　B．EXT4　　　　C．PROC　　　　D．BTRFS

试题（63）分析

本题考查 Linux 文件系统的基础知识。

文件系统不仅包含文件中的数据，而且还有文件系统的结构，所有 Linux 用户和程序看到的文件、目录、软连接及文件保护信息等都存储在其中。

常见的 Linux 文件系统有 EXT、EXT2、EXT4、PROC、BTRFS 等，FAT32 是 Windows 系统的文件系统类型。

参考答案

（63）A

试题（64）、（65）

Linux 系统根目录是　　（64）　　，用户安装的应用程序文件默认存放在　　（65）　　目录中。

（64）A．c:/　　　　B．/　　　　C．/home　　　　D．/boot

（65）A．/bin　　　　B．/sbin　　　　C．/usr　　　　D．/user

试题（64）、（65）分析

本题考查 Linux 系统的基础知识。

Linux 使用标准的目录结构，在系统安装时，就为用户创建了文件系统和完整而固定的目录组成形式。Linux 文件系统采用多级目录的树型层次结构管理文件。树型结构的最上层是根目录，用"/"表示，其他的所有目录都是从根目录出发生成的。Linux 在安装时会创建一些默认的目录，这些目录都有其特殊的功能，用户不能随意删除或修改，如：/bin、/etc、/dev、/root、/usr、/tmp、/var 等目录。用户的安装文件默认存储在/usr 目录中。

另外，bin 目录（bin 是 Binary 的缩写）存放 Linux 系统命令；

/etc 目录存放系统的配置文件；

/dev 目录存放系统的外部设备文件；

/root 目录存放超级管理员的用户主目录。

参考答案

（64）B　　（65）C

试题（66）

在 Windows 系统中，可使用　　（66）　　命令绑定本地主机 IP 地址和 MAC 地址。

（66）A．arp -a　　　　B．arp -g　　　　C．arp -s　　　　D．arp -d

试题（66）分析

本题考查 Windows 系统命令的用法。

Windows 系统的 arp 命令的参数列表及功能如下。

参数	功能
-a	通过询问当前协议数据，显示当前 ARP 项。如果指定 inet_addr，则只显示指定计算机的 IP 地址和物理地址。如果不止一个网络接口使用 ARP，则显示每个 ARP 表的项
-g	与 -a 相同
-v	在详细模式下显示当前 ARP 项。所有无效项和环回接口上的项都将显示
inet_addr	指定 Internet 地址
-N if_addr	显示 if_addr 指定的网络接口的 ARP 项
-d	删除 inet_addr 指定的主机。inet_addr 可以是通配符 *，以删除所有主机
-s	添加主机并且将 Internet 地址 inet_addr 与物理地址 eth_addr 相关联。物理地址是用连字符分隔的 6 个十六进制字节。该项是永久的
eth_addr	指定物理地址
if_addr	如果存在，此项指定地址转换表应修改的接口的 Internet 地址。如果不存在，则使用第一个适用的接口

根据题干要求，要将一台主机的 IP 地址与 MAC 地址相互绑定，可使用-s 参数。

参考答案

（66）C

试题（67）

在 Windows 命令行界面中，可以使用　(67)　命令查看本地路由表。

（67）A．route print　　　　B．print route　　　　C．print router　　　　D．router print

试题（67）分析

本题考查 Windows 系统命令的用法。

在 Windows 系统中，可以使用 route print 命令查看主机的本地路由表，其中 print 是 route 命令的参数。其他还有 Add、Delete 等参数，作用分别是添加本地路由信息和删除本地路由信息。

参考答案

（67）A

试题（68）～（70）

在某 PC 命令行中有如下输出：

C:\Users\Administrator>ipconfig /all

Wireless LAN adapter:

Connection-specific DNS Suffix　　. :

Description . . . . : Realtek RTL8188EU Wireless LAN 802.11n USB 2.0 Network Adapter

Physical Address. . . . . : 30-B4-9E-75-A5-BA

DHCP Enabled. . . . . : Yes

Autoconfiguration Enabled . . . . : Yes

Link-local IPv6 Address . . . . . : fe80::47d:eaf2:bd6f:cbf1%12(Preferred)

IPv4 Address. . . . . : 172.22.94.27(Preferred)

Subnet Mask . . . . : 255.255.0.0

Lease Obtained. . . . . : 2021-7-17　20:29:44

Lease Expires . . . . : 2021-7-18　20:29:44

Default Gateway . . . . : 172.22.255.254

DHCP Server . . . . : 172.22.255.254

DHCPv6 IAID . . . . : 221295774

DHCPv6 Client DUID. . . . . . . : 00-01-00-01-21-49-46-01-50-65-F3-26-06-04

DNS Servers . . . . : 102.25.22.154

114.114.114.144

NetBIOS over Tcpip. . . . . . . : Enabled

从上面的输出结果可知，该 PC 机是使用___（68）___方式接入网络的，其通过（69）获取 IP 地址，地址租约到期后，最可能获取的 IP 地址是___（70）___。

（68）A．PSTN   B．RJ45   C．光纤   D．WLAN

（69）A．DNS   B．TCP   C．HTTP   D．DHCP

（70）A．172.22.94.27   B．172.22.94.28

        C．172.22.94.26   D．172.22.94.29

试题（68）～（70）分析

本题考查 Windows 系统命令的基础知识。

题干中所列的输出结果是用户使用 ipconfig/all 命令的输出结果，从输出结果的第 2 行"Wireless LAN adapter:"中可以看出该终端是使用 WLAN 接入到网络中的，获取 IP 地址的方式必然是通过向 DHCP 服务器请求得到 IP 地址配置，通过第 6 行的"DHCP Enabled. . . . . : Yes"输出结果也可以得到印证。在 IP 地址配置信息中，输出结果的第 8、9 两行为：

Link-local IPv6 Address . . . . . : fe80::47d:eaf2:bd6f:cbf1%12(Preferred)

IPv4 Address. . . . . : 172.22.94.27(Preferred)

上述结果中有"Preferred"字样，如果该终端当前的 IP 地址租约到期，重新申请时，该 IP 地址可能再次分配给该终端。

参考答案

（68）D   （69）D   （70）A

试题（71）～（75）

In telecommunications, 5G is the ___（71）___ generation technology standard for broadband cellular networks. 5G networks are ___（72）___ cellular networks, for which the service area is divided into small geographical cells. All 5G ___（73）___ devices in a cell are connected to the Internet and telephone network by radio waves. The main advantage of the new networks is that they will have greater bandwidth, giving higher download speeds, eventually up to 10 ___（74）___. Due to the increased bandwidth, it is expected the networks will increasingly be used as general internet service providers for laptops and desktop computers, competing with existing ISPs such as cable internet, and also will make possible new applications in internet of ___（75）___ (IoT) and machine to machine areas.

（71）A. third　　　　　B. fourth　　　　　C. fifth　　　　　D. sixth
（72）A. analog　　　　B. digital　　　　　C. logical　　　　D. physical
（73）A. wireless　　　 B. wired　　　　　 C. logical　　　　D. virtual
（74）A. Kbit/s　　　　 B. Mbit/s　　　　　C. Gbit/s　　　　 D. Tbit/s
（75）A. this　　　　　 B. thin　　　　　　C. think　　　　　D. things

参考译文

在电信领域，5G 是宽带蜂窝网络的第五代技术标准。5G 网络是数字蜂窝网络，其服务区域被划分为小的地理单元。蜂窝内的所有 5G 无线设备都通过无线电波连接到互联网和电话网络。新网络的主要优势在于它们将拥有更大的带宽，提供更高的下载速度，最终可达 10Gbit/s。由于带宽的增加，预计这些网络将越来越多地用作笔记本计算机和台式计算机的一般互联网服务提供商，与现有的互联网服务提供商（如有线互联网）竞争，也将使物联网（IoT）和机对机领域的新应用成为可能。

参考答案

（71）C　　（72）B　　（73）A　　（74）C　　（75）D

第18章 2021下半年网络管理员下午试题分析与解答

试题一（共20分）

阅读以下说明，回答问题1至问题4，将解答填入答题纸对应的解答栏内。

【说明】

某公司拟建设一套内部办公局域网，其拓扑结构如图1-1所示。该局域网主干网络为有线网络，接入层采用无线控制器（AC）和无线接入点（AP）的方式完成用户终端无线接入。

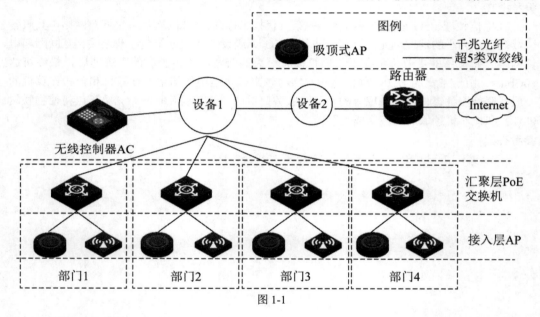

图1-1

【问题1】（5分，每空1分）

该拓扑结构属于 ___(1)___ 拓扑。请为设备1和设备2选择最合适的网络设备，并简要说明该设备的作用。

设备1：___(2)___，作用：___(3)___；设备2：___(4)___，作用：___(5)___。

（1）备选答案：

　　A. 总线型　　B. 环型　　C. 星型

（2）、（4）备选答案：

　　A. 网卡　　　B. 集线器　　C. 核心交换机

　　D. 网桥　　　E. 防火墙　　F. 服务器

【问题 2】（3 分，每空 1 分）

为提高核心层网络可靠性，可以使用　(6)　技术进行组网。如果汇聚层交换机上连拟采用链路聚合的方式进行连接，链路聚合技术的优点有实现负载均衡、　(7)　和　(8)　。

【问题 3】（6 分，每空 2 分）

该公司在进行网络建设时楼宇内需采用综合布线系统，该布线系统的 6 个子系统分别是：设备间子系统、建筑群子系统、管理子系统、　(9)　、　(10)　和　(11)　。

【问题 4】（6 分，每空 2 分）

该公司办公局域网采用 WLAN 的方式进行用户终端接入，WLAN 采用的技术标准是　(12)　；该公司采用的 WLAN 架构为瘦 AP 方式，这种方式对 AP 的管理特点是　(13)　和　(14)　。

（12）备选答案：

　　A．IEEE 802.3　　　B．IEEE 802.11　　　C．IEEE 802.16　　　D．IEEE 802.20

（13）、（14）备选答案：

　　A．AP 集中管理　　B．AP 独立管理　　　C．不支持 AP 零配置　　D．支持 AP 零配置

试题一分析

本题重点考查有线无线混合计算机局域网组建方面的基本概念和相关技能。内容包括网络拓扑结构的分析、网络设备的使用、局域网可靠性的基本概念、综合布线系统和无线局域网的基本知识。

【问题 1】

通过对图 1-1 的分析，可以看出这个局域网由核心层、汇聚层和接入层组成，而这个网络中的各个节点通过点对点的方式连接到一个中央节点，属于典型的星型拓扑结构。通过分析，设备 1 位于整个网络的中心节点，需要连通整个网络，包括汇聚层各个交换机、无线控制器、设备 2 等关键设备，满足整个局域网的高速数据包交换的要求，所以只能选择核心交换机。通过分析设备 2 所处的位置以及已有的路由器设备，该位置最合适的设备为防火墙，该设备可以隔离内外网，过滤不安全的服务，保护内网不受外网的攻击。

【问题 2】

为提高核心层网络的可靠性，可以使用主备、热备或者堆叠等技术进行组网。而从汇聚层到核心交换机的链路采用链路聚合技术，该技术具有负载均衡、提高带宽和提高可靠性的优点。

【问题 3】

综合布线的 6 个子系统分别是：设备间子系统、建筑群子系统、管理子系统、水平子系统、垂直子系统和工作区子系统。

【问题 4】

无线局域网的标准是 IEEE 802.11。根据题干可知，该局域网的无线接入部分采用的是瘦 AP 架构。这种架构中，AP 就是一个无线网络节点，不能单独使用，必须配合 AC 结合使用，能够起到扩展覆盖面积的作用。在瘦 AP 结构中，无线控制器可以统一管理 AP，并将配置文件下发 AP，无需单独对每个 AP 进行配置，所以对于 AP 的管理特点为零配置和集中管理。

参考答案

【问题 1】

（1）C

（2）C

（3）核心交换机用于连接多台设备，具备网络互通条件，可以进行高速数据包交换等

（4）E

（5）防火墙位于内外网之间，过滤不安全的服务，保护内网不受攻击等

【问题 2】

（6）主备、热备、堆叠等

（7）提高链路带宽

（8）提高可靠性

注：（7）和（8）可互换

【问题 3】

（9）水平子系统

（10）垂直子系统

（11）工作区子系统

注：（9）、（10）和（11）可互换

【问题 4】

（12）B

（13）A

（14）D

注：（13）和（14）可互换

试题二（共 20 分）

阅读以下说明，回答问题 1 至问题 3，将解答填入答题纸对应的解答栏内。

【说明】

某公司内网结构如图 2-1 所示，当前所用网段是 192.168.10.0/24。服务器均使用 Windows Server 2008 R2 操作系统进行配置。

图 2-1

【问题 1】（6 分，每空 2 分）

本网络内可供分配使用的 IP 地址（包括图 2-1 中服务器的 IP）个数是 __(1)__ 。使用 DHCP 服务器为本网络内的服务器和客户机分配 IP 地址，图 2-2 所示的 DHCP 服务器配置界面中，"起始 IP 地址（S）"应配置为 __(2)__ ，"结束 IP 地址（E）"应配置为 __(3)__ 。

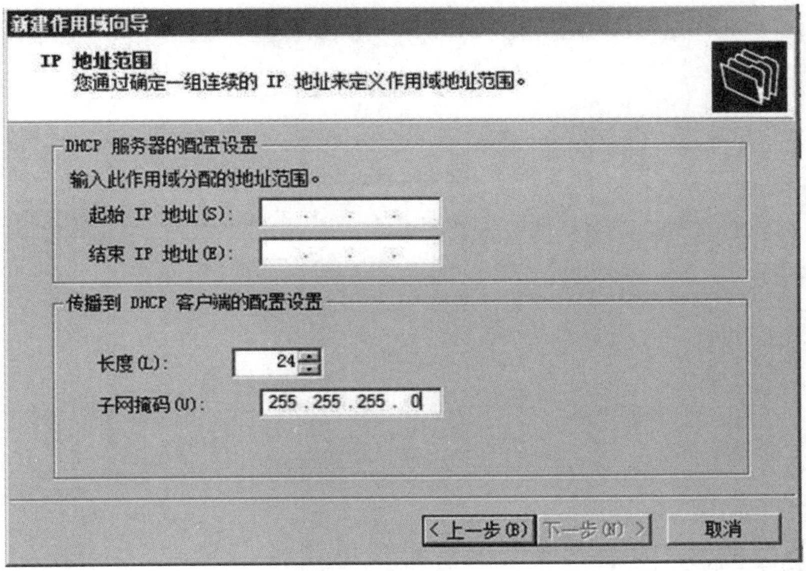

图 2-2

【问题 2】（8 分，每空 2 分）

服务器可以手动配置 IP 地址，也可以通过 DHCP 获取固定 IP 地址。

如果三台服务器全部手动配置 IP 地址，那么服务器的 IP 地址就把整个 192.168.10.0/24 网段切割成了两部分，需要在 DHCP 服务器上添加排除，把服务器的 IP 地址从当前 DHCP 地址池中排除。如图 2-3 所示的"添加排除"界面，"起始 IP 地址（S）"应配置为 __(4)__ ，"结束 IP 地址（E）"应配置为 __(5)__ 。

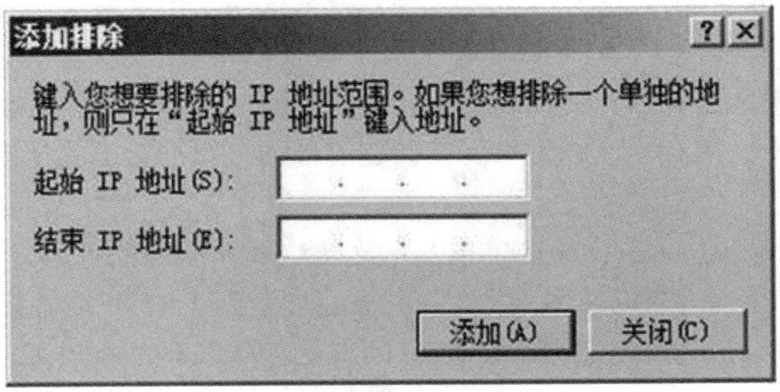

图 2-3

　　如果 FTP 服务器和 Web 服务器采用 DHCP 形式获取固定 IP 地址，则上述"添加排除"过程只需要排除 DHCP 服务器的 IP 即可，但需要在 DHCP 服务器上为 FTP 服务器和 Web 服务器保留固定 IP。如图 2-4 所示为 FTP 服务器"新建保留"的配置过程，"IP 地址"应填 __(6)__ 。从图 2-4 所示的配置过程可以看出，DHCP 服务器根据客户端的 __(7)__ 地址来分配保留 IP。

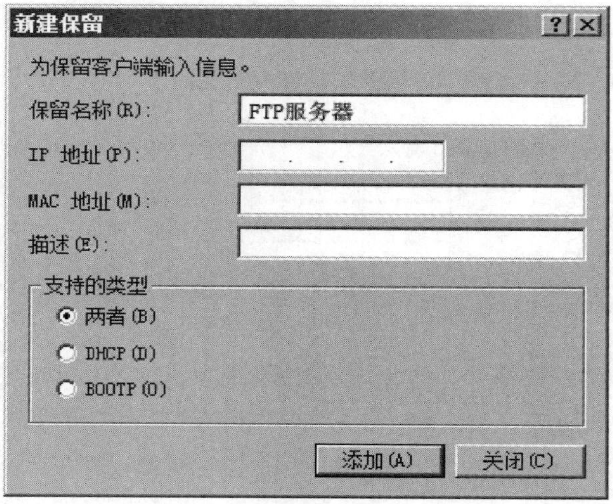

图 2-4

【问题 3】（6 分，每空 2 分）

　　随着公司员工数量的增加，客户机数目也在不断增加，需要对公司局域网进行扩容，扩容后的网络是 192.168.10.0/23。在重新配置 DHCP 服务器时，图 2-2 所示的"DHCP 服务器的配置设置"中，"结束 IP 地址（E）"应配置为 __(8)__ ；图 2-2 所示的"传播到 DHCP 客户端的配置设置"中，"长度（L）"应配置为 __(9)__ ，"子网掩码（U）"应配置为 __(10)__ 。

　　（8）～（10）备选答案：

　　　　A．192.168.10.254　　　　　　B．192.168.11.254

　　　　C．23　　　　　　　　　　　　D．24

　　　　E．255.255.255.0　　　　　　F．255.255.254.0

试题二分析

　　本题考查基于 Windows Server 2008 R2 操作系统的 DHCP 服务器配置过程。

　　此类题目要求考生认真阅读题目对现实问题的描述，根据给出的配置界面进行相关配置。

【问题 1】

　　本问题考查在 Windows Server 2008 R2 上配置 DHCP 服务的过程。每个网段中，主机地址全为 0 的 IP 地址表示该网段的网络地址，主机地址全为 1 的 IP 地址为该网段的广播地址，网段 192.168.10.0/24 可供分配使用的 IP 地址范围是 192.168.10.1～192.168.10.254，总 IP 个数是 254。因此，图 2-2 所示的 DHCP 服务器配置界面中，"起始 IP 地址（S）"应配置为 192.168.10.1，"结束 IP 地址（E）"应配置为 192.168.10.254。

基于上述分析，问题 1 的答案是（1）254、（2）192.168.10.1、（3）192.168.10.254。

【问题 2】

本问题首先考查在 DHCP 服务器上通过添加排除的形式把服务器的 IP 地址从当前地址池中排除的配置方式。问题 1 中配置的 DHCP 地址池是 192.168.10.1～192.168.10.254，三台服务器的 IP 地址分别是 192.168.10.100、192.168.10.101、192.168.10.102，因此需要把 192.168.10.100～192.168.10.102 这段地址从地址池中排除。基于上述分析，如图 2-3 所示的"添加排除"界面，"起始 IP 地址（S）"应配置为 192.168.10.100，"结束 IP 地址（E）"应配置为 192.168.10.102。

然后考查在 DHCP 服务器上为 FTP 服务器和 Web 服务器保留固定 IP 的配置方法。如图 2-4 所示为 FTP 服务器"新建保留"的配置过程，"IP 地址"应填 FTP 服务器的 IP 地址 192.168.10.101。从图 2-4 所示的配置过程可以看出，DHCP 服务器根据客户端的 MAC 或物理地址来分配保留 IP。

基于上述分析，问题 2 的答案是（4）192.168.10.100、（5）192.168.10.102、（6）192.168.10.101、（7）MAC 或物理。

【问题 3】

本问题考查在 Windows Server 2008 R2 上扩容 DHCP 时的配置过程。根据题干，随着公司员工数量的增加，客户机数目也在不断增加，需要对公司局域网进行扩容，扩容后的网络是 192.168.10.0/23。这就意味着当前可分配的 IP 地址范围是 192.168.10.1～192.168.11.254，因此图 2-2 所示的"DHCP 服务器的配置设置"中，"结束 IP 地址（E）"应配置为 192.168.11.254。由于扩容后的网段是 192.168.10.0/23，则图 2-2 所示的"传播到 DHCP 客户端的配置设置"中，"长度（L）"代表子网掩码长度，应配置为 23，对应的子网掩码是 255.255.254.0。

参考答案

【问题 1】

（1）254

（2）192.168.10.1

（3）192.168.10.254

【问题 2】

（4）192.168.10.100

（5）192.168.10.102

（6）192.168.10.101

（7）MAC 或物理

【问题 3】

（8）B

（9）C

（10）F

试题三（共 20 分）

阅读以下说明，回答问题 1 至问题 2，将解答填入答题纸对应的解答栏内。

【说明】

某公司内部网络拓扑结构如图 3-1 所示。

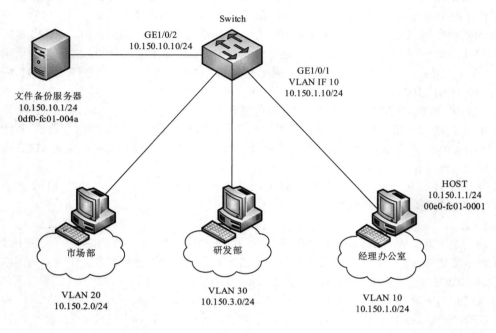

图 3-1

【问题 1】（12 分，每空 2 分）

在同一局域网内，终端之间通过 MAC 地址进行通信。发送端对数据进行封装后发送给交换机转发，交换机将数据帧中的　(1)　地址和　(2)　该数据报文的端口编号相对应，生成"端口-地址"对应表，经广播或查询"端口-地址"对应表得到数据帧中的　(3)　地址对应的端口编号，将数据帧从该端口发出，到达目标主机，实现局域网内部通信。

发送端可以在通过　(4)　协议自动建立的"IP-MAC"对应表中获得目标 MAC 地址。"IP-MAC"对应表中的条目可被更新或　(5)　，若对应表中的条目被错误更新，会造成合法用户通信异常。网络中有专门针对该更新机制的攻击，使用错误的　(6)　地址修改原有表项，以达到破坏局域网内正常通信的目的。

（1）～（6）备选答案：

　　A. 发送　　　　　　　B. 目的 MAC　　　　　C. 源 MAC

　　D. 接收　　　　　　　E. ARP　　　　　　　F. MAC

　　G. IP　　　　　　　　H. 老化

【问题 2】（8 分，每空 1 分）

由于公司网络中市场部可以访问外网，经常感染 ARP 病毒，导致经理办公室和服务器无法正常通信。管理员计划在 Switch 上配置静态 ARP，以对抗 ARP 攻击。

\# 创建 VLAN10，将接口加入 VLAN10，并配置接口 VLANIF10 的 IP 地址
```
<HUAWEI>  (7)
[HUAWEI]  (8)  Switch
[Switch] vlan  (9)  10
[Switch] interface gigabitethernet 1/0/1
[Switch-GigabitEthernet1/0/1] port link-type  (10)
[Switch-GigabitEthernet1/0/1] port default vlan 10
[Switch-GigabitEthernet1/0/1] quit
[Switch] interface vlanif 10
[Switch-Vlanif10] ip address 10.150.1.10 24
[Switch-Vlanif10] quit
```

\# 配置接口 GE1/0/2 为主接口，并配置接口的 IP 地址
```
[Switch] interface gigabitethernet 1/0/2
[Switch-GigabitEthernet1/0/2] undo  (11)
[Switch-GigabitEthernet1/0/2] ip address  (12)
[Switch-GigabitEthernet1/0/2] quit
```

在 Switch 上配置静态 ARP 表项

```
[Switch] arp  (13)  10.150.1.1  (14)  vid 10 interface gigabitethernet
1/0/1
```

试题三分析
　　本题考查交换机工作基本原理和基本配置的内容，要求考生认真阅读题目描述，正确理解并掌握题目的要求和目的，对于考生基本理论知识的掌握和基本操作能力的掌握有较高的要求。
【问题 1】
　　该问题考查交换机数据转发的基本过程和基本原理，主要描述了交换机中利用 ARP 协议形成"IP-MAC"表的过程和交换机依据"IP-MAC"对应表转发数据帧的过程和更新过程。该过程也是 ARP 病毒起作用的原理。
【问题 2】
　　该问题考查在局域网中对抗 ARP 病毒的一种方法，在交换机上配置静态 ARP，以阻止 ARP 协议根据"自学习"过程来实时更新 ARP 表。配置的过程包括交换机的基本配置命令的使用和为交换机添加静态 ARP 表项的命令。
参考答案
【问题 1】
　　（1）C
　　（2）D
　　（3）B
　　（4）E

（5）H

（6）F

【问题 2】

（7）system-view

（8）sysname

（9）batch

（10）access

（11）portswitch

（12）10.150.10.10 24

（13）static

（14）00e0-fc01-0001

试题四（共 15 分）

阅读以下说明，回答问题 1 至问题 3，将解答填入答题纸对应的解答栏内。

【说明】

某信息系统开发语言为 ASP，学生利用学号和密码登录系统，部分程序文件功能描述如表 4-1 所示。所有数据均存储在 Access 数据库中，数据库文件名为 dataManage.mdb，学生信息表数据结构如表 4-2 所示。

表 4-1　部分文件描述表

文件名	功能描述
login.html	学生登录
loginCheck.asp	登录验证
psdChange.asp	学生登录密码修改
psdChangeSave.asp	登录密码修改保存

表 4-2　学生信息表结构（表名：stu_Info）

字段名	数据类型	说明
id	自动编号	主键
stu_Code	文本	学号
stu_Psd	文本	登录密码
stu_Id_Number	文本	身份证号
stu_Class	文本	班级

【问题 1】（8 分，每空 1 分）

以下所示代码为学生登录的代码片段，图 4-1 为登录界面截图，单击"登录"按钮检查学号和密码登录框输入内容，如果为空，则弹出提示"学号不能为空，请输入！"，如果不为空，则采用 post 方法提交 form 表单到登录验证页面；单击"重置"按钮，则将学号和密码输入框内容清空，但不做提交操作；请将（1）～（8）的空缺代码补充完整。

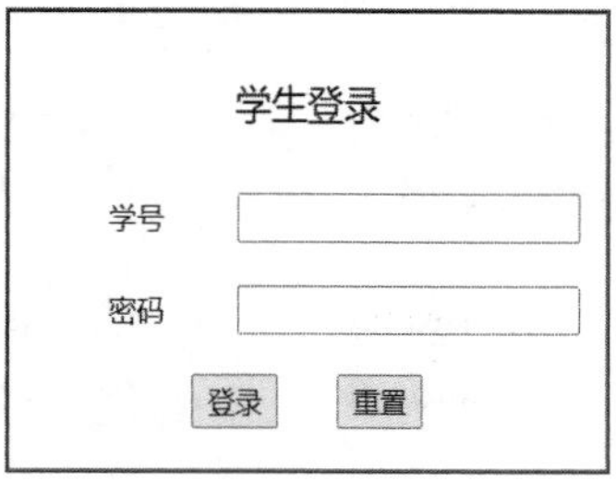

图 4-1

login.html 代码片段：

```
……
<body>
<table width="300"  border="_(1)_" cellpadding="0" cellspacing="0"
align="center">
<td height="200">
<table  border="0"  align="center">
<form name="form" method="_(2)_" action="_(3)_">
<tr><td colspan=2 class="style1" >学生登录</td></tr>
<tr><td width="100" class="_(4)_">学号</td>
<td><input type="text" name="stu_code"></td></tr>
<tr><td  class="style2">密码</td>
<td><input type="password" name="stu_psd"></td></tr>
<tr><td  colspan=2 class="style2"><input type="submit" name="button"
value="登录" onclick="_(5)_;">      
<input type="_(6)_" name="reset" value="重置"  onclick="reset();"></td></tr>
</form>
</table>
</td>
</table>
</body>
<script language="JavaScript" type="text/JavaScript">
function check(){
if(form.stu_code.value==""){
_(7)_("学号不能为空，请输入！"); }
……略去其他代码
}
function reset(){
form.stu_psd._(8)_=="";  //重置密码输入框内容为空
    ……略去其他代码
}
</script>
```

（1）～（4）备选答案：

    A．loginCheck.asp   B．style1   C．style2   D．1

    E．psdChange.asp   F．post   G．get   H．0

（5）～（8）备选答案：

    A．check()   B．reset()   C．alert   D．function

    E．button   F．submit   G．form   H．value

【问题 2】（4 分，每空 1 分）

以下所示代码为登录验证代码，默认登录密码为学生身份证号后 6 位，如果该学生首次登录或者默认密码没有修改，则在通过身份验证后，自动跳转到密码修改页面进行密码修改，只有修改默认密码后才可以登录系统。

loginCheck.asp 代码片段：

说明：rs 为结果集对象，conn 为数据库连接对象，定义和获取省去。

```
......
<%
username=request.form("  (9)  ")   ' 注释：获取登录页面输入的学号
userpsd= request.form("stu_psd")
sql=" select stu_Psd,stu_Id_Number as id_card from stu_Info where
stu_Code=' "&  (10)  &" ' "
rs.opensql,conn
stu_Psd=""
stu_Id_Number=""
if Not rs.eof then
stu_Psd=rs("stu_Psd")
stu_Id_Number =rs("  (11)  ")
  end if
  id_card_6=right(stu_Id_Number,6)
  If userpsd = stu_Psd then
session("username")= username
    if  (12)  = userpsd then
......  ' 注释：跳转到密码修改页面
end if
  else
  ......略去验证失败处理
  end if
%>
```

（9）～（12）备选答案：

    A．username   B．userpsd   C．rs("stu_Psd")   D．id_card_6

    E．stu_Id_Number   F．id_card   G．stu_psd   H．stu_code

【问题 3】（3 分，每空 1 分）

以下所示代码为密码修改的代码片段，图 4-2 为密码修改界面截图，当原密码输入框内

容被改变时，触发事件对原密码进行验证，单击"提交"按钮时，需要对两次输入的新密码
进行一致性验证，验证通过后再提交保存。

图 4-2

psdChange.asp 代码片段：

```
……
<%
user_name= session("__(13)__")
%>
<form name="form" method="post" action="psdChangeSave.asp">
<tr><td colspan=2 class="style1" >密码修改</td></tr>
<tr><td width="100" class="style2">原密码</td>
<td><input type="password" name="stu_psd_1" __(14)__="psdCheck();">
</td></tr>
    <tr><td  class="style2">新密码</td>
    <td><input type="password" name="stu_psd_2"></td></tr>
    <tr><td  class="style2">密码确认</td>
    <td><input type="password" name="stu_psd_3"></td></tr>
    <tr><td  colspan=2 class="style2">
    <input type="button" name="button" value="提交" onclick="check();">
</td></tr>
    </form>
    <script language="JavaScript" type="text/JavaScript">
    function psdCheck(){//原密码验证
        ……略去原密码验证处理
      }
    function check(){
    if(form.stu_psd_2.value != form.__(15)__.value){
        alert("两次输入的密码不一致，请重新输入！");
    return false;
      }
    form.submit();
    }
    </script>
```

（13）～（15）备选答案：

　　A．onchange　　　　　B．onclick　　　　　C．stu_psd_2　　　　　D．stu_psd_3

　　E．username　　　　　F．user_name

试题四分析

　　本题考查 HTML、ASP 和 SQL 查询的基础知识及应用。

　　此类题目要求考生熟练使用 ASP、HTML 和 ACCESS 进行简单网站设计和开发。

【问题 1】

　　该问题包含 1 个页面，login.html 为学生登录页面，学生输入学号和密码进行有效性验证，验证通过后再提交进行身份验证。上述页面中包含常用的 form、input、div 等 HTML 标签和 js 获取 form 表单数据等操作。

　　HTML 的<table>标签中，border 属性表示表格边框的宽度，border="1"表示表格边框宽度为 1 像素，根据图 4-1 所示，空__（1）__处应填入大于 0 的数字，故选择备选答案 D。

　　HTML 的<form>标签中，method 属性规定用于发送 form-data 的 HTTP 方法，包括 get 和 post 两种提交方法，action 属性为表单提交时向何处发送表单数据。该问题题干部分明确要求采用 post 方法提交 form 表单，空__（2）__处应填入 post（备选答案 F）；根据表 4-1 描述，loginCheck.asp 为登录验证文件，学生在 login.html 页面输入学号和密码后，需要提交到 loginCheck.asp 进行身份验证，空__（3）__处应填入 loginCheck.asp（备选答案 A）。

　　HTML 的<td>标签中，class 属性规定引用的样式，由图 4-1 可知，学号的显示效果与样式 style1 差异较大，而与 style2 相似，而备选答案中只有 style1 和 style2，所以，空__（4）__处应填入 style2 较为合适，故选择备选答案 C。

　　HTML 的事件中，onclick 事件为元素上发生鼠标单击时触发，此处为鼠标单击登录按钮时触发事件，根据题干描述可知，单击登录时，需要进行输入的学号和密码是否为空验证，该文件的 js 脚本中由 check()方法实现学号和密码是否为空的验证功能，所以，当事件触发时，应执行 js 脚本的 check()方法，空__（5）__处应填入 check()，故选择备选答案 A。

　　HTML 的<input>标签中，type 属性规定 input 元素的类型，由图 4-1 可知，此处为重置按钮的定义。常用按钮有 3 种类型，分别是：button 定义可单击按钮，经常用于通过 JavaScript 启动脚本；reset 定义重置按钮，会清除表单中的所有数据；submit 定义提交按钮，会把表单数据发送到服务器。根据题干描述，点击"重置"按钮，则将学号和密码输入框内容清空，但不做提交操作，此处 button 和 reset 都可以使用，如果使用 button，则需要手动编写 js 脚本实现重置功能，备选答案中没有 reset 选项，而 login.html 中也有实现重置功能的 js 脚本，所以，空__（6）__处应填入 button（备选答案 E）。

　　题干描述中要求，当学号为空时，弹出提示框，在 js 脚本中，alert()方法用于显示带有一条指定消息和一个 OK 按钮的警告框，用法为 alert(message)，message 为弹出的对话框中显示的文本，所以空__（7）__处应填入 alert（备选答案 C）。

　　根据注释可知，此处重置密码输入框内容为空，即 form.stu_psd.value==" "，所以__（8）__处应填入 value（备选答案 H）。

【问题 2】

该问题包含 1 个 ASP 文件，loginCheck.asp 为登录验证页面，首先进行学号和密码验证，如果验证通过，继续判断是否为首次登录或者默认密码没有修改，如果是，则跳转到密码修改页面。上述页面中包含 ASP 控制语句、数据库查询、ASP ADO 对象等操作。

ASP request 对象的 form 集合用于从使用 post 方法提交的表单中获取表单元素的值，其语法为 request.form(element)，element 为表单元素的名称，　（9）　处的注释表明，需要获取登录页面输入的学号，在登录页面 "<td><input type="text" name="stu_code"></td></tr>" 中，可知输入学号的表单元素的名称为 "stu_code"，所以空（9）处应填入 stu_code（备选答案 H）。

根据上下文可知，在 "sql=" select stu_Psd,stu_Id_Number as id_card from stu_Info where stu_Code=' "& 　（10）　 &" ' "" 的 SQL 语句中，以学号为条件，查询登录密码和身份证号，该 ASP 文件中变量 "username" 存储学生登录页面输入的学号，故空（10）处选择备选答案 A。

查询的 SQL 语句中，字段 stu_Id_Number 设置别名 id_card，故在结果集中获取身份证号数据时，空（11）处应填写 "id_card"（备选答案 F）。

从代码 "id_card_6=right(stu_Id_Number,6)" 可知，变量 id_card_6 存储身份证后 6 位数字，在检查是否为默认密码时，使用该变量来比较，故空（12）处应填写 id_card_6（备选答案 D）。

【问题 3】

该问题包含 1 个 ASP 文件，psdChange.asp 为密码修改页面，需要对原密码进行确认，修改后的新密码需要进行 2 次输入确认。上述页面中包含常用的 form、input、div 等 HTML 标签和 js 获取 form 表单数据等操作。

ASP session 对象存储用户的信息，存储于 session 对象中的变量持有单一用户的信息，并且对于一个应用程序中的所有页面都是可用的。loginCheck 页面中 "session("username ")= username" 代码将学号存储于 session 对象中，在本页面中，"user_name= session("username")" 可以获取 session 对象中 username 变量的值，故空（13）处应填写 username（备选答案 E）。

题干描述中要求当原密码输入框内容被改变时，触发事件对原密码进行验证，HTML 的 onchange 事件在元素值改变时触发，故空（14）处应填写 onchange（备选答案 A）。

js 函数 check() 对两次输入的新密码进行一致性验证，从上下文可知，两次输入新密码的表单元素名分别是 stu_psd_2 和 stu_psd_3，此处应该是这两个表单元素的 value 值进行比较，故空（15）处应填写 stu_psd_3（备选答案 D）。

参考答案

【问题 1】

　　（1）D

　　（2）F

　　（3）A

　　（4）C

（5）A
（6）E
（7）C
（8）H
【问题 2】
（9）H
（10）A
（11）F
（12）D
【问题 3】
（13）E
（14）A
（15）D